中国高等学校电子教育学会黑龙江省分会"十三五"规划教材

电路基础

DIANLU JICHU

主　编　孙　杰　马玉志
副主编　宿文玲　刘继峰　唐　磊

U0285320

哈尔滨工程大学出版社

内 容 简 介

本书全面系统地介绍了电路理论和电路分析基础。全书分为10章，内容包括电路模型和基本定律、电阻电路的等效变换、电路的一般分析方法和基本定理、含有运算放大器的电路、动态电路的时域分析、正弦稳态电路的分析、耦合电感电路的分析、三相电路、非正弦周期电路分析和二端口网络。本书内容简洁，重点、难点突出，思维逻辑清晰。每章后配有大量习题，便于教师有针对性地布置作业，书后附有习题答案。

本书可作为高等院校电子类专业本科生"电路基础"等课程教师教学参考书，也可供工程技术人员和电路爱好者参考。

图书在版编目（CIP）数据

电路基础/孙杰，马玉志主编. —哈尔滨：哈尔滨工程大学出版社，2018.2（2018.7 重印）

ISBN 978 - 7 - 5661 - 1782 - 3

Ⅰ.①电… Ⅱ.①孙… ②马… Ⅲ.①电路理论 Ⅳ.①TM13

中国版本图书馆 CIP 数据核字（2018）第 021578 号

选题策划 田 婧
责任编辑 张忠远 周一曈
封面设计 博鑫设计

出版发行 哈尔滨工程大学出版社
社　　址 哈尔滨市南岗区南通大街 145 号
邮政编码 150001
发行电话 0451 - 82519328
传　　真 0451 - 82519699
经　　销 新华书店
印　　刷 北京中石油彩色印刷有限责任公司
开　　本 787 mm × 1 092 mm　1/16
印　　张 18.25
字　　数 478 千字
版　　次 2018 年 2 月第 1 版
印　　次 2018 年 7 月第 2 次印刷
定　　价 42.80 元
http://www.hrbeupress.com
E-mail：heupress@ hrbeu.edu.cn

前　言

　　为了适应现代电子信息科学技术迅猛发展的需要，本书针对信息类学生必修的基础课程"电路基础"的内容和体系进行有机的整合，形成新的教材体系。"电路基础"课程是高等学校信息类专业重要的基础课。该课程对培养学生电路的基础知识、基本能力和综合素质具有其他任何电类课程不能替代的重要作用，对实现专业人才培养目标具有承上启下的关键作用，其教学质量和水平的高低将直接对专业课程的学习和人才培养产生重大而深远的影响。

　　学生通过"电路基础"课程的学习，可获得电工、电子技术及电气控制等领域必要的基本理论、基本知识和基本技能，获得电工与电子技术的基本分析方法和应用技巧，并培养出初步的实践能力。

　　本书从适应高等院校信息类理工科应用型人才培养需求出发，力求以尽可能少的学时阐明电路的基本内容。编者在多年教学改革与实践的基础上，结合应用型人才的培养需求，吸收当前一些改革教材中的先进经验编写本书，在课程内容的选择上，重点突出基本概念、基本理论、基本原理和基本分析方法，尽量减少过于复杂的分析与计算，强调知识的渐进性，兼顾知识的系统性和学科体系的完整性，注重理论联系实际，时代特色鲜明，同时展现了近年来电工电子技术领域出现的新技术。

　　全书分为10章，内容包括电路模型和基本定律、电阻电路的等效变换、电路的一般分析方法和基本定理、含有运算放大器的电路、动态电路的时域分析、正弦稳态电路的分析、耦合电感电路的分析、三相电路、非正弦周期电路分析和二端口网络。本书力求做到知识简明，概念清晰，条理清楚，讲解到位，插图规范，易教易学。教学中，可以根据教学对象和学时等具体情况对书中的内容进行删减和组合，也可适当进行扩充。

　　本书由哈尔滨信息工程学院教师编写。书中第2章、第3章、第7章由孙杰编写，第1章、第4章由马玉志编写，第5章、第9章由刘继峰编写，第6章由唐磊编写，第8章、第10章由宿文玲编写，全书由孙杰最后统稿并定稿。

　　受编者学识水平所限，书中难免有错漏或不妥之处，恳请广大读者在使用过程中提出宝贵意见。

编　者

2017 年 9 月

目　　录

第1章　电路模型和基本定律 ……………………………………………………………… 1

1.1　电路和电路模型 ………………………………………………………… 1

1.2　电路的基本变量 ………………………………………………………… 2

1.3　电路的基本元件 ………………………………………………………… 7

1.4　电源 ………………………………………………………………………… 10

1.5　基尔霍夫定律 …………………………………………………………… 15

习题1 ……………………………………………………………………………… 17

第2章　电阻电路的等效变换 …………………………………………………………… 22

2.1　电路等效变换的概念 …………………………………………………… 22

2.2　无源网络的等效变换 …………………………………………………… 23

2.3　电源的等效变换 ………………………………………………………… 28

2.4　输入电阻 ………………………………………………………………… 32

习题2 ……………………………………………………………………………… 34

第3章　电路的一般分析方法和基本定理 ……………………………………………… 40

3.1　支路电流法 ……………………………………………………………… 40

3.2　节点电压法 ……………………………………………………………… 41

3.3　回路电流法 ……………………………………………………………… 47

3.4　齐次性和叠加原理 ……………………………………………………… 52

3.5　替代定理 ………………………………………………………………… 57

3.6　戴维南定理与诺顿定理 ………………………………………………… 58

3.7　最大功率传输定理 ……………………………………………………… 66

习题3 ……………………………………………………………………………… 68

第4章　含有运算放大器的电路 ………………………………………………………… 75

4.1　运算放大器的电路模型 ………………………………………………… 75

4.2　含有理想运算放大器的电路分析 ……………………………………… 78

4.3　实际运放应用时的考虑 ………………………………………………… 82

习题 4 ·· 83

第 5 章　动态电路的时域分析 ·························· 86

5.1　动态电路方程的建立 ························· 86

5.2　一阶电路的零输入响应 ······················· 90

5.3　一阶电路的零状态响应 ······················· 96

5.4　一阶电路的全响应 ··························· 103

习题 5 ·· 110

第 6 章　正弦稳态电路的分析 ·························· 114

6.1　正弦量的基本概念 ··························· 114

6.2　正弦稳态电路的相量模型 ····················· 123

6.3　正弦稳态电路的分析 ························· 127

6.4　正弦稳态电路的功率 ························· 142

6.5　最大功率传输定理 ··························· 149

6.6　电路的谐振状态 ···························· 152

习题 6 ·· 155

第 7 章　耦合电感电路的分析 ·························· 160

7.1　互感 ································· 160

7.2　含有耦合电感电路的计算 ····················· 164

7.3　变压器 ································ 169

习题 7 ·· 176

第 8 章　三相电路 ·································· 181

8.1　三相电路的基本概念 ························· 181

8.2　对称三相电路的分析与计算 ···················· 193

8.3　不对称三相电路的分析与计算 ··················· 198

8.4　三相电路的功率 ···························· 202

8.5　三相电供电与用电 ··························· 206

8.6　三相电用电安全 ···························· 209

习题 8 ·· 212

第 9 章　非正弦周期电路分析 ·························· 215

9.1　非正弦周期电流和电压 ······················· 215

9.2　周期函数分解为傅里叶级数 ……………………………………… 216

9.3　非正弦周期量的有效值、平均值和平均功率 ………………… 222

9.4　非正弦周期电流的稳态分析 ……………………………………… 226

习题 9 …………………………………………………………………… 232

第 10 章　二端口网络 ……………………………………………… 236

10.1　二端口网络的概念 ……………………………………………… 236

10.2　二端口网络的参数和方程 ……………………………………… 238

10.3　二端口网络的等效电路 ………………………………………… 257

10.4　二端口网络的连接 ……………………………………………… 258

10.5　二端口网络的网络函数 ………………………………………… 261

10.6　互易二端口网络 ………………………………………………… 264

10.7　其他二端口网络器件 …………………………………………… 264

习题 10 ………………………………………………………………… 272

参考答案 …………………………………………………………… 275

习题 1 答案 …………………………………………………………… 275

习题 2 答案 …………………………………………………………… 275

习题 3 答案 …………………………………………………………… 276

习题 4 答案 …………………………………………………………… 276

习题 5 答案 …………………………………………………………… 277

习题 6 答案 …………………………………………………………… 277

习题 7 答案 …………………………………………………………… 279

习题 8 答案 …………………………………………………………… 280

习题 9 答案 …………………………………………………………… 280

习题 10 答案 ………………………………………………………… 281

第1章　电路模型和基本定律

本章的内容是贯穿全书的重要理论基础。本章介绍电路模型及电路的一些基本概念，电路中常用的基本物理量——电流、电压参考方向的概念，作为进行电路分析基本依据的元件伏安关系——基尔霍夫定理。通过学习本章内容，掌握基尔霍夫定理应用及电压、电流参考方向在电路分析中的作用。

1.1　电路和电路模型

1.1.1　电路的组成及作用

1. 电路及其组成

实际电路通常由各种电气设备和电路元器件（如电源、电阻器、电感线圈、电容器、变压器、二极管、晶体管、仪表等）相互连接组成，每种电路元器件都具有各自不同的电磁特性和功能。按照人们的需要，把相关电气设备和电路元器件按一定方式进行组合，就构成了一个可供电流流通的通路，即电路。手电筒电路、单个照明灯电路是在实际应用中较为简单的电路。如图1-1所示的手电筒照明电路中，电池作为电源，白炽灯作为负载，导线和开关作为中间环节，将白炽灯和电池连接起来。而电能的产生、输送和分配是通过发电机、升压变压器、输电线等完成的，它们形成了一个庞大而复杂的电路，如图1-2所示。

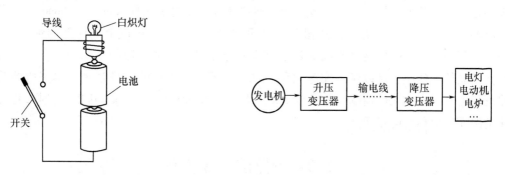

图1-1　手电筒照明电路　　　　　　　　图1-2 电能输送示意图

不论是简单还是复杂的电路，其基本组成部分都离不开三个基本环节：电源、负载和中间环节。电源（source）是向电路提供电能或电信号的设备，它可以将其他形式的能量如化学能、热能、机械能、原子能等转换为电能。在电路中，电源是"激励"，是激发和产生电流、电压（称为响应）的因素。负载（load）是取用电能的设备，其作用是把电能转换为其他形式的能量（如机械能、热能、光能等）。通常，在生产与生活中经常用到的白炽灯、电动机、电炉、扬声器等用电设备都是电路中的负载。中间环节在电路中起着传递电能、分配电能和控制整个电路的作用。最简单的中间环节即开关和连接导线，一个实用电路的中间环节通常还有一些保护和检测装置，复杂的中间环节可以是由许多电路元器件组成的网络系统。

2. 电路的作用

实际电路具有如下两方面作用。

一是对能量传输、转换的应用，如电力系统。发电机将其他形式的能源转换为电能，再通过变压器和输电线路将电能输送给企业生产线、办公场所及千家万户的用电设备，这些用电设备再将电能转换为机械能、热能、光能或其他形式的能量。具有这种功能的电路一般被称为电力电路。

二是实现信号的处理、转换和传输，如收音机或电视机电路，将接收到的电信号经过调谐、滤波、放大等处理，使其成为人们所需要的其他信号。通信系统则是建立在信息的发送者和接收者之间用来完成信息的处理和传递的实际电路，这样的电路一般被称为电子电路。电路的这种作用在现代自动控制技术、通信技术和计算机技术中都得到了广泛的应用。

1.1.2 理想元件及电路模型

人们设计制作某种器件，是要利用它的某种物理性质。例如，制作一个电阻器，要利用它对电流呈现阻力的性质，然而，当电流通过时还会产生磁场，因而兼有电感的性质。其他器件也有类似的或更复杂的情况，这为分析电路带了来困难。因此，必须在一定条件下，忽略它的次要性质，用一个足以表征其主要性能的模型（model）表示。把实际电路的本质特征抽象出来所形成的理想化了的电路就是电路模型（circuit model），电路模型与实际电路的关系是前者只在一定程度上反映后者的本质性状。要建立电路模型，先要把最基本的电器件、部件的本质特征抽象成理想化电路元件（circuit element）。实际电路的电路模型由理想电路元件相互连接而成，理想元件是组成电路模型的最小单元，是具有某种确定电磁性质并有精确数学定义的基本结构。在一定的工作条件下，理想电路元件及他们的组合足以模拟实际电路中部件、器件中发生的物理过程。本书所涉及电路均指由理想电路元件构成的电路模型，电路又常常称为网络（network），同时，将理想化电路元件简称为电路元件。

1.2 电路的基本变量

电路分析使我们能够得出给定电路的电性能。电路的电性能通常可以用一组表示为时间函数的变量来描述，电路分析的任务在于解得这些变量。电路的主要变量有电流、电压、功率和能量等。

1.2.1 电流

带电粒子的定向移动形成电流。电流（current）是单位时间内通过导体横截面的电

荷量，用符号 $i(t)$ 表示。根据定义有

$$i(t) = \frac{\mathrm{d}q}{\mathrm{d}t} \tag{1-1}$$

当电流 i 的大小和方向均不变时，称为直流电流，简称为直流（DC），常用符号 I 表示，则

$$I = \frac{Q}{t} \tag{1-2}$$

随时间作周期性变动且平均值为零的电流称为交流电流，简称为交流（AC）。

本书中的物理量采用国际单位制（SI）单位，电量 q 的单位是库仑（C），时间 t 的单位是秒（s），电流 i 的单位是安培（A）。电流还有较小的单位，如毫安（mA）、微安（μA）和纳安（nA），它们之间的换算关系为

$$1\ \mathrm{A} = 10^3\ \mathrm{mA} = 10^6\ \mathrm{\mu A} = 10^9\ \mathrm{nA}$$

习惯上把正电荷运动的方向规定为电流的实际方向。但在实际问题中，电流的实际方向可能是未知的，也可能是随时间变动的。为了解决这个问题，引入参考方向（reference direction）的概念，又称为电流的正方向。在电路图中，电流的参考方向可以任意指定，一般用箭头表示，也可用双下标表示，例如，i_{AB} 表示参考方向是由 A 到 B，而 i_{BA} 表示参考方向是由 B 到 A，显然有 $i_{AB} = -i_{BA}$。本书统一规定：如果电流的实际方向和参考方向一致，电流为正值；如果两者相反，电流为负值，如图 1-3 所示。

图 1-3　电流的参考方向

(a) $i > 0$；(b) $i < 0$

1.2.2　电压

电压为单位正电荷从电路的一点 a 移动到另一点 b 时所获得或失去的能量，用符号 u 表示，即

$$u(t) = \frac{\mathrm{d}w}{\mathrm{d}q} \tag{1-3}$$

式中　$\mathrm{d}q$——由 a 点移到 b 点的电荷量，单位为库仑（C）；

　　　$\mathrm{d}w$——转移过程中电荷 $\mathrm{d}q$ 所获得或失去的能量，单位为焦耳（J）。

在国际单位制中，电压的单位为伏特（V），有时，也取千伏（$1\ \mathrm{kV} = 10^3\ \mathrm{V}$）、毫伏（$1\ \mathrm{mV} = 10^{-3}\ \mathrm{V}$）作单位。

单位正电荷在电场力的作用下由 a 移到 b。若消耗电能，则 a 点是高电位点，称为正极，用符号"＋"表示；b 点为低电位点，称为负极，用符号"－"号表示。电荷转移失去电能表现为电压降落，即电压降。通常，电路中两点之间的电压方向可用电压极性或电压降方向表示。

若电压的大小和极性均不随时间变动，则这样的电压称为恒定电压或直流电压，可用符号 U 表示。若电压的大小和极性均随时间变化，则称为交变电压或交流电压，用符号 $u(t)$ 表示。

电路两点之间的电压如同电流一样，在计算时也需要假定参考极性或参考方向。在图 1-4（a）中，如果假定 a 点的电位高于 b 点的电位，则 a 点为"＋"极性，b 点为"－"极性。若实际中 a 点的电位高于 b 点的电位，则电压 $u>0$，这表示元件两端的电压实际极性与参考极性相同，或者说电压实际方向与参考方向一致。如果 $u<0$，说明电压的参考方向与实际方向相反，如图 1-4（b）所示。

图 1-4　电压的参考极性

1.2.3　电位

在电路中任选一点为参考点，则该电路中某一点的电位为该点与参考点之间的电压。电位用 φ 表示，也称为电势。电位和电压的单位完全相同。参考点的电位为零，也称为零电位点。在生产实践中，把地球作为零电位点，凡是机壳接地的设备，机壳电位即为零电位。有些设备或装置的机壳并不接地，而是把许多元件的公共点作为零电位点。为了方便分析问题，参考点用符号"⊥"表示。电路中其他各点相对于参考点的电压就是各点的电位，因此，任意两点间的电压等于这两点的电位之差，即

$$U_{ab} = \varphi_a - \varphi_b \qquad (1-4)$$

电路中各点电位的高低是相对的，参考点不同，各点电位的高低也不同，但是电路中任意两点之间的电压与参考点的选择无关。电路中，凡是比参考点电位高的各点电位都是正电位，比参考点电位低的各点电位都是负电位。

【例 1-1】　电路如图 1-5 所示，已知 $u_{ab}=8\text{ V}$，$u_{bc}=2\text{ V}$，试确定在分别以 c、b 作为参考点时 a、b、c 的电位值。

解　如图 1-5（a）所示，选 c 点为参考点，则 $\varphi_c=0$，$\varphi_a=u_{ac}=u_{ab}+u_{bc}=10\text{ V}$；如图 1-5（b）所示，选 b 点为参考点，则 $\varphi_b=0$，$\varphi_a=u_{ab}=8\text{ V}$，$\varphi_c=u_{cb}=-2\text{ V}$。

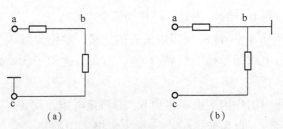

图 1-5　例 1-1 图

1.2.4　关联、非关联方向

由前面叙述知，在电路分析时，既要为元件或电路的电流假设参考方向，也要为它们标注电压的参考极性，二者是可以独立无关地任意假定的。但为了下一步分析问题的方便，引入关联参考方向和非关联方向的概念。当电流参考方向是从电压参考方向的正极流入负极流出时，称为电压和电流的参考方向是关联的（associated）；反之，称为非关联的（no‐associated），如图 1‐6 所示。

图 1‐6 中，N 代表元件或电路的一部分，并且所谓关联还是非关联一定是对某一个元件或电路而言的。如图 1‐7 所示，电压 u、电流 i 的参考方向对 A 是非关联的，对 B 是关联的。

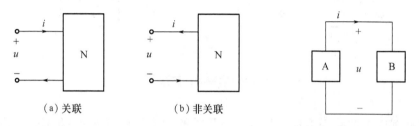

（a）关联　　　　　　　　（b）非关联

图 1‐6　电压电流参考方向　　　**图 1‐7　关联元件的针对性**

1.2.5　电功率和能量

电流通过电路时传输或转换电能的速率即单位时间内电场力所做的功，称为电功率，简称功率（power），数学描述为

$$p = \frac{\mathrm{d}w}{\mathrm{d}t} \tag{1-5}$$

式中　p——功率。

在国际单位制中，功率的单位是瓦特（W），规定元件 1 s 内提供或消耗 1 J 能量时的功率为 1 W。常用的功率单位还有千瓦（kW），1 kW = 1 000 W。

将式（1‐5）等号右边的分子、分母同乘以 dq 后，变为

$$p = \frac{\mathrm{d}w}{\mathrm{d}t} = \frac{\mathrm{d}w}{\mathrm{d}q} \cdot \frac{\mathrm{d}q}{\mathrm{d}t} = ui \tag{1-6}$$

可见，元件吸收或发出的功率等于元件上的电压乘以元件中的电流。

电功率按时间累积就是电路吸收（消耗）的电能，根据式（1‐7），从 t_0 到 t 时间内电路吸收的电能为

$$W = \int_{t_0}^{t} p\mathrm{d}t = \int_{t_0}^{t} ui\mathrm{d}t \tag{1-7}$$

若时间的单位为秒（s），功率的单位为瓦（W），则电能的单位为焦耳（J），它等于功率 1 W 的用电设备在 1 s 内所消耗的电能。在实际应用中，还采用千瓦·时（kW·h）作为电能的单位，它等于功率 1 kW 的用电设备在 1 h 时间内所消耗的电能，简称为 1 度电，有

$$1 \text{ kW} \cdot \text{h} = 1 \times 10^3 \text{ W} \times 3\,600 \text{ s} = 3.6 \times 10^6 \text{ J} = 3.6 \text{ MJ}$$

在电路分析中，电功率有正负之分：当一个电路元件上消耗的电功率为正值时，表明这个元件是负载，它向电路吸收电能；当一个电路元件上消耗的电功率为负值时，则表明这个元件在起电源作用，元件向电路提供电能。为此，我们给出电功率的两种计算式。当元件的电压、电流选取相同的参考方向时，即关联参考方向如图 1 - 8(a) 所示时，有

$$p = ui \tag{1-8}$$

当元件的电压、电流选取不同的参考方向时，即非关联参考方向如图 1 - 8(b) 所示时，有

$$p = -ui \tag{1-9}$$

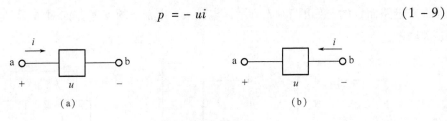

图 1 - 8　功率的计算图

无论关联或非关联参考方向，都有：当算得的功率为正值即 $p > 0$ 时，则元件吸收（消耗）功率；当算得的功率为负值即 $p < 0$ 时，则元件发出（产生）功率。

根据能量守恒原理，一个电路中，一部分元件或电路发出的功率一定等于其他部分元件或电路吸收的功率。或者说，整个电路的功率是守恒的。

【例 1 - 2】电路如图 1 - 9 所示，已知 $U_1 = 1$ V，$U_2 = -6$ V，$U_3 = -4$ V，$U_4 = 5$ V，$U_5 = 10$ V；$I_1 = 1$ A，$I_2 = -3$ A，$I_3 = 4$ A，$I_4 = -1$ A，$I_5 = -3$ A。试求各元件的功率，并判断实际是吸收功率还是发出功率。

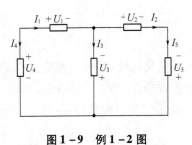

图 1 - 9　例 1 - 2 图

解　根据已知条件得出如下结论。

（1）U_1、I_1 关联参考方向，则

$$P_1 = U_1 I_1 = 1 \text{ V} \times 1 \text{ A} = 1 \text{ W} > 0$$

实际电路元件吸收 1 W 功率。

（2）U_2、I_2 关联参考方向，则

$$P_2 = U_2 I_2 = (-6 \text{ V}) \times (-3) \text{ A} = 18 \text{ W} > 0$$

实际电路元件吸收 18 W 功率。

（3）U_3、I_3 非关联参考方向，则

$$P_3 = -U_3 I_3 = -(-4) \text{ V} \times 4 \text{ A} = 16 \text{ W} > 0$$

实际电路元件吸收 16 W 功率。

（4）U_4、I_4 关联参考方向，则

$$P_4 = U_4 I_4 = 5 \text{ V} \times (-1) \text{ A} = -5 \text{ W} < 0$$

实际电路元件发出 5 W 功率。

（5）U_5、I_5 非关联参考方向，则

$$P_5 = -U_5 I_5 = -(-10 \text{ V}) \times (-3 \text{ A}) = -30 \text{ W} < 0$$

实际电路元件发出 30 W 功率。

1.3　电路的基本元件

电路元件是构成电路的基本单元。元件按一定方式进行互连而组成电路，这种连接是通过元件端子实现的。元件就其端子的数目而言，可分为二端元件和多端元件。具有两个以上端子的元件称为三端、四端、…、n 端元件，统称为多端元件。

元件的主要电磁特性通过端子间的有关变量来描述，不同变量间的特定关系反映了不同元件的性质。元件的这种关系可用一条曲线、一个或一组方程表示，该曲线称为元件的特性曲线，该方程或方程组称为元件的定义（或特性）方程或方程组。通常，在电路分析中，用元件端电压与电流的关系（voltage current relation，VCR）表征元件的特性。VCR 方程也称为元件的特性方程或元件的约束方程。

1.3.1　电阻元件

电阻（resistance）是一种最常见的、用于反映电流热效应的二端电路元件，如图 1 - 10 所示。电阻元件可分为线性电阻和非线性电阻两类，如无特殊说明，本书所涉及的电阻元件均指线性电阻元件。在实际交流电路中，白炽灯、电阻炉、电烙铁等均可看成是线性电阻元件。

图 1 - 11(a) 为电阻元件的电路模型，取其端口电压 u 和端口电流 i 为关联参考方向，其端口的伏安关系为

$$u = Ri \tag{1-10}$$

式中　R——常数，用来表示电阻及其数值。

式（1 - 10）表明，凡是服从欧姆定律的元件都是线性电阻元件。

电阻及其数值将电阻元件端口电压和端口电流在直角坐标系上描绘曲线称为电阻元件的伏安特性曲线。对于线性电阻元件来说，它的伏安特性曲线是经过原点的一条直线，如图 1 - 11(b) 所示。

在国际单位制中，电阻的单位是欧姆（Ω），规定当电阻电压为 1 V、电流为 1 A 时的电阻值为 1 Ω。此外电阻的单位还有千欧（kΩ）、兆欧（MΩ）。电阻的倒数称为电导，用 G 表示，即

$$G = \frac{1}{R} \tag{1-11}$$

电导的单位为西门子（S）。

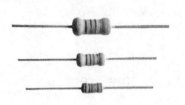

图 1-10 常见电阻元件

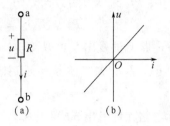

图 1-11 电阻元件的电路模型

（a）电阻电路模型；（b）电阻伏安特性曲线

电阻是一种耗能元件。当电阻通过电流时，就会发生电能转换为热能的过程。热能向周围扩散后，不可能再直接回到电源而转换为电能。电阻吸收的功率为

$$P = ui = i^2 R = \frac{u^2}{R} \tag{1-12}$$

在直流电路中

$$P = UI = I^2 R = \frac{U^2}{R} \tag{1-13}$$

对于线性电阻，当 $R = \infty$ 或 $G = 0$ 时，称为开路，此时无论端电压为何值，其电流恒为零；当 $R = 0$ 或 $G = \infty$ 时，称为短路，电阻元件相当于一段理想导线，此时无论其电流为何值，其端电压恒为零。

1.3.2 电容元件

电容器种类很多，但从结构上都可看成是由中间夹有绝缘材料的两块金属极板构成的。电容器在工程技术中广泛应用。实际电容器如图 1-12 所示。电容元件（capacitance）是实际的电容器即电路元件的电容效应的抽象，用于反映带电导体周围存在电场，是能够储存和释放电场能量的理想化电路元件。它的符号及规定的电压和电流参考方向如图 1-13(a)所示。线性电容元件的元件特性为

$$q = Cu \tag{1-14}$$

式中 C——电容元件的参数，称为电容。

如图 1-13(b)所示为线性电容元件的伏库特性。在国际单位制中，当电荷和电压的单位分别为库仑（C）和伏特（V）时，电容的单位为法拉（F）。

当电容接上交流电压 u 时，不断被充电、放电，极板上的电荷也随之变化，电路中出现了电荷的移动，形成电流 i。若 i 为关联参考方向，则有

$$i_C = \frac{dq}{dt} = \frac{d(Cu_C)}{dt} = C\frac{du_C}{dt} \tag{1-15}$$

图 1 - 12　实际电容器示例

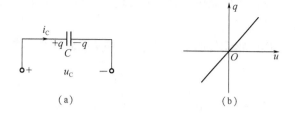

图 1 - 13　线性电容元件

（a）线性电容元件的电路模型；（b）线性电容元件的伏库特性曲线

式（1 - 15）表明电容的电流与电压的变化率成正比。电容电压变化得越快（也就是 dq/dt 很大），电流越大。如果电压为恒定的电压（即常数），电流为零。因此，在直流电路中电容相当于开路，因此，电容具有"隔直通交"的作用。

在关联参考方向下，电容元件吸收的功率为

$$P = ui = uC\frac{du}{dt} = Cu\frac{du}{dt} \qquad (1 - 16)$$

则电容器在 $0 \sim t$ 时间内，其两端电压由 0 V 增大到 U 时，吸收的能量为

$$W = \int_0^t pdt = \int_0^U Cudu = \frac{1}{2}Cu^2 \qquad (1 - 17)$$

式（1 - 17）表明，对于同一个电容元件，当电场电压高时，它储存的能量就多；对于不同的电容元件，当充电电压一定时，电容量大的储存的能量就多。从这个意义上说，电容 C 也是电容元件储能本领大小的标志。

当电压的绝对值增大时，电容元件吸收能量，并转换为电场能量；当电压的绝对值减小时，电容元件释放电场能量。电容元件本身不消耗能量，同时，也不会放出多于它吸收或储存的能量，因此，电容元件也是一种无源的储能元件。

在工程实际中，常常用到不同容量的电容，可以像电阻的串并联一样，将电容元件串并联得到需要的等效电容。电容并联时，等效电容等于各并联电容之和；电容串联时，等效电容等于各串联电容倒数之和的倒数。如果在并联或串联前电容有初始储存能量（电场能量），则除了需计算等效电容外还需计算等效电容的初始电压。

1.3.3　电感元件

根据普通物理学知识可知，载流导体的周围会产生磁场。如果将导线绕制成线圈，如图 1 - 14（a）所示，当通以电流时，线圈中将会产生较强的磁场。电感元件（inductance）是实际线圈的一种理想化模型，它能够储存和释放磁场能量。空心电感线圈常可抽象为线性电感，用如图 1 - 14（b）所示的符号表示。

假设电感线圈的匝数为 N，当按如图 1 - 14 所示方向通以电流 i 时，可按右手螺旋关系确定磁通中 Φ 的方向，若磁通 Φ 与 N 匝线圈交链，则线圈所交链的总磁通量用磁链 Ψ 表示，磁链 $\Psi = N\Phi$。对于线性电感，有

$$\Psi = Li \qquad (1 - 18)$$

式中　L——该元件的自感（系数）或电感，是一个正实常数。

在国际单位制中，磁通和磁链的单位是韦伯（Wb），当电流单位为安培（A）时，电感的单位是亨利（H）。

线性电感元件的韦安特性是 Ψ—i 平面上的一条过原点的直线，如图 1-14(c) 所示。

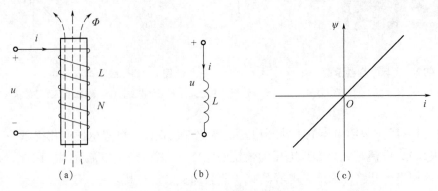

图 1-14　线圈、电感符号及特性

根据电磁感应定律，当磁链随时间变化时，将在线圈中产生感应电压 u。如果线圈电流 i 的参考方向与磁通链 Ψ 的参考方向成右手螺旋关系，则有

$$u = \frac{\mathrm{d}\Psi}{\mathrm{d}t} = \frac{\mathrm{d}(Li)}{\mathrm{d}t} = L\frac{\mathrm{d}i}{\mathrm{d}t} \qquad (1-19)$$

式（1-19）表明，电感元件上任一瞬间的电压大小与这一瞬间电流对时间的变化率成正比。如果电感元件中通过的是直流电流，稳定时因电流的大小不变，即 $\mathrm{d}i/\mathrm{d}t = 0$，那么，电感上的电压就为零，所以稳定时电感元件对直流可视为短路。

在电压、电流关联参考方向下，电感元件吸收的功率为

$$P = ui = Li\frac{\mathrm{d}i}{\mathrm{d}t} \qquad (1-20)$$

则电感线圈在 $0 \sim t$ 时间内，线圈中的电流由 0 变化到 I 时，吸收的能量为

$$W = \int_0^t p\mathrm{d}t = \int_0^I Li\mathrm{d}i = \frac{1}{2}LI^2 \qquad (1-21)$$

即电感元件在一段时间内储存的能量与其电流的平方成正比。当通过电感的电流增加时，电感元件就将电能转换为磁能并储存在磁场中；当通过电感的电流减小时，电感元件就将储存的磁能转换为电能释放给电源。因此，电感是一种储能元件，它以磁场能量的形式储能。同时，电感元件也不会释放出多于它吸收或储存的能量，因此，它是一个无源的储能元件。

1.4　电　　源

将各种实际电源发出电能的特性抽象为电压源元件和电流源元件，有的实际电源需要用电压源元件表示其特性，而有的实际电源需要用电流源元件表示其特性。

1.4.1　理想电压源

有些实际电源在工作时提供的端电压是基本稳定的，如干电池、蓄电池、直流发电

机、交流发电机、电子稳压器等，把这类电源抽象为理想电压源元件，简称为电压源元件。

理想电压源是一个二端理想元件，它输出的端电压总保持为给定的时间函数或某给定值，而与流过的电流无关。也就是说，电压源的端电压总是一定的，而电流可以是任何值，其大小不取决于电压源本身，而取决于与它相连接的外电路的情况。提供恒定电压的电压源称为直流电压源（时不变电压源）；提供一定时间函数的电压源称为时变电压源，如正弦电压源、方波电压源等。电压源的符号如图 1 – 15(a) 和图 1 – 15(b) 所示，其中，图 1 – 15(a) 表示一般电压源，图 1 – 15(b) 表示直流电压源。按选定的电压源电压 u_S 和端电压 u 的参考方向，电压源的特性可表示为

$$u = u_S(t), \quad i \text{ 为任意值}$$

$$U = U_S, \quad I \text{ 为任意值} \tag{1 - 22}$$

因此，电压源的伏安特性在 u、i 平面上是无数条（对时变电压源而言）或一条（对直流电压源而言）与 u 轴垂直的直线，分别如图 1 – 15(c) 和图 1 – 15(d) 所示。

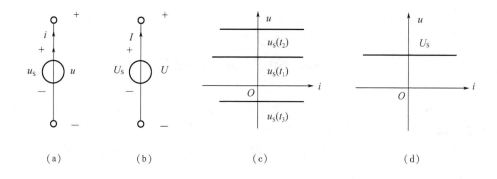

(a)　　　　　　　(b)　　　　　　　(c)　　　　　　　(d)

图 1 – 15　电压源的电路符号及伏安特性

如果一个电压源的电压 $U_S = 0$，其伏安特性为与 i 轴重合的直线，它相当于短路。电压为零的电压源相当于短路。

当选定电压源电流的参考方向与其端电压的参考方向相反时，电压源输出的功率为

$$p = ui = u_S i \tag{1 - 23}$$

此输出功率如同电流一样可在无限范围内变化，因而电压源是一个无限大功率电源。显然实际上是不存在上述电源的，实际电源的性能只是在一定范围内与电压源接近。实际电源总是存在内阻的，当实际电源的电压值变化不大时，一般用一个电压源与一个电阻元件的串联组合作为其电路模型。

1.4.2　理想电流源

有些实际电源在工作时提供的电流基本是稳定的，如光电池、电子稳流器等，我们把这类电源抽象为理想电流源元件，简称为电流源元件。

理想电流源也是一个二端理想元件，它输出的电流总保持为给定的时间函数或某给

定值，而与元件的端电压无关。也就是说，电流源的电流总是一定的，而端电压可以是任何值，其大小不取决于电流源本身，而取决于与它相连接的外电路的情况。提供恒定电流的电流源称为直流电流源（时不变电流源）；提供一定时间函数的电流源称为时变电流源，如正弦电流源、方波电流源等。电流源的符号如图 1 – 16(a)和图 1 – 16(b)所示，其中，图 1 – 16(a)表示一般电流源，图 1 – 16(b)表示直流电流源。按图 1 – 16 中选定的电流源电流 i_S 和端电流 i 的参考方向，电流源的特性可以表示为

$$i = i_S(t), \quad u \text{ 为任意值}$$

$$I = I_S, \quad U \text{ 为任意值} \tag{1 – 24}$$

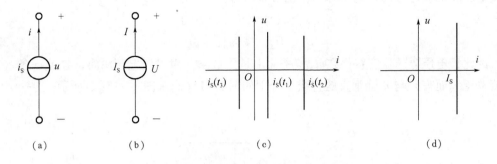

图 1 – 16   电流源的电路符号及伏安特性

因此，电流源的伏安特性在 u、i 平面上是无数条（对时变电流源而言）或一条（对直流电流源而言）与 u 轴平行的直线，分别如图 1 – 16(c)和图 1 – 16(d)所示。

如果一个电流源的电流 $i_S = 0$，其伏安特性为与 u 轴重合的直线，它相当于开路。电流为零的电流源相当于开路。

按图 1 – 16(a)所示的电压、电流的参考方向，电流源输出的功率为

$$p = ui = ui_S \tag{1 – 25}$$

此输出功率如同端电压 u 一样可在无限范围内变化，因而电流源也是一个无限大功率电源，显然实际上是不存在的。考虑到实际电源存在内阻，当实际电源输出的电流值变化不大时，常用一个电流源与一个电阻元件的并联组合作为它的电路模型。

1.4.3 实际电压源

实际电源在工作时的输出电压随着输出电流的增大而减小，而且不成线性关系。输出电流不可超过一定的限值，否则会导致电源损坏。如图 1 – 17 所示为一个实际直流电源及其伏安特性，一般称为电源的外特性。不过为了便于分析计算，在一段范围内，实际电源的外特性曲线常可近似看作直线，例如，图 1 – 17(b)的曲线 1 可近似用直线 2 表示。据此伏安特性，可以用电压源和电阻的串联组合作为实际电源的电路模型，简称为电压源模型，如图 1 – 18(a)所示，U_S 为电压源的电压，R_0 为实际电源的内阻，即输出电阻。当 a、b 端接外电路时，有电流流过端钮，其伏安特性为

$$U = U_S - R_0 I$$

它是一条下倾的斜线，在某一个电流时，斜线上方为内阻压降，斜线下方为输出电

压，如图 1-18(b)所示。实际电源的内阻 R 越小，内阻分压越小，就越接近于理想电压源。

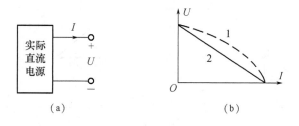

图 1-17　实际电源的伏安特性

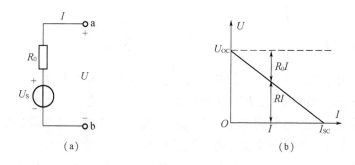

图 1-18　实际电源的电压源模型

当实际电源不接负载时，它处于开路状态，这时，$I = 0$，电源有最大的输出电压，称为开路电压，用 U_{OC} 表示，$U = U_{OC} = U_S$ 是斜线与纵轴的交点；当负载被短路，实际电源处于短路状态时，$U = 0$，电源有最大的输出电流，称为短路电流，用 I_{SC} 表示，$I = I_{SC} = \dfrac{U_S}{R_0}$ 是斜线与横轴的交点。当然，由于实际电源的内阻是很小的，故短路电流很大，将使实际电源损坏，因此，实际电源一般不允许将其短路。

1.4.4　实际电流源

实际电源在工作时提供的输出电流随着输出电压的增大而减小，根据这一特点可以用电流源和电导的并联组合作为实际电源的电路模型，简称为电流源模型，如图 1-19(a)所示，I_S 为电流源的电流，G_0 为实际电源的内电导，即输出电导。当 a、b 端接外电路时，有电流流过端钮，其伏安特性为

$$I = I_S - G_0 U$$

它是一条下倾的斜线，在某一个电压 U 时，斜线右方为内电导分流，斜线左方为输出电流，如图 1-19(b)所示。实际电源的 G_0 越小，内电导分流越小，就越接近于理想电流源。

当 $I = 0$，即开路时，电源有最大的输出电压，称为开路电压，用 U_{OC} 表示，$U = U_{OC} = \dfrac{I_S}{G_0}$ 是斜线与纵轴的交点；当 $U = 0$，即短路时，电源有最大的输出电流，称为短路电流，

用 I_{sc} 表示，$I = I_{sc} = I_s$ 是斜线与横轴的交点。

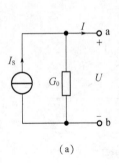 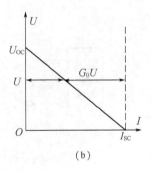

（a）   （b）

图 1-19　实际电源的电流源模型

1.4.5　受控源

电源除了有独立电源外，还有受控电源。受控电源也称为非独立电源，它与独立电源不同，受控电压源的电压和受控电流源的电流并不独立存在，而是受电路中其他支路电压或电流的控制。受控电源模型是一个二端口元件，其中，一个端口是电源端口，另一个端口是控制端口。理想受控电源的电源端口的电压（或电流）为一个定值或给定的时间函数，与其通过的电流（或电压）无关，其值的大小和函数的形式取决于控制端口的电压或电流。

受控电压源和受控电流源按其控制量的不同可分为如下 4 种形式，如图 1-20 所示。

①电压控制电压源（voltage controlled voltage source，VCVS）；

②电流控制电压源（current controlled voltage source，CCVS）；

③电压控制电流源（voltage controlled current source，VCCS）；

④电流控制电流源（current controlled current source，CCCS）。

如图 1-20 所示为 4 种受控电源的电路符号。受控电源用菱形符号表示，以便与独立电源区别。可以看出，受控电源元件的特性方程为二维方程。其中，u_1 和 i_1 分别表示受控电源的控制电压和控制电流，μ，r，g 和 β 分别为相应受控电源的控制系数，当这些系数为常数时，被控制量与控制量成正比，这种受控电源称为线性受控电源。

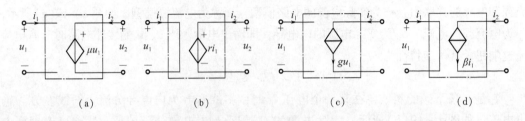

（a）   （b）   （c）   （d）

图 1-20　受控电源的电路符号

（a）电压控制电压源；（b）电流控制电压源；（c）电压控制电流源；（d）电流控制电流源

受控电源在电路中的作用与独立电源有所不同。后者是电路的输入，表示外界对电路的作用，电路中的电压和电流是由独立电源起"激励"作用的结果，而受控电源则表示电路中一条支路的电压或电流受另一条支路电压或电流的控制，反映了电路中的一部分变量与另一部分电路变量间的耦合关系。在进行含受控电源电路的分析时，有时将受控电源按独立电源处理，但要特别注意源电压或源电流的控制量，有时又将受控电源视为电阻对待。

1.5　基尔霍夫定律

基尔霍夫定律是于 1845 年由德国物理学家古斯塔·基尔霍夫提出的。基尔霍夫定律是电路理论中最基本也是最重要的定律之一，它包括基尔霍夫电流定律和基尔霍夫电压定律。它是对电路结构的约束，概括了电路中电流和电压分别遵循的基本规律。为了说明基尔霍夫定律，有必要介绍电路结构中常用的基本术语。

1．支路

电路中的每一分支称为支路，一条支路只流过一个电流，如图 1 – 21 的 bafe 支路、be 支路和 bcde 支路所示。

2．节点

电路中，三条或三条以上支路的汇交点称为节点，如图 1 – 21 的 b 点和 e 点所示。

3．回路

电路中由若干条支路构成的任一闭合路径称为回路，如图 1 – 21 的 abefa 回路、bcdeb 回路和 abcdefa 回路所示。

4．网孔

平面电路中内部不含有其他支路的回路称为网孔。如图 1 – 21 的 abefa 回路和 bcdeb 回路所示为网孔，而 abcdefa 回路不是网孔。网孔可作为回路，但回路不一定是网孔。

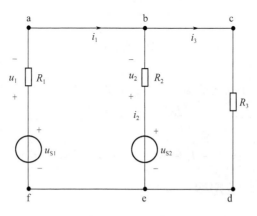

图 1 – 21　电路举例

1.5.1 基尔霍夫电流定律

1. 基尔霍夫电流定律（简称 KCL）

基尔霍夫电流定律：在集总参数电路中，针对任一节点（或封闭曲面 S），在任一时刻流出（或流入）该节点（或封闭曲面 S）的支路电流代数和恒等于零，即

$$\sum i_k = 0 \tag{1-26}$$

式中　i_k——第 k 条支路电流。

电流的"代数和"是根据电流是流入节点（或封闭曲面 S）还是流出节点（或封闭曲面 S）判断的。当流出电流时，取"－"号；流入电流时，取"＋"号。

对上述形式进行转换，KCL 可以说成任一时刻，流出任一节点（或封闭曲面）电流的代数和等于流入该节点（或封闭曲面）电流的代数和，即

$$\sum i_{流出} = \sum i_{流入} \tag{1-27}$$

【例 1－3】如图 1－22 所示，已知 $I_1 = 5$ A，$I_6 = 3$ A，$I_7 = -8$ A，$I_5 = 9$ A，试计算图所示电路中的电流 I_8。

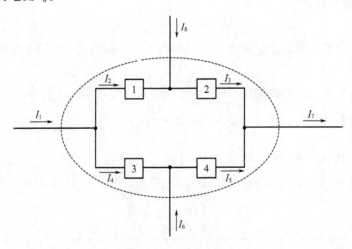

图 1－22　例 1－3 图

解　在电路中选取一个封闭曲面，如图 1－22 中虚线所示，根据 KCL 定律可知

$$I_1 + I_6 + I_8 = I_7$$

则有

$$I_8 = I_7 - I_1 - I_6 = -8 - 5 - 3 = -16 \text{ A}$$

1.5.2 基尔霍夫电压定律

基尔霍夫电压定律内容：在集总参数电路中，任一时刻，沿任一回路各元件电压的代数和恒等于零，即

$$\sum u_k = 0 \tag{1-28}$$

式中　u_k——第 k 个元件上的电压。

确定电压的"代数和"需要指定任一回路的绕行方向。元件上电压 u_k 的参考方向与回路绕行方向相同时，u_k 前面取"＋"号；元件上电压 u_k 的参考方向与回路绕行方向相反时，u_k 前面取"－"号。

对上述形式进行转换，KVL 可以说成任一时刻，沿任一回路，各元件电压降的代数和等于电压升的代数和，即

$$\sum u_{电压降} = \sum u_{电压升} \qquad (1-29)$$

【例1-4】电路如图1-23所示，已知部分支路电压，求出其他支路电压。

解 分别对包含待求电压的回路列写 KVL 方程为

回路 l_1：$u_1 = -6\ \text{V} - 4\ \text{V} = -10\ \text{V}$

回路 l_2：$u_2 = u_1 + 2\ \text{V} = -8\ \text{V}$

回路 l_3：$u_3 = 6\ \text{V} + 8\ \text{V} = 14\ \text{V}$

回路 l_4：$u_4 = -8\ \text{V} + u_2 = -16\ \text{V}$

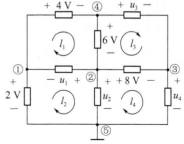

图 1-23 例 1-4 图

习 题 1

1-1 在如图1-24所示电路中，3个元件代表电源或负载，电流的参考方向和电压的参考极性已在图中标出，通过实验测出电流、电压值为 $i_1 = -4\ \text{A}$，$i_2 = 4\ \text{A}$，$i_3 = 4\ \text{A}$，$u_1 = 140\ \text{V}$，$u_2 = -90\ \text{V}$，$u_3 = 50\ \text{V}$。（1）标出各电流的实际方向、各电压的实际极性；（2）计算各元件的功率；（3）判断各元件的性质。

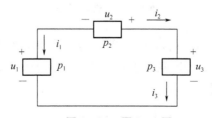

图 1-24 题 1-1 图

1-2 在如图1-25所示电路中，试比较 φ_a 和 φ_c 的高低。已知：

（1）b、c 两点用导线相连；

（2）b、c 两点接地；

（3）两条支路不相连。

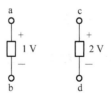

图 1-25 题 1-2 图

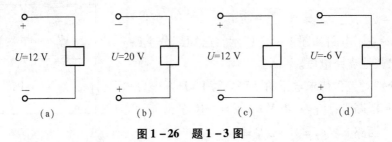

電路基礎

1-3 试求如图 1-26 所示电路中各元件电流的大小和方向。已知：

(1) 吸收功率 72 W；

(2) 提供功率 10 W；

(3) 吸收功率 60 W；

(4) 提供功率 30 W。

图 1-26 题 1-3 图

1-4 各线性电阻元件的电流值、电压值、电阻值和参考方向如图 1-27 所示，试求图中的未知量。

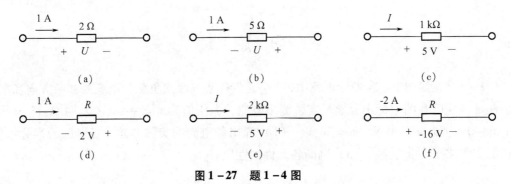

图 1-27 题 1-4 图

1-5 由四个元件组成的电路如图 1-28 所示。已知元件 1 吸收功率 500 W，元件 3、元件 4 分别发出功率 400 W、150 W，电流 $I=2$ A，方向如图 1-28 所示。求元件 2 的功率及各元件上的电压并标明极性。

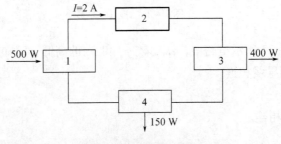

图 1-28 题 1-5 图

1-6 按如图 1-29 所示的参考方向和给定的值，判断各元件实际上是吸收功率还是发出功率。

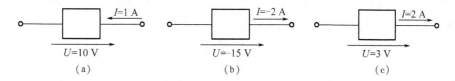

图 1 - 29　题 1 - 6 图

1 - 7　在如图 1 - 30 所示的元件中，已知元件 A 吸收功率 60 W，元件 B 发出功率 30 W，元件 C 吸收功率 -100 W，求 i_A、u_B 和 i_C。

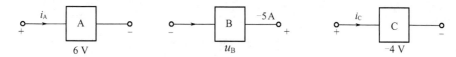

图 1 - 30　题 1 - 7 图

1 - 8　在如图 1 - 31 所示电路中，$R = 1$ kΩ，$L = 100$ mH，若

$$u_R(t) = \begin{cases} 15(1 - e^{-10^4 t}), & t > 0 \\ 0, & t > 0 \end{cases}$$

其中，u_R 单位为 V，t 单位为 s。

（1）求 $u_L(t)$ 并绘制波形图；

（2）求电源电压 $u_S(t)$。

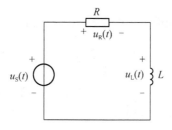

图 1 - 31　题 1 - 8 图

1 - 9　如图 1 - 32 所示电路中，已知 $u_C(t) = te^{-t}$（V）。（1）求 $i(t)$ 及 $u_L(t)$；（2）求电容储能达最大值的时刻，并求最大储能。

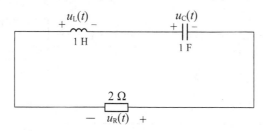

图 1 - 32　题 1 - 9 图

1-10 电路如图1-33所示,试求:(1) 图1-33(a)中的i;(2) 图1-33(b)中各未知电流;(3) 图1-33(c)中的u_1、u_2和u_3。

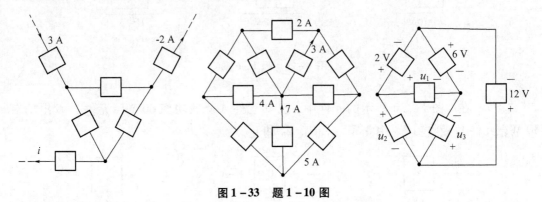

图1-33 题1-10图

1-11 试求如图1-34所示电路中的u_S和i。

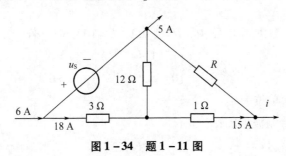

图1-34 题1-11图

1-12 电路如图1-35所示,其中,$g=2\,\text{S}$,求u和R。

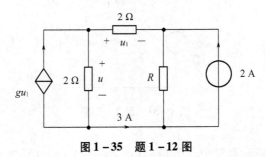

图1-35 题1-12图

1-13 如图1-36所示电路,试求电压U、电流I及负载吸收的功率。

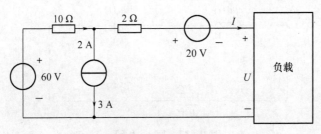

图1-36 题1-13图

1－14　参照如图 1－37 所示网络，求 I_x、U_x 和 5 V 电源所吸收的功率。

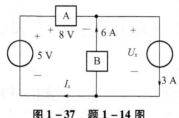

图 1－37　题 1－14 图

1－15　一个标称值为"510 kΩ，0.5 W"的电阻，在正常使用时最多能允许多大的电流通过？能允许加载的最大电压又是多少？

1－16　有一个电阻为 20 Ω 的电炉，接在 220 V 的电源上，连续使用 6 h 后，消耗了多少千瓦·时的电？

1－17　如图 1－38(a)所示电路，其中，$C = 50\ \mu F$，电压源 $u_s(t)$ 的波形如图 1－38(b) 所示。试求电容上电流 $i(t)$、功率 $p(t)$ 以及储能 $W_C(t)$，并画出波形。

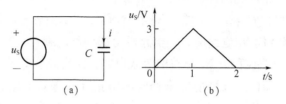

图 1－38　题 1－17 图

第2章 电阻电路的等效变换

本章主要内容是电阻电路的等效变换，包括电阻串联和并联电路的等效变换、电阻星形连接与三角形连接的等效变换、两种电源模型的等效变换以及输入电阻。这些内容都贯穿着等效电路的概念，这是电路分析中的一个重要概念。而电路等效变换化简分析法是电路分析中一个常用的分析方法。

2.1 电路等效变换的概念

在电路分析中，常用到等效的概念。如图 2 – 1 所示，有两个一端口电路 N_1 和 N_2，在 a、b 端口内两个电路不仅结构不同，而且元件的参数也不同，但端口的电流、电压关系（VCR）相同，均为 $U = 2I$，这说明 N_1 和 N_2 两个电路对外电路的作用完全相同。换句话说，当用 N_2 电路替代 N_1 电路时，外电路没有受到丝毫影响。N_2 电路称为 N_1 电路的等效电路，同样，N_1 电路也称为 N_2 电路的等效电路，二者互为等效。通过分析可以得出等效电路的一般定义：端口外部性能完全相同的电路互为等效电路。两个电路等效只涉及二者的外部性能，而未涉及二者内部的性能，所以两个等效电路的内部结构上可完全不同，可能一个非常复杂，而另一个却是很简单的电路。总之，电路等效的概念是对外电路而言，而与内电路无关，对内电路不等效。

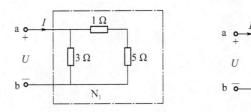

图 2 – 1 等效电路的概念

由等效概念可以得到，等效电路之间可以互相置换，这种置换方式称为等效变换或等效互换。当电路中的一部分电路用其等效电路置换后，不会改变电路中其他部分的支路电流和支路电压。这里需要注意：

①电路等效的条件是相互置换的两部分电路的端口具有相同的 VCR；

②电路等效是对外电路等效，而对内电路不等效；

③等效变换的目的是为了简化电路以及电路计算过程。

2.2　无源网络的等效变换

构成无源网络的电路元件可以是线性电阻、线性电感、线性电容及受控电源等。当电路中没有独立电源存在时，受控电源仅仅是一个无源元件。电阻、电感和电容的连接有串联、并联及混联，还有星形联结和三角形联结。对无源网络进行等效变换，就可以用一个简单的等效电路表示。

2.2.1　电阻的串联

若电路中有 n 个电阻元件依次一个接一个首尾连接起来而流过同一电流，这种连接方式称为电阻的串联。如图 2-2(a) 所示为 n 个电阻的串联连接。

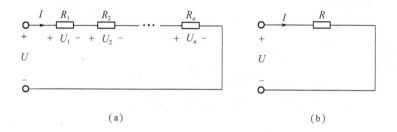

(a)　　　　　　　　　　　　　　　(b)

图 2-2　电阻串联电路的等效

对图 2-2(a)，据 KVL 和欧姆定律，有
$$U = U_1 + U_2 + \cdots + U_n = (R_1 + R_2 + \cdots + R_n)I \qquad (2-1)$$
对图 2-2(b)，据欧姆定律，有
$$U = RI \qquad (2-2)$$
显然，两电路具有完全相同的伏安关系的条件是式(2-1)与式(2-2)右边的系数相同，即
$$R = \sum_{k=1}^{n} R_k \qquad (2-3)$$
则称 R 为 n 个电阻串联电路的等效电阻。如图 2-2(b) 所示电路就是如图 2-2(a) 所示电路的等效电路，两者具有相同的外特性，即在这两个电路的端钮上通以相同的任意电流值，会产生相同的端电压，它们对外电路具有完全相同的影响。

式(2-3)表明，电阻串联，其等效电阻等于各串联电阻之和，而且等效电阻必大于任一串联的电阻，即 $R > R_k$。

将式(2-1)两边各乘以电流 I，得
$$P = UI = R_1 I^2 + R_2 I^2 + \cdots + R_n I^2 = RI^2 \qquad (2-4)$$
式(2-4)表明，n 个串联电阻吸收的总功率等于它们的等效电阻所吸收的功率。

电阻串联时，各电阻两端的电压为
$$U_k = R_k I = \frac{R_k}{R} U \qquad (2-5)$$

可见，各个串联电阻的电压与电阻值成正比，或者说，总电压按各个串联电阻值进行分配。式(2-5)称为分压公式。

串联电阻的应用很多。例如，在负载的额定电压低于电源电压的情况下，通常需要与负载串联一个电阻，以分摊一部分电压。有时为了限制负载中通过过大的电流，也可以与负载串联一个限流电阻。如果需要调节电路中的电流，一般也可以在电路中串联一个变阻器进行调节。另外，改变串联电阻的大小以得到不同的输出电压也是常见的。

【例2-1】 如图2-3所示，有一万用电表，表头电阻 R_g 为2.8 kΩ，量程为40 μA。若要改成量程为10 V的电压表，求所需串联的附加电阻 R_F。

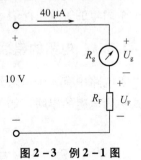

图2-3 例2-1图

解 满刻度时表头电压为

$$U_g = R_g I = 2.8 \times 10^3 \times 40 \times 10^{-6} = 0.112 \text{ V}$$

附加电阻两端的电压为

$$U_F = 10 - 0.112 = 9.888 \text{ V}$$

代入分压公式(2-5)得

$$9.888 = \frac{R_F}{2.8 + R_F} \times 10$$

$$R_F = 247.2 \text{ kΩ}$$

2.2.2 电阻的并联

若电路中有 n 个电阻元件的首尾两端分别连接在两个节点上而承受同一电压，这种连接方式称为电阻的并联。如图2-4(a)所示为 n 个电阻的并联连接。

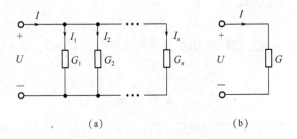

(a)　　　　　　　(b)

图2-4 电阻并联电路的等效

对图2-4(a)，据KCL和欧姆定律，有

$$I = I_1 + I_2 + \cdots + I_n = (G_1 + G_2 + \cdots + G_n)U \qquad (2-6)$$

对图2-4(b)，据欧姆定律，有

$$I = GU \qquad (2-7)$$

显然，两电路具有完全相同的伏安特性的条件是式(2-6)与式(2-7)右边的系数相同，即

$$G = \sum_{k=1}^{n} G_k$$

或是

$$\frac{1}{R} = \sum_{k=1}^{n} \frac{1}{R_k} \qquad (2-8)$$

则称 G 为 n 个电阻并联电路的等效电导，R 为等效电阻。

如图 2-4(b)所示电路就是如图 2-4(a)所示电路的等效电路，两者具有相同的外特性，即在这两个电路的端钮间加上相同的任意电压值，会产生相同的电流，它们对外电路具有完全相同的影响。

2.2.3　电阻的混联

若在电阻连接中既有串联连接的电阻，又有并联连接的电阻，则称为串并联连接的电阻或混联连接的电阻。混联电路的串并联关系判别方法如下。

①看电路的结构特点。若两电阻是首尾相连且中间又无分岔，就是串联；若两电阻是首与首、尾与尾相连，就是并联。

②看电压、电流关系。若流经两电阻的电流为同一个电流，就是串联；若两电阻上承受的是同一个电压，就是并联。

③对电路作变形等效，即对电路作扭动变形处理。例如，左边的支路可以扭动到右边，上面的支路可以翻到下边，弯曲的支路可以拉直，对电路的短路线可以任意压缩和延长，对于多点连接的节点可以用短路线相连。

【例 2-2】在如图 2-5 所示的电路中，已知 $R_1 = R_2 = 8\ \Omega$，$R_3 = R_5 = 4\ \Omega$，$R_6 = 2\ \Omega$，$R_7 = 6\ \Omega$，求 ab 端的等效电阻。

解　此题给定的电路是由电阻串、并联组成的。

R_1 和 R_2 并联，其等效电阻为

$$R_{12} = 4\ \Omega$$

R_3 和 R_4 并联，其等效电阻为

$$R_{34} = 2\ \Omega$$

R_{34} 与 R_6 串联，其等效电阻为

$$R_{346} = 2\ \Omega + 2\ \Omega = 4\ \Omega$$

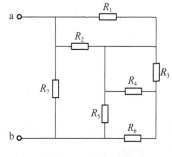

图 2-5　例 2-2 图

R_{346} 与 R_6 并联，再与 R_{12} 串联，最后再与 R_7 并联，得到 ab 端的等效电阻为

$$R_{ab} = 3\ \Omega$$

在应用电阻串联和并联公式时，要弄清串、并联顺序，然后对电路进行逐级化简。另外，对电阻串并联连接的电路，在需要求出支路电流或电压时，可先用此方法等效简化电路，然后用分压或分流公式逐步求出支路电压或电流。

在如图 2-6(a)所示电路中，5 个电阻 $R_1 \sim R_5$ 构成了惠斯登电桥，有

$$R_1 R_4 = R_2 R_3 \qquad (2-9)$$

电桥平衡，此时，a、b 两点的电位相等，R_5 上电流为零。因此，a、b 两点可以用导线短

接，如图 2 - 6(b)所示，也可以将 a、b 两点间断开，如图 2 - 6(c)所示。

注意：惠斯登平衡电桥的特点，常常用于电阻电路的等效分析。

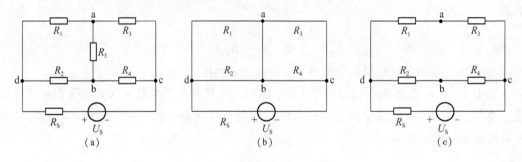

图 2 - 6　惠斯登平衡电桥

2.2.4　电阻的 Y - △变换

3 个电阻元件首尾相接，连成一个封闭的三角形，三角形的 3 个顶点接到外部电路的 3 个节点，称为电阻元件的三角形连接，简称△连接，如图 2 - 7(a)所示。3 个电阻元件的一端连接在一起，另一端分别接到外部电路的 3 个节点，称为电阻元件的星形连接，简称 Y 连接，如图 2 - 7(b)所示。

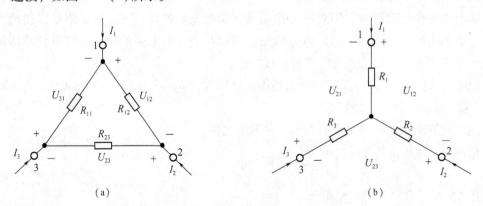

图 2 - 7　电阻△连接和 Y 型连接的等效变换

三角形连接和星形连接都是通过 3 个节点与外部电路相连，它们之间的等效变换是要求它们的外部特性相同，也就是当它们的对应节点间有相同的电压 U_{12}、U_{23}、U_{31} 时，从外电路流入对应节点的电流 I_1、I_2、I_3 也必须分别相等。这就是 Y - △变换的等效条件。

当满足上述条件后，在 Y 和△两种连接方式中，对应的任意两节点间的等效电阻也必然相等。设某一对应节点（如节点 3）开路时，其余两节点（节点 1 和节点 2）间的等效电阻为

$$\frac{R_{12}(R_{23} + R_{31})}{R_{12} + R_{23} + R_{31}} = R_1 + R_2$$

$$\frac{R_{23}(R_{31} + R_{12})}{R_{12} + R_{23} + R_{31}} = R_2 + R_3$$

$$\frac{R_{31}(R_{12} + R_{23})}{R_{12} + R_{23} + R_{31}} = R_3 + R_1$$

解上列三式，可得出将 Y 连接等效变换为△连接的计算公式为

$$\begin{cases} R_{12} = \dfrac{R_1 R_2 + R_2 R_3 + R_3 R_1}{R_3} = R_1 + R_2 + \dfrac{R_1 R_2}{R_3} \\[3mm] R_{23} = \dfrac{R_1 R_2 + R_2 R_3 + R_3 R_1}{R_1} = R_2 + R_3 + \dfrac{R_2 R_3}{R_1} \\[3mm] R_{31} = \dfrac{R_1 R_2 + R_2 R_3 + R_3 R_1}{R_2} = R_3 + R_1 + \dfrac{R_1 R_3}{R_2} \end{cases} \qquad (2-10)$$

将△连接等效变换为 Y 连接的计算公式为

$$\begin{cases} R_1 = \dfrac{R_{12} R_{31}}{R_{12} + R_{23} + R_{31}} \\[3mm] R_2 = \dfrac{R_{23} R_{12}}{R_{12} + R_{23} + R_{31}} \\[3mm] R_3 = \dfrac{R_{31} R_{23}}{R_{12} + R_{23} + R_{31}} \end{cases} \qquad (2-11)$$

为了便于记忆，以上互换公式可归纳为

$$Y \text{ 电阻} = \frac{\triangle \text{ 相邻电阻的乘积}}{\triangle \text{ 电阻之和}}$$

$$\triangle \text{ 电阻} = \frac{Y \text{ 电阻两两乘积之和}}{Y \text{ 不相邻电阻}}$$

注意这些公式的量纲和端钮 1、端钮 2、端钮 3 的互换性有助于记忆。

当 Y 连接的 3 个电阻相等，即 $R_1 = R_2 = R_3 = R_Y$，则与其等效的△连接的 3 个电阻也相等，有

$$R_\triangle = R_{12} = R_{23} = R_{31} = 3R_Y$$

利用 Y - △等效变换，常常可使某些复杂电路简化为简单电路，使之可利用串、并联电阻进一步简化。

【例 2 - 3】 计算如图 2 - 8(a)所示电桥电路中的电流 I_1。

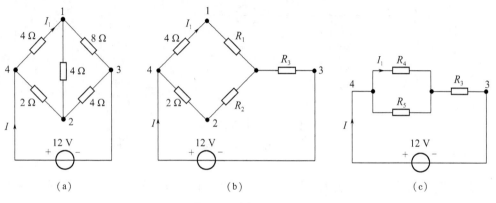

图 2 - 8　例 2 - 3 图

解 这是个复杂电路，不能直接用电阻串、并联等效变换化简，但如利用 Y - △ 等效变换就可化简成一个简单电路。如先将图 2 - 8(a)中 1、2、3 三个节点间的连接的 3 个电阻等效变换为 Y 连接的 3 个电阻，其电路如图 2 - 8(b)所示，应用式（2 - 11）得到

$$R_1 = \frac{4 \times 8}{4 + 4 + 8} = 2 \ \Omega$$

$$R_2 = \frac{4 \times 4}{4 + 4 + 8} = 1 \ \Omega$$

$$R_3 = \frac{8 \times 4}{4 + 4 + 8} = 2 \ \Omega$$

再将图 2 - 8(b)化简为如图 2 - 8(c)所示的电路，其中，有

$$R_4 = 4 + R_1 = 4 + 2 = 6 \ \Omega$$
$$R_5 = 2 + R_2 = 2 + 1 = 3 \ \Omega$$

于是

$$I = \frac{12}{\dfrac{R_4 R_5}{R_4 + R_5} + R_3} = \frac{12}{\dfrac{6 \times 3}{6 + 3} + 2} = 3 \ \text{A}$$

$$I_1 = \frac{R_5}{R_4 + R_5} \times I = \frac{3}{6 + 3} \times 3 = 1 \ \text{A}$$

2.3　电源的等效变换

2.3.1　理想电源的组合

1. 电压源

当 n 个电压源串联时，如图 2 - 9（a）所示，可以用一个电压源等效替代，如图 2 - 9(b)所示，这个等效电压源的电压是各独立电压源的代数和，即

$$U_S = U_{S1} + U_{S2} + \cdots + U_{Sn} = \sum_{k=1}^{n} (\pm) U_{Sk} \tag{2 - 12}$$

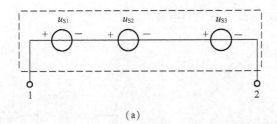 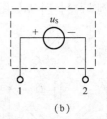

（a）　　　　　　　　　　　　　　　　　（b）

图 2 - 9　电压源的串联

（a）原电路；（b）等效电路

如果 U_{Sk} 的参考方向与等效电压源 U_S 的参考方向一致，式中 U_{Sk} 的前面取 "＋" 号；

如果不一致，式中 U_{Sk} 的前面取"－"号。

　　理想电压源只有电压相等且极性一致时才允许并联，并联后的等效电路为其中任一电压源。在实际运行中，电压源的串联能提高输出电压，并联能增加输出电流。

　　在复杂电路的简化过程中，有时会遇到电压源与一个元件、一个支路、甚至一个二端网络并联的情况，称为电压源的特殊组合，此时电路对外等效于该电压源。如图 2 - 10 所示是电压源与一个电阻或一个电流源并联的情况，对外接负载来说，用 U_S 作这种替代，负载上的电流、电压与替代前保持不变。

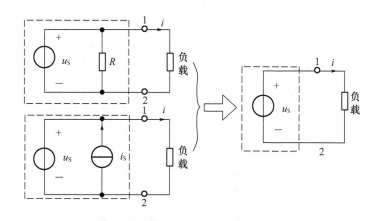

图 2 - 10　电压源的特殊组合

2. 电流源

　　当 n 个电流源并联时，如图 2 - 11(a)所示，可以用一个电流源来等效替代，如图 2 - 11(b)所示等效电流源的电流是各独立电流源的代数和，即

$$i_S = i_{S1} + i_{S2} + \cdots + i_{Sn} = \sum_{k=1}^{n} (\pm) i_{Sk} \qquad (2 - 13)$$

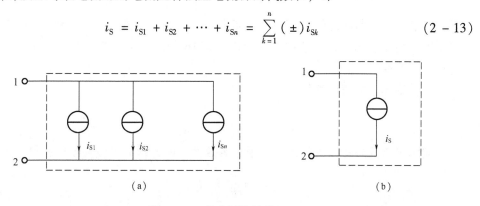

图 2 - 11　电流源的并联

(a) 原电路；(b) 等效电路

　　如果 i_{Sk} 的参考方向与等效电流源 i_S 的参考方向一致，式中 i_{Sk} 的前面取"＋"号；如果不一致，式中 i_{Sk} 的前面取"－"号。

　　理想电流源只有电流相等且极性一致时才允许串联，串联后的等效电路为其中任一电流源。在实际运行中，电流源的并联能增加输出电流，串联能提高电流源的耐压性。

在复杂电路的简化过程中，有时会遇到电流源与一个元件、一个支路、甚至一个二端网络串联的情况，称为电流源的特殊组合，此时电路对外等效于该电流源。如图 2-12 所示，是电流源与一个电阻或一个电压源串联的情况，对外接负载来说，用 i_S 做这种替代，负载上的电流、电压与替代前保持不变。

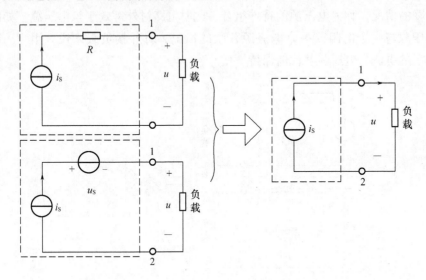

图 2-12 电流源的特殊组合

注意：在电路等效变换时，应该先看有没有电压源或电流源的特殊组合，若有，可直接等效成电压源或电流源即可。

2.3.2 实际电源的等效变换

实际电源模型前面已经介绍过了，如果一个实际电压源的伏安特性与一个实际电流源的伏安特性完全相同，则这两个实际电源对外等效，它们在电路中可以相互替代，称为电源的等效变换。

根据已知实际电压源外特性，可得

$$i = \frac{u_\mathrm{S}}{R_\mathrm{S}} - \frac{u}{R_\mathrm{S}} \qquad (2-14)$$

与实际电流源外特性进行比较，根据等效性，两方程的对应各项应相等，则有

$$i_\mathrm{S} = \frac{u_\mathrm{S}}{R_\mathrm{S}} \text{ 和 } R'_\mathrm{S} = R_\mathrm{S} \qquad (2-15)$$

上式为实际电压源等效为实际电流源的方程式，同理可求得实际电流源等效为实际电压源的方程式为

$$\begin{cases} U_\mathrm{S} = R_\mathrm{S} i_\mathrm{S} \\ R_\mathrm{S} = R'_\mathrm{S} \end{cases} \qquad (2-16)$$

综上所述，实际电压源与实际电流源的等效变换如图 2-13 所示。i_S 的参考方向是以 U_S 的参考"-"极性指向参考"+"极性。

注意：

①实际电源的等效变换只对电源的外部等效，对内是不等效的；

②作为理想元件，电压源和电流源的外特性是不可能相同的，因此，它们之间是不可能等效互换的；

③受控电压源、电阻串联组合和受控电流源、电导的并联组合也可以用实际电源等效交换的方法处理，此时，可把受控电源当作独立电源处理，但应注意在变换过程中保存控制量所在支路，而不要把它消掉。

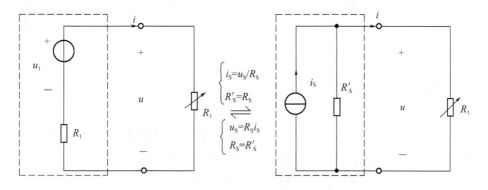

图 2 - 13　实际电压源和电流源的等效变换

【例 2 - 4】　求如图 2 - 14(a)所示电路中的电流。

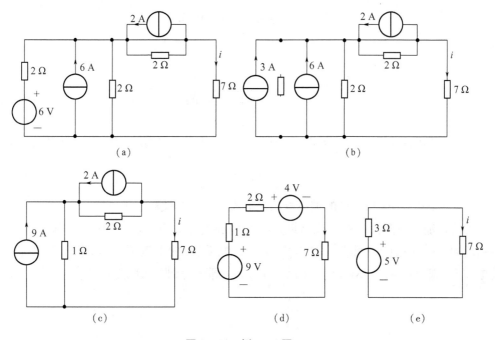

图 2 - 14　例 2 - 4 图

解　图 2 - 14(a)电路经过图 2 - 14(b)、图 2 - 14(c)和图 2 - 14(d)等效变换得到简化后的简单电路如图 2 - 14(e)所示，可求得电流 i 为

$$i = \frac{5}{3 + 7} = 0.5 \text{ A}$$

显然，经过等效变换可以大大简化电路的计算。

【例2-5】电路如图2-15(a)所示电路中，已知 $u_S = 12$ V，$R = 2$ Ω，VCCS 的电流受电阻 R 上的电压 u_R 控制，且 $i_C = gu_R$，$g = 2$ S。求 u_R 的值。

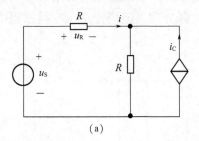 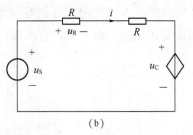

(a)　　　　　　　　　　　　　　　　　(b)

图2-15　例2-5图

解　利用等效变换，把电压控制电流源和电阻的并联组合变换为电压控制电压源和电阻组合，如图2-15(b)所示，其中，$u_c = Ri_c = 2 \times 2 \times u_R = 4u_R$，而 $u_R = Ri$。根据 KVL，有

$$Ri + Ri + u_C = u_S$$

将 $u_R = Ri$ 带入得

$$2u_R + 4u_R = u_S$$

故有

$$u_R = \frac{u_S}{6} = 2 \text{ V}$$

2.4　输入电阻

一个无源电阻网络 N_R 如图2-16所示，其输入电阻（或入端电阻）R_{in} 的定义为

$$R_{in} = \frac{u}{i} \qquad\qquad (2-17)$$

式中　u 和 i——一端口网络的端口电压和电流，二者为关联参考方向。

通常，输入电阻的计算（或测量）采用外加电源的方法。在如图2-16所示一端口网络的 ab 处，施加一电压为 u 的电压源（或电流为 i 的电流源），求出（或测得）端口的电流 i（或电压 u），然后计算 u 和 i 的比值，即可得到输入电阻。

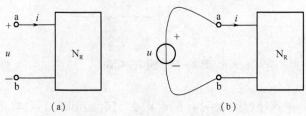

(a)　　　　　　　　　　　　　(b)

图2-16　一端口网络及其输入电阻

当已知一端口网络内仅含电阻时，其等效电阻可以直接通过电阻的串、并联连接及 Y-△ 等效变换计算得到，也可以通过外加电源法来计算其输入电阻得到。由无源电阻电路的等效变换分析可知，无源电阻一端口网络可用一个等效电阻 R_{eq} 表示。由于等效电阻两端电压 u 和电流 i 的关系与一端口网络两端的电压 u 和电流 i 的关系相同，故等效电阻 R_{eq} 等于输入电阻 R_i，所以等效电阻可以通过计算一端口网络的输入电阻 R_i 获得。

如果一端口网络内含有受控电源时，由于受控电源的电阻值是一个未知量，故不能直接用电阻的等效变换方法来计算其等效电阻，所以只能通过计算输入电阻的方法获得。

【例 2-6】 求如图 2-17 所示的一端口网络的输入电阻 R_i，并求其等效电路。

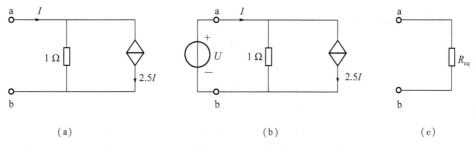

图 2-17　例 2-6 图

(a) 一端口网络；(b) 外加直流电压源；(c) 等效电路

解　先将图 2-17(a) 的 ab 端外加一电压为 U 的直流电压源，如图 2-17(b) 所示，可得到

$$U = (I - 2.5I) \times 1 = -1.5I$$

因此，该一端口网络的输入电阻为

$$R_i = \frac{U}{I} = -1.5 \ \Omega$$

由此例可知，含受控电源的电阻电路的输入电阻有可能是负值，也可能为零。如图 2-17(a) 所示电路的等效电路为如图 2-17(c) 所示电路，其等效电阻值为

$$R_{eq} = R_i = -1.5 \ \Omega$$

【例 2-7】 求如图 2-18(a) 所示电路中 $1-1'$ 端口的输入电阻（或等效电阻）。

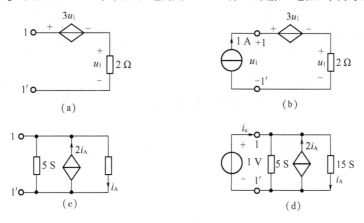

图 2-18　例 2-7 图

解 （1）如图 2 - 18(a)所示，外加 1 A 电流源，如图 2 - 18(b)所示，应用 KVL 有

$$u_i = 3u_1 + u_1$$

附加方程

$$u_i = 2 \text{ V}$$

得到

$$u_i = 4u_i = 8 \text{ V}$$

故有

$$R_i = \frac{u_i}{1} = 8 \text{ } \Omega$$

（2）如图 2 - 18(c)所示，外加 1 V 电流源，如图 2 - 18(d)所示，应用 KCL 有

$$i_u = 5 - 2i_A + i_A$$

附加方程

$$i_A = 15 \text{ A}$$

得到

$$i_u = 5 - i_A = -10 \text{ A}$$

故有

$$R_i = \frac{1}{i_u} = -0.1 \text{ } \Omega$$

负电阻表明该二端网络外加独立电源时向外发出功率。

习 题 2

2 - 1 求如图 2 - 19 所示电路的等效电阻 R_{ab} 和 R_{cd}。

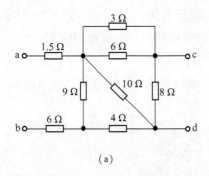

(a)

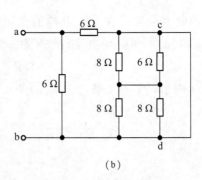

(b)

图 2 - 19 题 2 - 1 图

2 - 2 求如图 2 - 20 所示二端网络的等效电阻 R_{ab}。

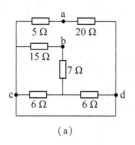

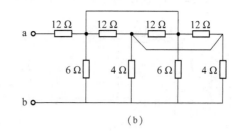

(a) (b)

图 2-20　题 2-2 图

2-3　在如图 2-21 所示的两个电路中，求 a、b 两端的等效电阻。

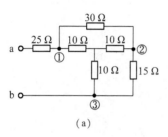

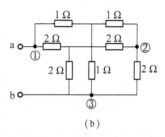

(a) (b)

图 2-21　题 2-3 图

2-4　如图 2-22 所示，$R_1 = R_2 = 1\ \Omega$，$R_3 = R_4 = 2\Omega$，$R_5 = 4\ \Omega$，$G_1 = G_2 = 1\ S$，$R = 20\ \Omega$，求各电路的等效电阻 R_{ab}。

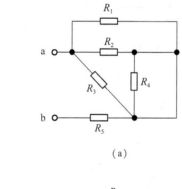

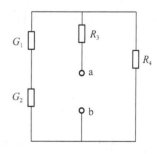

(a) (b)

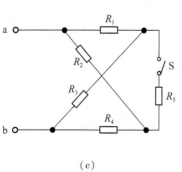

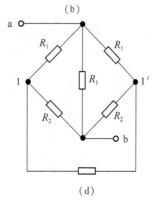

(c) (d)

图 2-22　题 2-4 图

2-5 把如图 2-23 所示各电路由 Y 连接变换成△连接或由△连接变换成 Y 连接。

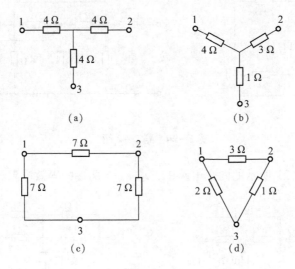

(a) (b)

(c) (d)

图 2-23 题 2-5 图

2-6 求如图 2-24 所示电路中的电流 I。

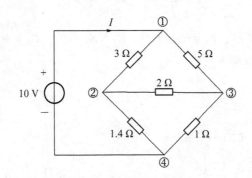

图 2-24 题 2-6 图

2-7 求如图 2-25 所示各电路的等效电源模型。

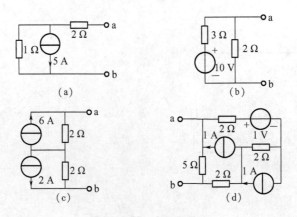

(a) (b)

(c) (d)

图 2-25 题 2-7 图

2 - 8 求如图 2 - 26 所示各电路的等效实际电压源。

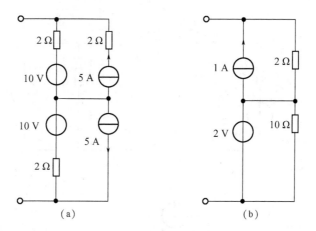

图 2 - 26 题 2 - 8 图

2 - 9 求如图 2 - 27 所示各电路的等效实际电流源。

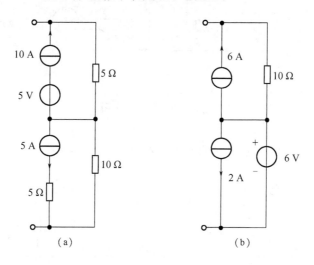

图 2 - 27 题 2 - 9 图

2 - 10 利用电源的等效变换，求如图 2 - 28 所示电路的电流 i。

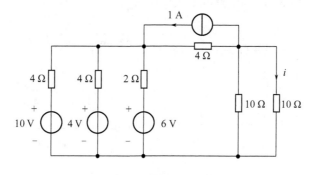

图 2 - 28 题 2 - 10 图

2-11 利用电源等效变换，求如图 2-29 所示电路中的电压 U_{ab} 电流 I。

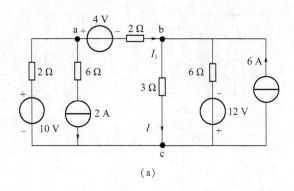

(a)

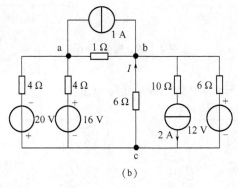

(b)

图 2-29　题 2-11 图

2-12 求如图 2-30 所示电路的输入电阻 R_{ab}。

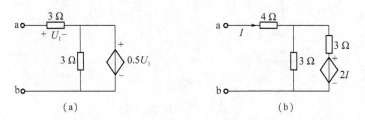

(a)　　　　　　　　　　　(b)

图 2-30　题 2-12 图

2-13 求如图 2-31 所示电路的输入电阻 R_{ab}。

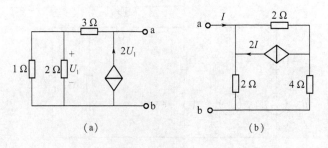

(a)　　　　　　　　　　　(b)

图 2-31　题 2-13 图

2 - 14　求如图 2 - 32 所示各电路的输入电阻 R_{ab}。

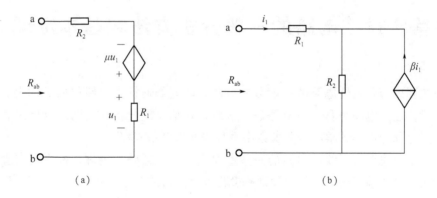

（a）　　　　　　　　　　　　（b）

图 2 - 32　题 2 - 14 图

2 - 15　求如图 2 - 33 所示各电路的输入电阻 R_i。

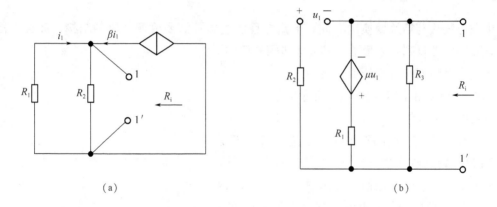

（a）　　　　　　　　　　　　（b）

图 2 - 33　题 2 - 15 图

第3章　电路的一般分析方法和基本定理

本章主要内容是线性电路的一般分析方法，研究如何根据电路的两类约束关系，选择独立变量，建立电路方程，对电路进行求解，包括支路分析法、网孔分析法和节点分析法。通过这部分内容的学习，要求会用手写法列出电路方程。

同时，本章也介绍了线性电路的一些重要定理，包括叠加定理、戴维南定理与诺顿定理、最大功率传输定理。这些定理都是简化电路分析的有用工具。

3.1　支路电流法

3.1.1　基本思想

电路方程法与等效变换法不同。电路方程法基本不需要改变电路的结构，此种方法属于设立独立变量列解方程法，其大体步骤概括如下：

①选定电路变量（电压或电流）；

②根据 KCL 和 KVL 建立电路变量方程；

③解线性方程组。

支路电流法是以支路电流为独立变量，应用 KVL 和 KCL 建立电路方程的一种方法。基本方法是：对于有 n 个节点、b 条支路的电路，按照 KCL 可以列出 $(n-1)$ 个独立的节点电流方程，按照 KVL 可以列出 $(b-n+1)$ 个独立的回路电压方程，联立解出 b 个支路电流。

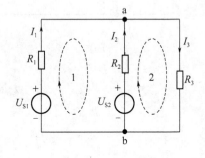

图 3-1　支路电流法

以图 3-1 为例，首先选择各支路电流的参考方向、独立回路及绕行方向，如图 3-1 所示。分别列出节点 a 的 KCL 方程和两个独立回路 1、2 的 KVL 方程如下

$$\begin{cases} -I_1 - I_2 + I_3 = 0 \\ R_1 I_1 - R_2 I_2 = -U_{S2} + U_{S1} \\ R_2 I_2 + R_3 I_3 = U_{S2} \end{cases}$$

联立可解出三个支路电流。

3.1.2　分析步骤及要点

用支路电流法列写电路方程的步骤和注意事项如下：

①选定各支路电流的参考方向；

②列写 $(n-1)$ 个独立的 KCL 方程；

③选取 $(b-n+1)$ 个独立回路（平面电路常选网孔），指定回路的绕行方向（通常取顺时针方向），以各支路电流为待求量，列写 KVL 方程；

④电流源和电阻的并联组合作为一条支路，在列写方程时，可将其等效变换为电压源和电阻的串联组合；

⑤当一条支路仅含有电流源而不存在与之并联的电阻时，这个电流源称为无伴电流源，该支路必须加以处理后才能应用支路电流法，一般对于无伴电流源，可以设其端电压为独立变量，再补充一个辅助方程；

⑥受控源暂且当独立源处理，再补充控制量用支路电流表示的方程。

【例 3-1】在如图 3-2 所示的直流电路中，用支路电流法计算各支路电流。

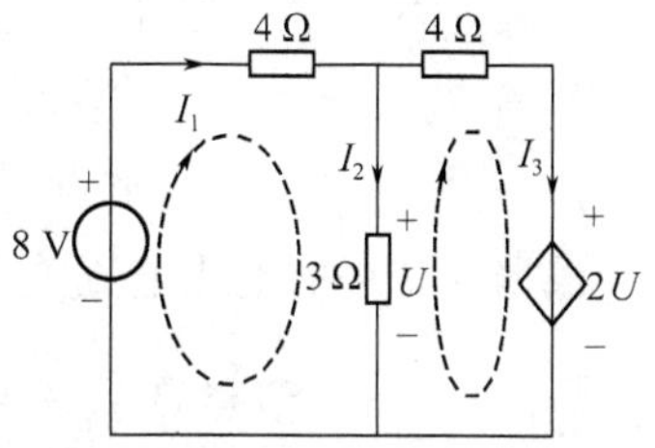

解　　KCL：$-I_1 + I_2 + I_3 = 0$

KVL：$4I_1 + 3I_2 - 8 = 0$

$2U + 4I_3 - 3I_2 = 0$

由于受控源的控制 U 是未知量，需补充一个方程，即

$$U = 3I_2$$

联立求解得

$$I_1 = 0.5 \text{ A}, I_2 = 2 \text{ A}, I_3 = -1.5 \text{ A}$$

支路电流法的优点是可以直接求出各支路电流，缺点是必须求解 b 个方程，若支路数较多，则计算起来很麻烦。

图 3-2　例 3-1 图

3.2　节点电压法

当在电路中选某一点作为参考点时，其他各点与参考点之间的电压称为电位，并且参考点的电位为零。对某一个电路，除了参考点之外的其他各节点称为独立节点，独立节点的电位是各独立节点与参考点之间的电压，其参考极性以参考点处为负，各独立节点处为正。节点法就是以各独立节点电位作为求解对象分析电路的一种方法，故又称节点电位法。下面首先通过一个具体的电路对节点法进行介绍。

电路如图 3-3 所示，电位相等的节点看成同一节点，因此，图中总共有 3 个节点。通常选取汇聚支路最多的节点为参考节点，图中取下端节点为参考点并用符号"⊥"标注，独立节点①和②的节点电位分别用 u_{n1} 和 u_{n2} 表示。两节点间的电压就是两节点电位之差。例如，节点①和节点②之间的电压 $u_{12} = u_{n1} - u_{n2}$，节点①处为参考正极性，节点②处为参考负极性。

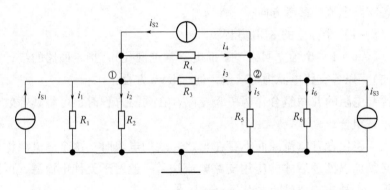

图 3-3 节点电压法举例

对独立节点①和节点②，根据图中电流参考方向的标注，分别列写 KCL 方程

$$节点①：i_1 + i_2 + i_3 + i_4 - i_{S1} - i_{S2} = 0$$

$$节点②：- i_3 - i_4 + i_5 + i_6 + i_{S2} - i_{S3} = 0$$

根据各支路的电压电流关系，上式为

$$节点①：\frac{u_{n1}}{R_1} + \frac{u_{n1}}{R_2} + \frac{u_{n1} - u_{n2}}{R_3} + \frac{u_{n1} - u_{n2}}{R_4} - i_{S1} - i_{S2} = 0$$

$$节点②：- \frac{u_{n1} - u_{n2}}{R_3} - \frac{u_{n1} - u_{n2}}{R_4} + \frac{u_{n2}}{R_5} + \frac{u_{n2}}{R_6} + i_{S2} - i_{S3} = 0$$

经过整理，就可得到以节点电位为独立变量的方程为

$$节点①：\left(\frac{1}{R_1} + \frac{1}{R_2} + \frac{1}{R_3} + \frac{1}{R_4}\right)u_{n1} - \left(\frac{1}{R_3} + \frac{1}{R_4}\right)u_{n2} = i_{S1} + i_{S2}$$

$$节点②：- \left(\frac{1}{R_3} + \frac{1}{R_4}\right)u_{n1} + \left(\frac{1}{R_3} + \frac{1}{R_4} + \frac{1}{R_5} + \frac{1}{R_6}\right)u_{n2} = - i_{S2} + i_{S3}$$

$$(3-1)$$

若用电导表示电阻，上式可写成为

$$节点①：(G_1 + G_2 + G_3 + G_4)u_{n1} - (G_3 + G_4)u_{n2} = i_{S1} + i_{S2}$$

$$节点②：- (G_3 + G_4)u_{n1} + (G_3 + G_4 + G_5 + G_6)u_{n2} = - i_{S2} + i_{S3}$$

$$(3-2)$$

式(3-2)中，方程的左边，令 $G_{11} = G_1 + G_2 + G_3 + G_4$ 和 $G_{22} = G_3 + G_4 + G_5 + G_6$ 分别为连于各独立节点的电导之和，称为自导，自导总是正的；令 $G_{12} = G_{21} = - (G_3 + G_4)$ 是连接于节点①和节点②之间的电导的负值，称为互导，互导总是负的。方程的右边，令 $i_{S11} = i_{S1} + i_{S2}$ 和 $i_{S22} = - i_{S2} + i_{S3}$ 分别表示节点①和节点②的电流源的代数和。流入节点的取"+"，流出节点的取"-"（由于已移到等式右边，与 KCL 中的约定恰好相反）。经过上述代换，两个独立节点的标准节点电位方程为

$$\begin{cases} G_{11}u_{n1} + G_{12}u_{n2} = i_{S11} \\ G_{21}u_{n1} + G_{22}u_{n2} = i_{S22} \end{cases}$$

$$(3-3)$$

推广到具有 $(n-1)$ 个独立节点的电路，有

$$\begin{cases} G_{11}u_{n1} + G_{12}u_{n2} + G_{13}u_{n3} + \cdots + G_{1(n-1)}u_{n(n-1)} = i_{S11} \\ G_{21}u_{n1} + G_{22}u_{n2} + G_{23}u_{n3} + \cdots + G_{2(n-1)}u_{n(n-1)} = i_{S22} \\ \ \vdots \qquad\qquad\qquad\qquad\qquad\qquad\qquad\qquad \vdots \\ G_{(n-1)1}u_{n1} + G_{(n-1)2}u_{n2} + G_{(n-1)3}u_{n3} + \cdots + G_{(n-1)(n-1)}u_{n(n-1)} = i_{S(n-1)(n-1)} \end{cases} \qquad (3-4)$$

凡具有 $(n-1)$ 个独立节点的电路，不管参数结构如何，都可用式(3-4)描述。列节点电位方程时，可以根据观察的方法直接代入自导、互导等的参数值，写出标准节点电位方程，无须重复前面的推导过程。注意，方程的系数行列式中自导分布在主对角线上，互导都与主对角线对称。如电路中出现受控源、电压源等特殊情形时，下面通过例子分别介绍该如何处理。

1. 含电流源和电阻相串联支路的节点方程

列写节点方程时，如果电路中存在电流源和电阻相串联的情形，如图3-4中 i_{S2} 和 R_7 串联所在支路，列方程时该支路的电阻或电导不予考虑。因此，如图3-4所示电路的节点方程仍为式（3-1），跟没有 R_7 时完全一样。有时也把电流源和电阻相串联的支路称为"陷阱支路"。

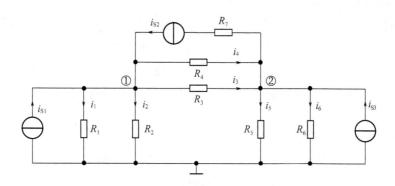

图3-4　含陷阱支路电路

2. 含受控电流源的节点方程

列写节点方程时，如果电路中含受控电流源，首先将受控电流源看作独立电流源处理，然后找出受控源的主控量与节点电位的关系列写附加方程，将主控量用节点电位表示并代入已列出的含受控源的节点方程中。

【例3-2】电路如图3-5所示，列写该电路的节点电位方程。

解　（1）选定参考点后，3 个独立节点的电位为 u_{n1}、u_{n2}、u_{n3}。

（2）先把受控电流源 $\dfrac{i_x}{4}$ 看作独立电流源，用观察法直接列出节点电位方程

$$\begin{cases} (3+4)u_{n1} - 3u_{n2} - 4u_{n3} = 8 + (-3) \\ -3u_{n1} + (3+1)u_{n2} + 0 = -(-3) - \dfrac{i_x}{4} \\ -4u_{n1} + 0 + (4+5)u_{n3} = -(-25) + \dfrac{i_x}{4} \end{cases} \qquad (3-5)$$

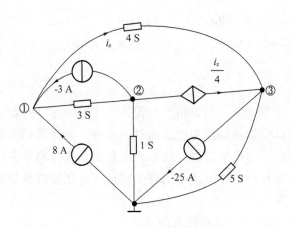

图 3-5　含受控电流源电路

（3）列出受控源主控量与节点电位之间的附加方程

$$i_x = 4(u_{n1} - u_{n3})$$

代入式（3-5）整理得

$$\begin{cases} 7u_{n1} - 3u_{n2} - 4u_{n3} = 5 \\ -2u_{n1} + 4u_{n2} - u_{n3} = 3 \\ -5u_{n1} + 10u_{n3} = 25 \end{cases}$$

注意：整理后节点方程的系数行列式，由于受控源的影响，已失去了原有主对角线的对称性。

3.含电压源的节点方程

当电路中存在电压源时，由于电压源中的电流不确定，列写节点方程时需具体处理。含电压源的电路分两种情况，下面分别说明具体如何处理。

（1）电压源支路有电阻相串联

如果支路是由电压源和电阻串联组合而成的，如图3-6(a)所示电路，参考点和独立节点已标注。列节点方程时，可把它看成是实际电压源，等效变换为实际电流源，如图3-6(b)所示。

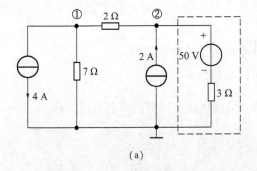

(a)

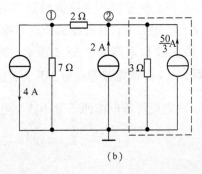

(b)

图 3-6　电压源有电阻串联

44

对图 3 - 6 观察列写节点方程为

$$\begin{cases} \left(\dfrac{1}{7} + \dfrac{1}{2}\right)u_{n1} - \dfrac{1}{2}u_{n2} = -4 \\ -\dfrac{1}{2}u_{n1} + \left(\dfrac{1}{2} + \dfrac{1}{3}\right)u_{n2} = 2 + \dfrac{50}{3} \end{cases}$$

整理后解得

$$u_{n1} = 21 \text{ V}, u_{n2} = 35 \text{ V}$$

注意：上述等效只是对外等效，图 3 - 6(a) 中 50 V 电压源支路的电流应该由图 3 - 6(b) 中 3 Ω 电阻支路和 $\dfrac{50}{3}$ A 电流源支路共同表示，熟练后可不进行等效变换，直接列写。

(2) 支路中仅含电压源

当支路中仅含电压源而无电阻与之串联时，此时的电压源称为无伴电压源，如图 3 - 7(a) 所示电路。无伴电压源作为一条支路连接于两个节点之间，该支路的电阻为零，即电导等于无限大，支路电流不能通过支路电压表示，节点方程的列写就遇到困难。当电路中存在这类支路时，有三种处理方法。

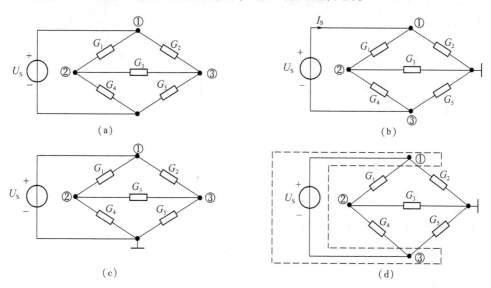

图 3 - 7　含无伴电压源电路

①增补电流变量法

把无伴电压源的电流作为附加变量列入节点方程，同时，增加一个节点电位与无伴电压源电压之间的附加方程。把附加方程和节点方程合并成一组联立方程，其方程数与变量数相同。

如图 3 - 7(b) 所示，确定参考点和独立节点后，令无伴电压源支路电流为 I_S，则节点方程为

$$\begin{cases} (G_1 + G_2)u_{n1} - G_1 u_{n2} = I_S \\ -G_1 u_{n1} + (G_1 + G_3 + G_4)u_{n2} - G_4 u_{n3} = 0 \\ -G_4 u_{n1} + (G_4 + G_5)u_{n3} = -I_S \end{cases} \qquad (3-6)$$

附加方程为

$$u_{n2} - u_{n3} = U_S$$

上述四个方程联立即可解得 u_{n1}、u_{n2}、u_{n3} 和 I_S。

②电压源支路参考点法

选取无伴电压源支路的其中一个节点作为参考点，则令一个节点的电位可直接用无伴电压源电压表示，如图 3-7(c) 所示，节点方程为

$$\begin{cases} u_{n1} = U_S \\ -G_1 u_{n1} + (G_1 + G_3 + G_4)u_{n2} - G_4 u_{n3} = 0 \\ -G_2 u_{n1} - G_3 u_{n2} + (G_2 + G_3 + G_5)u_{n3} = 0 \end{cases}$$

③电压源支路参考点法

选取无伴电压源的两个节点的封闭面作为一超（级）节点，列写 KCL，其他节点列写标准节点方程，同时，添加节点电位与无伴电压源的附加方程。如图 3-7(d) 所示。

对超节点有

$$G_2 u_{n1} + (u_{n1} - u_{n2})G_1 + (u_{n3} - u_{n2})G_4 + G_5 u_{n3} = 0$$

整理得

$$(G_1 + G_2)u_{n1} - (G_1 + G_4)u_{n2} + (G_4 + G_5)u_{n3} = 0 \qquad (3-7)$$

附加方程为

$$u_{n1} - u_{n3} = U_S$$

节点②为

$$-G_1 u_{n1} + (G_1 + G_3 + G_4)u_{n2} - G_4 u_{n3} = 0$$

很显然，式(3-7)可由增补电流变量法的式(3-6)中第一式和第三式相加得到，但超节点法可避免附加电流变量的出现。

注意：超节点方程式(3-7)也可根据标准节点的规律列写，只是自导要分别对应两个节点电位。

4. 含受控电压源的节点方程

如电路中存在受控电压源，处理方法参见电压源的处理方法，同时，添加受控源的主控量与节点电位的附加方程。

【例 3-3】 电路如图 3-8 所示，试列出其节点电位方程。

解 选择参考节点及标注独立节点，节点电位分别为 u_{n1}、u_{n2}、u_{n3}。独立电压源一端为参考节点，故

$$u_{n1} = U_S$$

对 CCVS 两端作包含节点②与③的封闭面（超级节点）列方程为

$$-\frac{1}{R_1}u_{n1} + \left(\frac{1}{R_1} + \frac{1}{R_2}\right)u_{n2} + \frac{1}{R_3}u_{n3} = g_m U$$

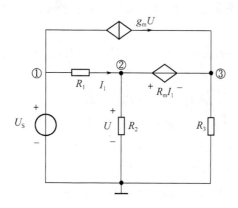

图 3 − 8　含受控电压源电路

附加方程为

$$u_{n2} - u_{n3} = R_m I_1$$

$$\frac{u_{n1} - u_{n2}}{R_1} = I_1$$

$$u_{n2} = U$$

经整理可得 3 个变量方程组，即

$$
\begin{cases}
u_{n1} = U_S \\
-\dfrac{1}{R_1}u_{n1} + \left(\dfrac{1}{R_1} + \dfrac{1}{R_2} - g_m\right)u_{n2} + \dfrac{1}{R_3}u_{n3} = 0 \\
-\dfrac{R_m}{R_1}u_{n1} + \left(1 + \dfrac{R_m}{R_1}\right)u_{n2} - u_{n3} = 0
\end{cases}
$$

通过对上述各种情况的介绍，节点法的步骤简单归纳如下：

①指定参考节点，标注各独立节点电位；

②无特殊情况下，根据式(3 − 4)观察列写节点方程；

③当电路中出现上述 4 种特殊情况时需分别另行处理，处理方法已一一介绍。

3.3　回路电流法

回路法是以回路电流作为第一步求解的对象，故又称为回路电流法。所谓回路电流，是一种沿着回路边界流动的假想电流，如图 3 − 9 中的回路电流 i_{l1}、i_{l2}、i_{l3}，其参考方向由图 3 − 9 中虚线箭头表示，同时，该箭头又表示回路的绕行方向。支路电流可由回路电流表示，如 $i_1 = i_{l1}$，$i_2 = i_{l2}$，$i_5 = i_{l1} - i_1 = i_{l2}$。回路 I_1、I_2、I_3 是图 3 − 9 的三个独立回路。所谓独立回路，是对应于一组线性独立的 KVL 方程的回路。在平面电路里，网孔数就是电路的独立回路数。所谓平面电路是指可以画在平面上，不出现支路交叉的电路。在平面电路里，不包含其他回路的一个回路称为网孔。平面电路根据网孔的数量确定独立回路的数量是非常方便的。

如果独立回路选的就是网孔，则回路法也可称为网孔法。下面首先通过图 3-9 对回路法进行介绍。

根据上面介绍，图 3-9 中有三个独立回路，分别对三个独立回路列写 KVL 方程为

$$\begin{cases} -u_{S1} + R_1 i_1 + R_5 i_5 + R_4 i_4 + u_{S4} = 0 \\ -R_2 i_2 + u_{S2} - R_6 i_6 - R_5 i_5 = 0 \\ -u_{S4} - R_4 i_4 + R_6 i_6 - u_{S3} - R_3 i_3 = 0 \end{cases}$$

支路电流用回路电流表示 $i_1 = i_{l1}$，$i_2 = -i_{l2}$，$i_3 = -i_{l3}$，$i_4 = i_{l1} - i_{l3}$，$i_5 = i_{l1} - i_{l2}$，$i_6 = i_{l3} - i_{l2}$。代入上式并整理得

$$\begin{cases} (R_1 + R_4 + R_5) i_{l1} - R_5 i_{l2} - R_4 i_{l3} = u_{S1} - u_{S4} \\ -R_5 i_{l1} + (R_2 + R_5 + R_6) i_{l2} - R_6 i_{l3} = -u_{S2} \\ -R_4 i_{l1} - R_6 i_{l2} + (R_3 + R_4 + R_6) i_{l3} = u_{S3} + u_{S4} \end{cases} \qquad (3-8)$$

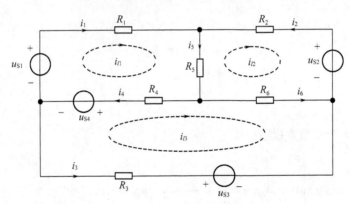

图 3-9 回路电流法

式 (3-8) 中，方程的左边，令 $R_{11} = R_1 + R_4 + R_5$，$R_{22} = R_2 + R_5 + R_6$，$R_{33} = R_3 + R_4 + R_6$ 分别为各独立回路的电阻之和，称为自阻，自阻总是正的；令 $R_{12} = R_{21} = -R_5$，$R_{13} = R_{31} = -R_4$，$R_{23} = R_{32} = -R_6$ 分别表示两个回路的公共电阻之和，称为互阻，两个回路电流的参考方向在互阻上方向一致时互阻是正的，方向相反时是负的。方程的右边，令 $u_{S11} = u_{S1} - u_{S4}$，$u_{S22} = -u_{S2}$，$u_{S33} = u_{S3} + u_{S4}$ 分别表示回路 1、回路 2、回路 3 中所有电压源电压的代数和。各电压源的方向与回路电流方向一致时取 "−"，相反时取 "+"（由于已移到等式右边，与 KVL 中的约定刚好相反）。经过上述代换，三个独立回路的标准回路方程为

$$\begin{cases} R_{11} i_{l1} + R_{12} i_{l2} + R_{13} i_{l3} = u_{S11} \\ R_{21} i_{l1} + R_{22} i_{l2} + R_{23} i_{l3} = u_{S22} \\ R_{31} i_{l1} + R_{32} i_{l2} + R_{33} i_{l3} = u_{S33} \end{cases} \qquad (3-9)$$

推广到具有 l 个独立回路的电路，有

$$
\begin{cases}
R_{11}i_{l1} + R_{12}i_{l2} + \cdots + R_{1l}i_{l3} = u_{Sl1} \\
R_{21}i_{l1} + R_{22}i_{l2} + \cdots + R_{2l}i_{ll} = u_{Sl2} \\
\vdots \\
R_{l1}i_{l1} + R_{l2}i_{l2} + \cdots + R_{ll}i_{ll} = u_{Sll}
\end{cases}
\tag{3 – 10}
$$

凡具有 l 个独立回路的电路，用式(3 – 10)描述，列回路方程时，可以根据观察的方法直接代入自阻、互阻等参数值，写出标准回路方程，无需重复前面的推导过程。注意，方程的系数行列式中自阻分布在主对角线上，互阻都与主对角线对称。下面的例子将分别介绍当电路出现受控源、电流源等特殊情形时该如何处理。

1. 含受控电压源的回路方程

当电路中含有受控电压源时，把它作为独立电压源处理列写回路方程，同时，把控制量用回路电流表示列写附加方程，代入已列写的含受控电压源的方程中。

【例 3 – 4】 电路如图 3 – 10(a)所示，用回路法列出电路的方程。

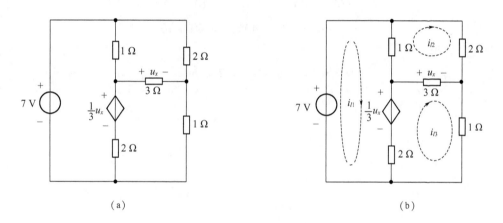

(a)   (b)

图 3 – 10 含受控电压源电路

解 （1）取网孔作为独立回路 i_{l1}、i_{l2}、i_{l3}，标注如图 3 – 10(b)所示。

（2）把受控电压源 $\frac{1}{3}u_x$ 当作独立电压源，根据观察列写标准回路方程

$$
\begin{cases}
(1 + 2)i_{l1} - i_{l2} - 2i_{l3} = 7 - \dfrac{1}{3}u_x \\
- i_{l1} + (1 + 2 + 3)i_{l2} - 3i_{l3} = 0 \\
- 2i_{l1} - 3i_{l2} + (3 + 1 + 2)i_{l3} = \dfrac{1}{3}u_x
\end{cases}
\tag{3 – 11}
$$

（3）列出受控源主控量与回路电流之间的附加方程为

$$u_x = 3(i_{l3} - i_{l2})$$

代入式(3 – 11)整理得

$$\begin{cases} 3i_{l1} - 2i_{l2} - i_{l3} = 7 \\ -i_{l1} + 6i_{l2} - 3i_{l3} = 0 \\ -2i_{l1} - 2i_{l2} + 5i_{l3} = 0 \end{cases}$$

注意：整理后节点方程的系数行列式，由于受控源的影响，已失去了原有主对角线的对称性。

2. 含电流源的回路方程

（1）电流源有电阻并联

如果电路中有电流源和电阻的并联组合，可等效变换成为电压源和电阻的串联组合后再列写回路电流方程。

【例 3 – 5】 电路如图 3 – 11(a)所示，应用回路法求电流 I_x。

解 将电流源电阻并联电路图 3 – 11(a)转换为电压源电阻串联电路图 3 – 11(b)，选取独立回路并标注，回路方程为

$$\begin{cases} (60 + 20)i_{l1} - 20i_{l2} = -10 + 50 \\ -20i_{l1} + (20 + 40)i_{l2} = 40 + 10 \end{cases}$$

整理后解得

$$i_{l1} = 1.1 \text{ A}, i_{l2} = 2.2 \text{ A}$$

故有

$$I_x = i_{l2} - i_{l1} = 1.1 \text{ A}$$

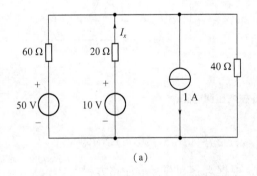
(a)

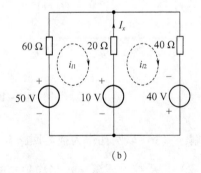
(b)

图 3 – 11　电流源有电阻并联电路

（2）无伴电流源

当电路中存在无伴电流源时，如图 3 – 12(a)所示，无法进行等效变换，处理方法有 3 种。

①增补电压变量法

把无伴电流源的电压作为附加变量列入回路方程，同时，增加一个回路电流与无伴电流源之间的附加方程。把附加方程和回路方程合并成一组联立方程，其方程数与变量数相同。如图 3 – 12(b)所示，令无伴电流源两端电压为 U，确定独立回路后，则回路方程为

$$(R_S + R_1 + R_4)i_{l1} - R_1 i_{l2} - R_4 i_{l3} = U_S$$

$$-R_1 i_{l1} + (R_1 + R_2)i_{l2} = U$$
$$-R_4 i_{l2} + (R_3 + R_4)i_{l3} = -U \qquad (3-12)$$

附加方程为

$$i_{l1} - i_{l2} = I_{\mathrm{S}}$$

上式四个方程联立可解得 i_{l1}、i_{l2}、i_{l3} 和 U。

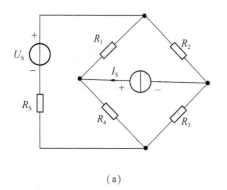

（a）

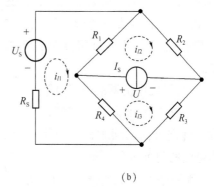

（b）

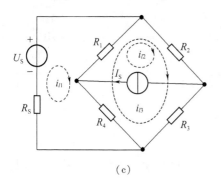

（c）

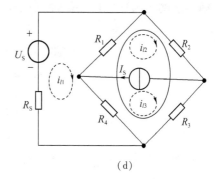

（d）

图 3-12　无伴电流源电路

②电流唯一回路法

选取独立回路时，令无伴电流源支路仅和一个独立回路相关，如图 3-12(c) 所示，独立电流源支路仅和回路 2 相关，则该回路电流 i_{l2} 即为电流源电流 I_{S}。图 3-12(c) 的回路方程为

$$
\begin{cases}
(R_{\mathrm{S}} + R_1 + R_4)i_{l1} - R_1 i_{l2} - (R_1 + R_4)i_{l3} = U_{\mathrm{S}} \\
i_{l2} = I_{\mathrm{S}} \\
-(R_1 + R_4)i_{l1} + (R_1 + R_4)_1 i_{l2} + (R_1 + R_2 + R_3 + R_4)i_{l3} = 0
\end{cases}
$$

③超回路法

依然选网孔作为独立回路，避开含电流源支路，将含电流源支路假想的"移去"后，由原回路 2、回路 3 拼合成超（级）回路，对超级回路列写 KVL 方程及附加方程，对回路 1 列标准回路方程，如图 3-12(d) 所示，则有回路 1 方程为

$$(R_{\mathrm{S}} + R_1 + R_4)i_{l1} - R_1 i_{l2} - R_4 i_{l3} = U_{\mathrm{S}}$$

整理得

$$R_1(i_{l2} - i_{l1}) + R_2 i_{l2} + R_3 i_{l3} + R_4(i_{l3} - i_{l1}) = 0 \qquad (3-13)$$

附加方程为

$$i_{l2} - i_{l3} = I_S$$

很显然，式(3-13)可由增补电压变量法的式(3-12)中第二式和第三式相加得到，但超回路法可避免附加电压变量的出现。

注意：超回路方程式(3-13)也可根据标准回路的规律列写，只是自阻要分别对应两个回路电流。

3. 含受控电流源的回路方程

如电路中存在受控电流源，处理方法参见电流源的处理方法，同时，添加受控源的主控量与回路电流的附加方程。

【例3-6】 电路如图3-13所示，列写回路方程。

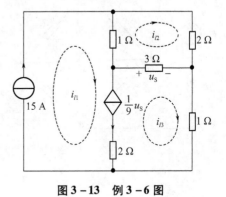

图3-13　例3-6图

解 选网孔为独立回路标注如图3-13所示，则有

$$回路 1: i_{l1} = 15 \text{ A}$$

$$回路 2: -i_{l1} + (1+2+3) i_{l2} - 3 i_{l3} = 0$$

$$回路 3: i_{l1} - i_{l3} = \frac{1}{9} u_x$$

$$u_x = 2 \times (i_{l3} - i_{l2})$$

方程数与未知量数相同，联立即可解得未知量。通过对上述各种情况的介绍，回路法的步骤可归纳如下：

①选取独立回路，标注回路电流的参考方向；

②无特殊情况下，根据式(3-10)观察列写回路方程；

③当电路中出现上述3种特殊情况时需另行处理，方法参见上面介绍。

此外，对于线性电阻电路，无论用节点法还是回路法，都可以获得一组未知数和方程数相等的代数方程。从数学上说，只要方程的系数行列式不等于零，方程就有唯一解。节点法的优点是节点电位容易选择，不存在选取独立回路的问题。但是对于平面电路，可选网孔作为独立回路，此时也比较简便直观。

3.4　齐次性和叠加原理

由线性元件及独立电源组成的电路为线性电路，独立电源是电路的输入，对电路起激励（excitation）的作用，电压源的电压、电流源的电流与所有其他元件的电压、电流相比扮演着完全不同的角色，后者只是激励引起的响应（response）。究其实质来说，激励是产生响应的原因，响应是激励产生的效果。

3.4.1 齐次性定理

在单一激励的线性电路中，当激励增大（或缩小）至 k 倍（或 $\frac{1}{k}$）时（ k 为实常数），其响应也将同样增大（或缩小）至 k 倍（或 $\frac{1}{k}$ ），这样的性质称为"齐次性"或"比例性"，它是"线性"的一个表现。

以如图 3 – 14 所示电路为例，它只有一个独立节点，激励以 u_n 为响应。根据节点法，节点方程为

$$\left(\frac{1}{R_1} + \frac{1}{R_2} + \frac{1}{R_3}\right)u_n = \frac{u_S}{R_1}$$

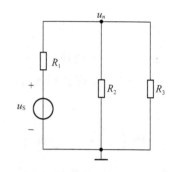

解得

$$u_n = \frac{R_2 R_3}{R_1 R_2 + R_2 R_3 + R_1 R_3} u_S$$

式中　R_1、R_2、R_3——常数。

这是一个线性关系，可表示为

$$u_n = \alpha u_S \qquad\qquad (3 – 14)$$

图 3 – 14　齐次性定理示例

式中　α——线性系数，与电路结构和参数值有关，其物理意义也可理解为 u_S 为 1 V 时产生的 u_n 响应值。

当电路给定后，其值不随 u_S 变化，所以激励和响应之间具有式(3 – 14)不变的方程形式。

当激励增加为 k 倍，即 $u_{Sk} = k u_S$ 时，代入式(3 – 14)，则

$$u_{nk} = \alpha(k u_S) = k(\alpha u_S) = k u_n$$

可见，响应也增加了 k 倍。

利用齐次性定理可以简化电路的计算，以如图 3 – 15 所示单激励梯形电路为例进行说明。已知 $u_S = 120$ V，求距离 u_S 最远端 20 Ω 电阻中流过的电流 i_5。

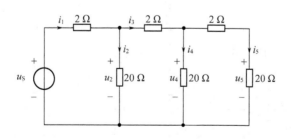

图 3 – 15　梯形电路

如果采用串并联先求等效电阻，再求出激励处的电流 i_1，最后采用分流的办法虽可求出 i_5，但比较麻烦。采用齐次性定理，可简化计算。

首先假定 $i_5 = 1$ A，运用欧姆定律、KCL、KVL 依次可求得下列各式

$$u_5 = 20 i_5 = 20 \text{ V}$$

$$u_4 = 2i_5 + u_5 = 22 \text{ V}$$

$$i_4 = \frac{u_4}{20} = 1.1 \text{ A}$$

$$i_3 = i_4 + i_5 = 2.1 \text{ A}$$

$$u_2 = 2i_3 + u_4 = 26.2 \text{ V}$$

$$i_2 = \frac{u_2}{20} = 1.31 \text{ A}$$

$$i_1 = i_2 + i_3 = 3.41 \text{ A}$$

$$u_S = 2i_1 + u_2 = 33.02 \text{ V}$$

由此可见，当激励 $u_S = 33.02$ V 时，响应 $i_5 = 1$ A，当激励 $u_S = 120$ V 时，根据齐次性定理，响应也以同样的倍数增加，所以有

$$i_5 = \frac{120}{33.02} \times 1 = 3.63 \text{ A}$$

有时把这种计算方法叫作"倒退法"。

3.4.2 叠加定理

在多个激励的线性电路中，响应与激励关系又将如何？以如图 3 – 16 所示双激励的线性电路为例探讨这一问题。仍以节点电压为响应，根据节点法，节点方程为

$$\left(\frac{1}{R_1} + \frac{1}{R_2}\right)u_n = \frac{u_S}{R_1} + i_S$$

解得

$$u_n = \frac{R_2}{R_1 + R_2}u_S + \frac{R_1 R_2}{R_1 + R_2}i_S \qquad (3 - 15)$$

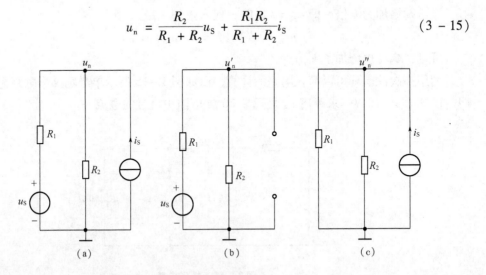

图 3 – 16　叠加定理示例

（a）原电路；（b）u_S 单独作用；（c）i_S 单独作用

由式(3 – 15)知：u_S 由两项组成，而每一项具与某一个激励成比例。不难算出，式中

第一项就是该电路在 $i_S = 0$，亦即 u_S 单独作用时产生的电压 $u'_n = \dfrac{R_2}{R_1 + R_2} u_S = \alpha_1 u_S$，如图 3 – 16(b)所示，这一项是比例于激励 u_S 的，其线性系数 α_1 可理解为 u_S 为 1 V 时产生的电压 u_n 响应值。第二项就是该电路在 $u_S = 0$，亦即 i_S 单独作用时产生的电压 $u''_n = \dfrac{R_1 R_2}{R_1 + R_2} i_S = \alpha_2 i_S$，如图 3 – 16(c)所示，这一项是比例于激励的，其线性系数 α_2 可理解为 i_S 为 1 A 时产生的电压 u_n 响应值。

因此，式(3 – 15)可表示为

$$u_n = u'_n + u''_n \tag{3 – 16}$$

式(3 – 16)表明：由两个激励产生的响应为每一激励单独作用时产生的响应之和。这是"线性"在多于一个独立源时的表现，称为"叠加性"。线性电路的叠加性常以原理的形式来表达。

在多个电源共同作用的线性电路中，每一元件的电流或电压可以看成是每一个独立源单独作用于电路时在该元件上产生的电流或电压的代数和，这就是叠加原理。当某一独立源单独工作时，其他独立源应为零值，即独立电压源用短路代替，独立电流源用开路代替。

叠加性是线性电路的根本属性。叠加方法作为电路分析的一大基本方法，可使复杂问题简化为单一激励问题。

【例 3 – 7】 电路如图 3 – 17(a)所示，其中，$r = 2\ \Omega$，用叠加原理求 i_x。

解　对含受控源电路运用叠加原理时必须注意：叠加原理中说的只是独立电源的单独作用，受控源的电压或电流不是电路的输入，不能单独作用。在运用该原理时，受控源应和电阻一样，始终保留在电路内。

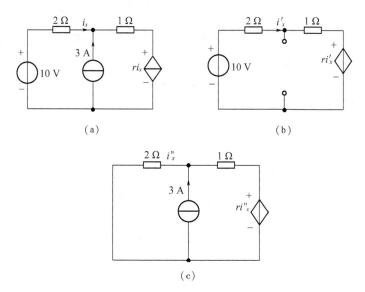

图 3 – 17　例 3 – 7 图

10 V 电压源单独作用，如图 3 – 17(b)所示，注意此时受控源为 $2i'_x$，应用 KVL 得

$$-10 + 3i'_x + 2i'_x = 0$$

解得

$$i'_x = 2 \text{ A}$$

3 A 电流源单独作用时，如图 3 - 17(c) 所示，注意此时受控源的电压为 $2i''_x$，应用 KCL 及 KVL 得

$$2i''_x + (3 + i''_x) + 2i''_x = 0$$

解得

$$2i''_x = -0.6 \text{ A}$$

两电源同时作用时，应用叠加原理，得

$$i_x = i'_x + i''_x = 1.4 \text{ A}$$

【例 3 - 8】 在如图 3 - 18 所示电路中，N 的内部结构不知，但只含线性电阻，在激励 u_S 和 i_S 作用下，其测试数据为：当 $u_S = 1$ V，$i_S = 1$ A 时，$u = 0$；当 $u_S = 10$ V，$i_S = 0$ 时，$u = 1$ V。若 $u_S = 0$，$i_S = 10$ A 时，u 为多少?

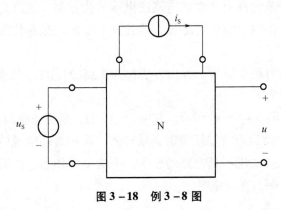

图 3 - 18　例 3 - 8 图

解　令 u_S 单独作用时激励和响应的线性系数为 α_1，i_S 单独作用时激励和响应的线性系数为 α_2，根据齐次性及叠加定理知

$$u = \alpha_1 u_S + \alpha_2 i_S$$

由两测试结果可得

$$\alpha_1 + \alpha_2 = 0$$
$$10\alpha_1 = 1$$

联立解得

$$\alpha_1 = 0.1, \alpha_2 = -0.1$$

故知

$$u = 0.1 u_S - 0.1 i_S$$

当 $u_S = 0$，$i_S = 10$ A 时，有

$$u = 0.1 \times 0 - 0.1 \times 10 = -1 \text{ A}$$

由例 3 - 8 可知，叠加原理简化了电路激励与响应的关系。例 3 - 8 中的 N 可能是一个含有众多电阻元件、结构复杂的电路，但只需用两个参数 α_1 和 α_2 即能描述指定的响应与激励间的关系，且每一激励对响应的作用可一目了然。当 N 的结构与参数明朗时，α_1

和 α_2 既可用实验方法确定，也可通过计算求得。只要电路的结构和参数不变动，不论由实验还是由计算所得的网络函数始终有效，在研究激励与响应的关系时就不必再考虑电路的各元件参数和结构。从这个意义上讲，研究线性电路的响应与激励关系比起直接运用回路或节点分析要方便得多。

最后，使用叠加原理时还要注意：

①"每一元件的电流或电压可以看成是每一个独立源单独作用于电路时，在该元件上产生的电流或电压的代数和"，这里要特别注意"代数和"的含义，即求和时，凡是与总量参考方向一致的分量前面取" + "号，不一致的分量前面取" - "号；

②叠加原理只适用于线性电路中电流或电压的叠加，由于线性电路中的功率不是电流或电压的一次函数，所以不能用叠加原理来计算功率；

③叠加原理还可适用于一个独立电源和一组独立电源相叠加，例如，图 3 - 8 中有 3 个独立源时，计算响应可以三次都单独作用后再叠加，也可以一个单独作用和两个共同作用后叠加。

3.5　替代定理

替代定理是一个应用范围颇为广泛的定理，它不仅适用于线性电路，也适用于非线性电路。它时常用来对电路进行简化，从而使电路易于分析或计算。

在线性或非线性电路中，若某一支路的电压和电流为 u 和 i，则不论这个支路是由什么元件组成的，总可以用 $u_S = u$ 的电压源或 $i_S = i$ 的电流源替代，替代后电路中全部电压和电流均保持替代前的原值不变，称为替代定理，如图 3 - 19 所示。

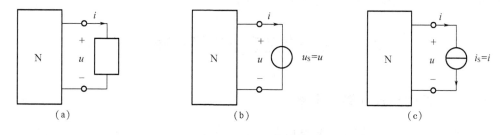

图 3 - 19　替代定理
（a）原电路；（b）电压源替代；（c）电流源替代

替代定理成立是因为替代后的新电路和原电路在连接结构上完全相同，所以两电路的KCL、KVL 也将相同，除被替代支路外，两电路的元件参数值也完成相同。元件的伏安特性完全相同，因此，除了被替代支路外，两电路的所有电流、电压关系约束方程都相同。

至于被替代的支路，假设它是电压源，它的伏安特性虽然与原支路不同（原支路中，当电压为 u 时，其电流为 i），但是根据电压源的特点，它的电流可以是任意的，现在电压源的电压 $u_S = u$，而电流又可以任意给定，当然可以让它等于原电路的支路电流 i。这样一来，新电路的电压和电流满足原电路全部约束关系方程，这就维持了原电路的电压、电流不变。如果被替代后的支路是电流源 $i_S = i$，根据电流源的特点，它的电压可以是任意的，当然可以让它等于原电路的支路电压 u，这也能使新的电路的电流、电压满足原电路的全部方程，维持原电路的电流、电压不变。

如图 3-20 所示为替代定理应用的实例。图 3-20(a) 中，可求得 $u_3 = 8$ V，$i_3 = 1$ A。现将支路 3 分别以 $u_S = u_3 = 8$ V 的电压源或 $i_S = i_3 = 1$ A 的电流源替代，如图 3-20(b) 或图 3-20(c) 所示。不难看出。在图 3-20 中，其他部分的电压和电流均保持不变，即 $i_1 = 2$ A，$i_2 = 1$ A。

顺便指出，支路 3 也可用一个电阻替代，其值为 $R_S = \dfrac{u_S}{i_S} = 8$ Ω。此时，其他部分的电压和电流也保持不变。

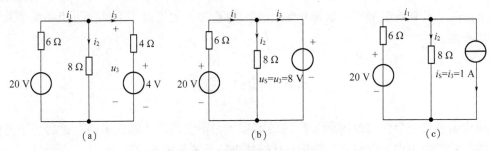

图 3-20 替代定理示例

替代定理还可以从替代一个支路推广到替代一个具有两个端钮的部分电路（不论其结构如何复杂），只要知道它的端电压或者入端电流，即可用电压源或电流源进行替代，这样就可以使原来复杂的电路得到简化。

3.6 戴维南定理与诺顿定理

3.6.1 二端网络及其等效电路

在有些情况下，只需计算一个复杂电路中某一支路的电流、电压和功率，这时可以将这个支路划出，而把电路的其余部分看作一个二端网络，它是具有两个出线端钮的部分电路，待研究的支路就接在这两个出线端钮之间。如果二端网络内部含有电源，就称为有源二端网络；如果二端网络内部没有电源，就称为无源二端网络。例如，如图 3-21(a) 所示电路，如果只研究 R_2 所在支路的情况，将该支路从整个电路划出后，其余部分就是一个有源二端网络，并可用如图 3-21(b) 所示的电路表示；同一个电路如果只研究 U_{S1} 和 R_1 所在支路的情况，将该支路从整个电路划出后，其余的部分就是一个无源二端网络，并可用如图 3-21(c) 所示的电路表示。

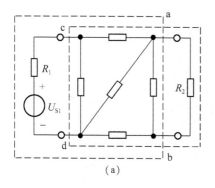 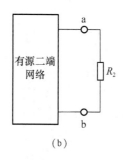 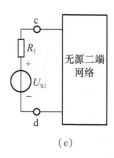

（a）　　　　　　　　　　　　　　（b）　　　　　　　　　（c）

图 3 – 21　二端网络

　　二端网络对外电路的作用可用一个简单的等效电路代替。在2.2节中讨论过串并联电阻电路可以用一个等效电阻代替，在2.3节中讨论了电源支路的串并联也可以用一个等效电源代替。这些都是特殊类型的二端网络的等效电路，本节将讨论一般线性二端网络的等效变换。

　　根据齐性定理可知，对于一个不含独立电源、仅含电阻的线性无源二端网络，其端电压和输入电流的比值为一个常数，这个比值就定义为该二端网络的输入电阻或等效电阻。因此，任何线性无源二端网络都可以用一个线性电阻作为其等效电路。

　　线性有源二端网络的等效电路是一个等效电源支路，它可以用电压源串联电阻支路表示，也可以用电流源并联电导支路表示。这便是戴维南定理和诺顿定理，统称为等效电源定理，也称为等效发电机定理。

3.6.2　戴维南定理

　　以如图3 – 22（a）所示的电路为例说明戴维南定理的具体含义。当只求该电路 R 支路中的电流 I 时，便可将除去 R 支路外的部分看成一有源二端网络，它的等效电路是什么？为此，用简单电路的计算方法容易求得

$$I = \frac{U_{S1}}{R_1 + \dfrac{R_2 R}{R_2 + R}} \cdot \frac{R_2}{R_2 + R} = \frac{R_2 U_{S1}}{R_1 R_2 + R_1 R + R_2 R} = \frac{\dfrac{R_2}{R_1 + R_2} U_{S1}}{\dfrac{R_1 R_2}{R_1 + R_2} + R}$$

若令 $U_S = \dfrac{R_2}{R_1 + R_2} U_{S1}$，$R_S = \dfrac{R_1 R_2}{R_1 + R_2}$，则

$$I = \frac{U_S}{R_S + R}$$

　　于是，可作出有源二端网络的等效电源支路，如图3 – 22（b）所示。显然，等效电压源的电压应等于原有源二端网络的开路电压，即 $U_S = U_{OC}$，如图3 – 22（c）所示，而电阻等于原有源二端网络中独立电源 $U_{S1} = 0$ 时的输入电阻，即 $R_S = R_0$，如图3 – 22（d）所示。

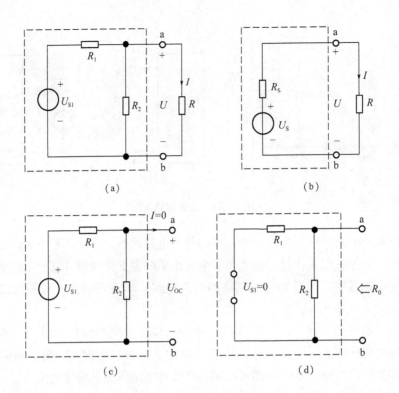

图 3 – 22　戴维南定理举例

上述具体电路所得出的结果被总结为戴维南定理。戴维南定理可以表述为：任何一个线性有源二端网络，对外电路来说，可以用一个电压源与电阻串联的支路等效代替，其电压源的电压等于原来的有源二端网络的开路电压 U_{OC}，而电阻等于原来的有源二端网络中所有独立电源置零时的输入电阻。

关于戴维南定理，可用图 3 – 23 作进一步说明：如图 3 – 23(a)所示 N 为线性有源二端网络，有外电路与它连接。如图 3 – 23(b)所示，如果把外电路断开，此时由于 N 内部含有独立电源，一般在引出端钮 a、b 间将出现电压，这个电压称为 N 的开路电压，用 U_{OC} 表示。把 N 中全部独立电源置零，即把 N 中的独立电压源用短路替代，独立电流源用开路替代，则原网络就化为一个线性无源二端网络 N_0，如图 3 – 23(c)所示，N_0 的输入电阻 R_0 就是从 a、b 端钮看进去的等效电阻。如图 3 – 23(d)所示为应用戴维南定理把 N 等效替代后的情况。图 3 – 23(d)中这一电压源串联电阻的支路称为戴维南等效电路，等效电路中的电阻有时称为戴维南等效电阻。当线性有源二端网络用戴维南等效电路替代后，外电路中的电压、电流均保持不变。

戴维南定理的证明略。

应用戴维南定理的关键是求出开路电压和输入电阻。求开路电压可用前面介绍的线性电路的各种分析方法和定理等进行。求输入电阻有 3 种方法。

（1）将二端网络中所有独立电源置零（即电压源用短路替代，电流源用开路替代），按照电阻串并联、星形与三角形等效变换的方法，求出输入电阻。

（2）将二端网络所有独立电源置零，在端口 a、b 处施加一电压，计算或测量输入端

口的电流 I，如图 3 - 24(a)所示，则输入电阻为

$$R_0 = \frac{U}{I}$$

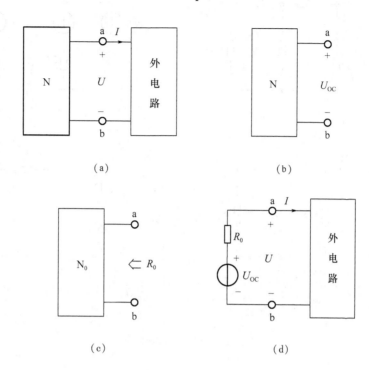

（a）

（b）

（c）

（d）

图 3 - 23　戴维南定理

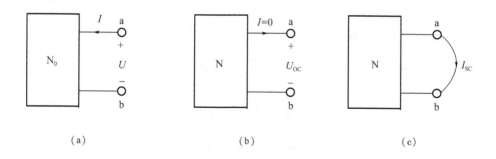

（a）

（b）

（c）

图 3 - 24　有源二端网络输入电阻的两种求法

（3）用实验方法测量或用计算方法求得该有源二端网络的开路电压 U_{OC} 和 I_{SC} 短路电流，如图 3 - 24(b)和如图 3 - 24(c)所示。根据有源二端网络的等效电路，如图3 - 23(d)所示，不难看出，输入电阻为

$$R_0 = \frac{U_{OC}}{I_{SC}} \tag{3 - 17}$$

戴维南定理常用来分析电路中某一支路的电流和电压。

【例3-9】 用戴维南定理求如图3-25(a)所示电路中的电流I。

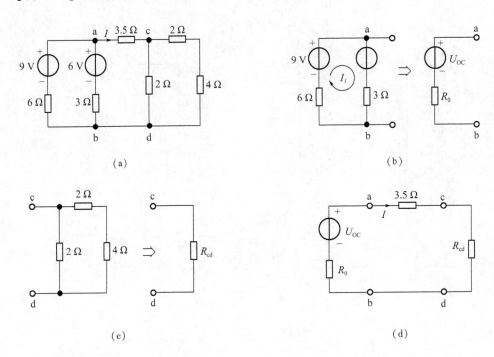

图3-25　例3-9图

解　将电路分为3个部分：端钮a、b左方（9 V，6 Ω）支路和（6 V，3 Ω）支路组成的有源二端网络用戴维南等效电路替代，如图3-25(b)所示，其中

$$R_0 = \frac{6 \times 3}{6 + 3} = 2\ \Omega$$

$$U_{OC} = 6 + 3I_1 = 6 + 3 \times \frac{9 - 6}{6 + 3} = 7\ V$$

端钮c、d右方电阻2 Ω、2 Ω和4 Ω组成的无源二端网络如图3-25(c)所示，其输入电阻为

$$R_{cd} = \frac{2 \times (2 + 4)}{2 + (2 + 4)} = 1.5\ \Omega$$

于是，如图3-25(a)所示的电路简化为单回路电路，如图3-25(d)所示。通过电阻3.5 Ω的电流为

$$I = \frac{U_{OC}}{3.5 + R_{cd} + R_0} = \frac{7}{3.5 + 1.5 + 2} = 1\ A$$

【例3-10】 如图3-26(a)所示为一电桥电路，R分别取10 Ω和20 Ω。试用戴维南定理求电阻R中的电流。

解　将电阻R从a、b处断开，余下电路是一个有源二端网络，用戴维南等效电路来替代，如图3-26(b)所示，求得开路电压为

$$U_{OC} = 5I_1 - 5I_2 = 5 \times \frac{12}{5 + 5} - 5 \times \frac{12}{10 + 5} = 2\ V$$

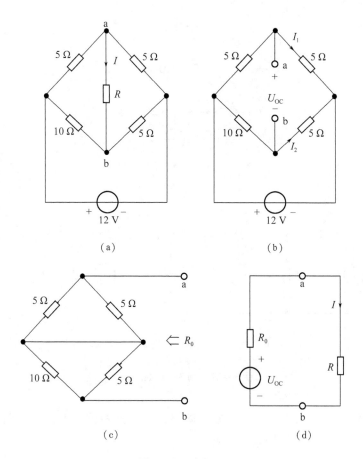

图 3 – 26 例 3 – 10 图

将 12 V 电压源短路，如图 3 – 26(c) 所示，求得端钮 a、b 的输入电阻为

$$R_0 = \frac{5 \times 5}{5 + 5} + \frac{10 \times 5}{10 + 5} = 5.83 \ \Omega$$

于是，图 3 – 26(a) 的电路可化为如图 3 – 26(d) 所示的等效电路，因而可求得

$$I = \frac{U_{OC}}{R_0 + R} = \frac{2}{5.83 + R}$$

当 $R = 10 \ \Omega$ 时，电流 I 为

$$I = \frac{2}{5.83 + 10} = 0.126 \ \text{A}$$

当 $R = 20 \ \Omega$ 时，电流 I 为

$$I = \frac{2}{5.83 + 20} = 0.077 \ \text{A}$$

【例 3 – 11】 求如图 3 – 27(a) 所示电路的戴维南等效电路。

解 如图 3 – 27(a) 所示，先求开路电压，由于端钮 a、b 断开，$I = 0$ A，4 Ω 电阻电压为零，故开路电压 U_{OC} 应等于 3 A 电流源的端电压 U_{cb}，可求得开路电压为

$$U_{\mathrm{OC}} = U_{\mathrm{cb}} = \frac{\dfrac{25}{5} + 3}{\dfrac{1}{5} + \dfrac{1}{20}} = 32 \text{ V}$$

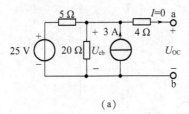

(a)

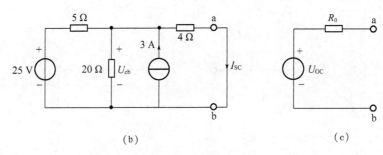

(b)　　　　　　　　　　　　　　　(c)

图 3 - 27　例 3 - 11 图

然后求输入电阻，将如图 3 - 27(a) 所示网络内电压源短路，电流源开路，并按电阻串并联公式可求得端钮 a、b 处的输入电阻为

$$R_0 = 4 + \frac{5 \times 20}{5 + 20} = 8 \ \Omega$$

也可用式(3 - 17)求输入电阻，为此，将端钮 a、b 短路，如图 3 - 27(b) 所示，求短路电流。

可先求得节点电压为 U_{cb}，则有

$$U_{\mathrm{cb}} = \frac{\dfrac{25}{5} + 3}{\dfrac{1}{5} + \dfrac{1}{20} + \dfrac{1}{4}} = 16 \text{ V}$$

于是，短路电流为

$$I_{\mathrm{SC}} = \frac{U_{\mathrm{cb}}}{4} = \frac{16}{4} = 4 \text{ A}$$

由式(3 - 17)得输入电阻为

$$R_0 = \frac{U_{\mathrm{OC}}}{I_{\mathrm{SC}}} = \frac{32}{4} = 8 \ \Omega$$

因而得图 3 - 27(a) 所示的戴维南等效电路如图 3 - 27(c) 所示，其中

$$U_{\mathrm{OC}} = 32 \text{ V}, R_0 = 8 \ \Omega$$

3.6.3 诺顿定理

根据戴维南定理并应用2.3.2节两种电源模型，即电阻、电压源的串联组合与电导、电流源的并联组合之间的等效变换，可直接推出诺顿定理，如图3-28所示，则有

$$I_{SC} = \frac{U_{OC}}{R_0}, G_0 = \frac{1}{R_0}$$

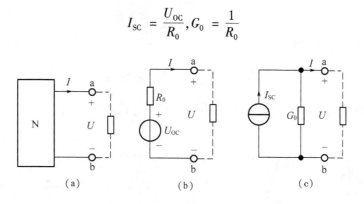

图3-28 诺顿定理

诺顿定理可以表述为：任何一个线性有源二端网络，对外电路来说，可以用一个电流源与电导并联的支路等效替代，其电流源的电流等于原来有源二端网络的短路电流 I_{SC}，电导等于原来有源二端网络中所有独立电源置零时输入的电导，如图3-28(c)所示。

这一电流源与电导并联的支路称为诺顿等效电路。当线性有源二端网络用诺顿等效电路替代后，外电路中的电压、电流均保持不变。

应用诺顿定理分析电路时，短路电流的计算可采用前面介绍过的线性电路的各种分析方法和定理来进行，输入电导的计算与戴维南定理完全相同，这里不再赘述。

诺顿定理常用来分析电路中某一支路的电流和电压。

【例3-12】用诺顿定理求如图3-29(a)所示电路中的电流 I。

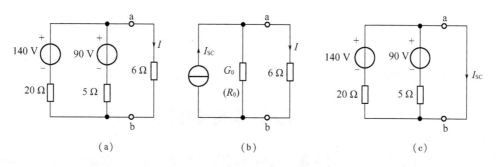

图3-29 例3-12电路

解 如图3-29(a)所示电路的诺顿等效电路如图3-29(b)所示，其中，电流源的电流 I_{SC} 可由图3-29(c)求得

$$I_{SC} = \frac{140}{20} + \frac{90}{5} = 25 \text{ A}$$

输入电导为

$$G_0 = \frac{1}{20} + \frac{1}{5} = 0.25 \text{ S}$$

用输入电阻表示为

$$R_0 = \frac{1}{G_0} = \frac{1}{0.25} = 4 \text{ }\Omega$$

于是由图 3-29(b)得

$$I = \frac{R_0}{6 + R_0} \cdot I_{SC} = \frac{4}{6 + 4} \times 25 = 10 \text{ A}$$

【例 3-13】 求如图 3-30(a)所示电路的诺顿等效电路。

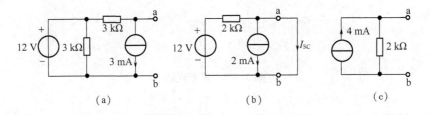

(a)   (b)   (c)

图 3-30　例 3-13 图

解　根据诺顿定理, 等效电流源的电流就是 a、b 端钮处的短路电流 I_{SC}。因为在如图 3-30(a)所示电路中, 3 kΩ 电阻与 12 V 电压源并联, 除影响 12 V 电压源的电流外, 对电路其余部分不起作用, 故在求 I_{SC} 时可将 3 kΩ 电阻移去, 得到如图 3-30(b)所示电路, 可求得

$$I_{SC} = \frac{12}{2} - 2 = 4 \text{ mA}$$

计算输入电导 G_0 时应将图 3-30(a)电路中 12 V 电压源短路, 2 mA 电流源开路, 容易求得

$$G_0 = \frac{1}{2} = 0.5 \text{ mS} \quad \text{或} \quad R_0 = 2 \text{ k}\Omega$$

诺顿等效电路如图 3-30(c)所示。

3.7　最大功率传输定理

在电子电路中, 接在一给定有源二端网络两端的负载, 往往要求能够从这个二端网络中获得最大的功率。当负载变化时, 二端网络传输给负载的功率也发生变化。那么, 在什么条件下, 负载能获得最大的功率呢? 这就是最大功率传输定理要回答的问题。

就负载而言, 有源二端网络可用它的戴维南等效电路替代, 如图 3-31 所示。设负载电阻为 R_L, 其获

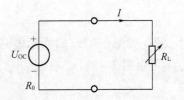

图 3-31　最大功率定理举例

得的功率为

$$P_{\mathrm{L}} = R_{\mathrm{L}} I_{\mathrm{L}}^2 = R_{\mathrm{L}} \left(\frac{U_{\mathrm{OC}}}{R_0 + R_{\mathrm{L}}} \right)^2$$

该功率存在最大值，令 $\dfrac{\mathrm{d}P_{\mathrm{L}}}{\mathrm{d}R_{\mathrm{L}}} = 0$，即

$$\frac{\mathrm{d}P_{\mathrm{L}}}{\mathrm{d}R_{\mathrm{L}}} = U_{\mathrm{OC}}^2 \left[\frac{(R_0 + R_{\mathrm{L}})^2 - 2(R_0 + R_{\mathrm{L}}) R_{\mathrm{L}}}{(R_0 + R_{\mathrm{L}})^4} \right] = \frac{U_{\mathrm{OC}}^2 (R_0 - R_{\mathrm{L}})}{(R_0 + R_{\mathrm{L}})^3} = 0$$

由此可得 R_{L} 获得最大功率的条件为

$$R_{\mathrm{L}} = R_0 \qquad (3-18)$$

即负载由给定的有源二端网络获得最大功率的条件是负载电阻等于二端网络的戴维南等效电路的输入电阻。这就是最大功率传输定理。当 $R_{\mathrm{L}} = R_0$ 时，称为最大功率匹配。此时，负载的最大功率为

$$P_{\mathrm{Lmax}} = \frac{U_{\mathrm{OC}}^2}{4R_0} \qquad (3-19)$$

如果负载电阻 R_{L} 的功率来自一个具有内阻为 R_0 的实际电源，那么负载得到最大功率时，由于 $R = R_0$，其功率传输效率为 50%。但是有源二端网络和它的戴维南等效电路就其内部功率而言是不等效的，由输入电阻 R 算得的功率一般并不等于网络内部消耗的功率，其功率传输效率则不一定是 50%。

对于传输功率较小的线路（如电子线路），其主要功能是处理和传输信号，电路的信号一般很小，传输的能量并不大。人们总是希望负载上能获得较强的信号，而把效率问题放在次要位置，这时，应使负载与信号源满足功率匹配条件。例如，扩音机的负载是扬声器，应选择扬声器的电阻等于扩音机的内阻，使扬声器获得最大的功率。对于传输功率较大的线路（如电力系统），不允许工作在功率匹配状态，这时，电路传输的功率很大，效率问题非常重要，应使电源内阻（以及输电线路的电阻）远小于负载电阻。

还应指出式（3-19）所表达的负载 R_{L} 获得最大功率的条件是 U_{OC} 和 R_0 不变，R_{L} 可变。如果 U_{OC} 和 R_{L} 不变，R_0 可变，负载 R_{L} 获得最大功率的条件将是 $R_0 = 0$。

【例 3-14】求如图 3-32 所示电路中为何值时它可获得最大功率，其最大功率是多少？传输效率是多少？

解　先求 a、b 端钮左方有源二端网络的戴维南等效电路，其开路电压为

$$U_{\mathrm{OC}} = 18 \times \frac{6}{3+6} = 12 \text{ V}$$

而输入电阻为

$$R_0 = 2 + \frac{3 \times 6}{3+6} = 4 \ \Omega$$

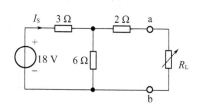

图 3-32　例 3-14 图

故当 $R_{\mathrm{L}} = R_0 = 4 \ \Omega$ 时，R_{L} 可获得最大功率。此最大功率为

$$P_{\text{Lmax}} = \frac{U_{\text{OC}}^2}{4R_0} = \frac{12^2}{4 \times 4} = 9 \text{ W}$$

当 $R_{\text{L}} = 4\ \Omega$ 时，可由原电路求得流过 18 V 电压源的电流为

$$I_{\text{S}} = \frac{18}{3 + \dfrac{6 \times (2+4)}{6 + (2+4)}} = 3 \text{ A}$$

30 V 电压源发出的功率为

$$P_{\text{S}} = 18I_{\text{S}} = 18 \times 3 = 54 \text{ W}$$

功率传出效率为

$$\eta = \frac{P_{\text{Lmax}}}{P_{\text{S}}} = \frac{9}{54} = 16.7\%$$

习 题 3

3-1 电路如图 3-33 所示，已知电阻 $R_1 = 3\ \Omega$，$R_2 = 2\ \Omega$，$R_3 = 6\ \Omega$，电压源 $U_{\text{S1}} = 15$ V，$U_{\text{S2}} = 3$ V，$U_{\text{S3}} = 6$ V，求各支路电流。

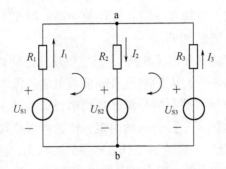

图 3-33　题 3-1 图

3-2 用支路电流法求图 3-34 中的电流 I_1。

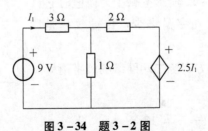

图 3-34　题 3-2 图

3-3 用支路电流法求如图 3-35 所示电路中的电压 U 和电流 I_x。

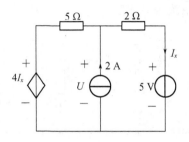

图 3 - 35　题 3 - 3 图

3 - 4　用支路电流法求如图 3 - 36 中所示电路中的电流 I 和电压 U。

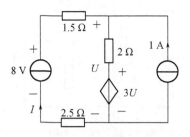

图 3 - 36　题 3 - 4 图

3 - 5　列出如图 3 - 37 所示电路的节点方程，并求出电压 U 和电流 I。

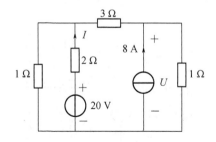

图 3 - 37　题 3 - 5 图

3 - 6　如图 3 - 38 所示电路中，已知 $R_1 = 3\ \Omega$，$R_2 = 6\ \Omega$，$R_3 = 6\ \Omega$，$R_4 = 2\ \Omega$，$I_{S1} = 3\ A$，$U_{S2} = 12\ V$，$U_{S4} = 10\ V$，各支路电流参考方向如图 3 - 38 所示，利用节点电压法求各支路电流。

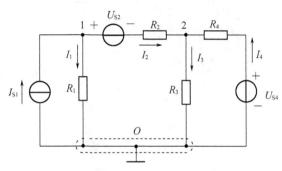

图 3 - 38　题 3 - 6 图

3-7 求如图3-39所示电路中各支路电流。

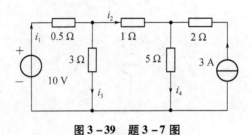

图3-39 题3-7图

3-8 试用节点电压法求如图3-40所示电路中的节点电压U_1、U_2和电流I。

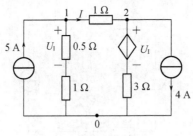

图3-40 题3-8图

3-9 在如图3-41所示电路中，已知$R_1 = 10\ \Omega$，$R_2 = R_3 = 5\ \Omega$，$R_5 = 8\ \Omega$，$I_{S1} = 1\ A$，$I_{S2} = 2\ A$，$I_{S3} = 3\ A$，$I_{S4} = 4\ A$，$I_{S5} = 5\ A$，$U_{S3} = 5\ V$。以节点0为参考点，求节点电压U_1、U_2和U_3。

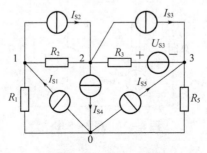

图3-41 题3-9图

3-10 电路及参数如图3-42所示，用回路电流法求各支路电流。

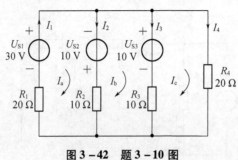

图3-42 题3-10图

3-11 电路图如图3-43所示，求支路电流I_1和I_2。

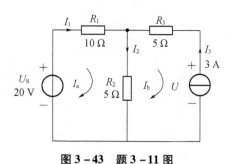

图 3-43　题 3-11 图

3-12　试用回路法求如图 3-44 所示电路中电路 i 和电压 U_{ab}。

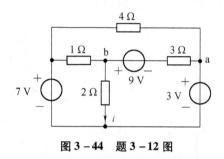

图 3-44　题 3-12 图

3-13　电路如图 3-45 所示，用回路法分析求 i，并求受控源提供的功率。

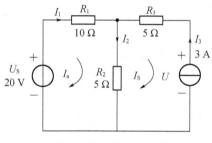

图 3-45　题 3-13 图

3-14　已知 $U_S = 189$ V，试求如图 3-46 所示梯形电路中的各支流电流、节点电压和 U_o/U_S。

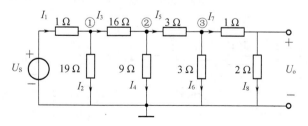

图 3-46　题 3-14 图

3-15　已知如图 3-47 所示电路中的网络 N 是由线性电阻组成。当 $I_S = 1$ A，$U_S = 2$ V 时，$I = 5$ A；当 $I_S = -2$ A，$U_S = 4$ V 时，$U = 24$ V。试求当 $I_S = 2$ A，$U_S = 6$ V 时的电压 U。

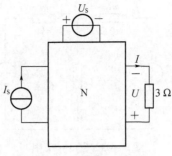

图 3-47　题 3-15 图

3-16　电路如图 3-48 所示，用叠加定理求 i_x。

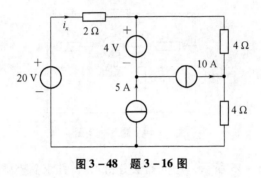

图 3-48　题 3-16 图

3-17　电路如图 3-49 所示，已知 $\mu = 5$，用叠加原理求 i。

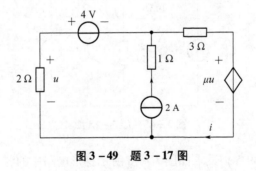

图 3-49　题 3-17 图

3-18　求如图 3-50 所示电路的戴维南等效电路和诺顿等效电路。

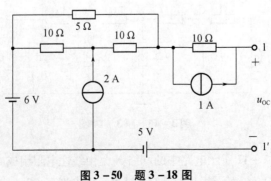

图 3-50　题 3-18 图

72

3 – 19　求如图 3 – 51 所示电路的戴维南等效电路和诺顿等效电路。

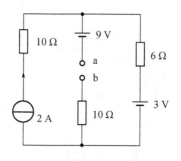

图 3 – 51　题 3 – 19 图

3 – 20　求如图 3 – 52 所示电路的戴维南等效电路和诺顿等效电路。

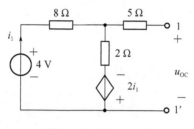

图 3 – 52　题 3 – 20 图

3 – 21　用诺顿定理求如图 3 – 53 所示电路的电流 i。

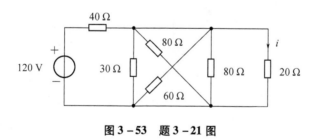

图 3 – 53　题 3 – 21 图

3 – 22　在如图 3 – 54 所示电路中，求当 R 为多大时 R 可获得最大功率，并求出最大功率 P_{max}。

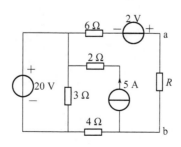

图 3 – 54　题 3 – 22 图

3 – 23 在如图 3 – 55 所示电路中，求当 R 为多大时 R 可获得最大功率，并求出最大功率 P_{max}。

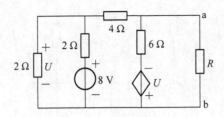

图 3 – 55   题 3 – 23 图

第4章　含有运算放大器的电路

运算放大器是电路中一种重要的多端器件，它的应用十分广泛。本章首先介绍运算放大器的电路模型，运算放大器在理想化条件下的外部特性，然后对含有运算放大器的各种电路进行了分析，最后对运算放大器在应用时要考虑的问题进行了简介。

4.1　运算放大器的电路模型

4.1.1　运算放大器简介

运算放大器（operational amplifier）简称运放（OP - AMP），是一种多端器件，最早出现于20世纪40年代，如图4-1（a）所示。它使用真空管，用电子方式完成加、减、乘、除、微分和积分的数学运算，故称为运算放大器。它的出现使得人们可以使用早期的模拟计算机完成微分方程的求解。

（a）　　　　　　　　　　　　　　　（b）

图4-1　各种运算放大器

（a）真空管运算放大器；（b）集成运放

现代运放的制造采用了集成电路技术，它包含小片硅片，在其上制作了许多相连接的晶体管、电阻、二极管等，封装后成为一个对外具有多个端钮的电路器件，如图4-1（b）所示。现在，运放的应用远远超出早期信号运算这一范围，成为现代电子技术中应用广泛的一种器件。

4.1.2　运算放大器符号及电路模型

虽然运放有多种型号，其内部结构也各不相同。图4-2（a）给出了运放的电路图形符号，这里只表示出5个主要的端钮。

运放在正常工作时，需将一个直流正电源和直流负电源与运放的电源端 E_+ 和 E_- 相连，以维持运放内部晶体管正常工作，两个电源的公共端构成运放的外部接地端，如

图4-2(b)所示。u_+和u_+两电压所连接的端子为运放的输入端，符号中的"＋""－"表示运放的同相输入端和反相输入端：当输入电压加在同相输入端和公共端之间时，输出电压和输入电压两者的实际方向相对于公共端来说相同；反之，当输入电压加在反相输入端和公共端之间时，输出电压和输入电压两者的实际方向相对于公共端来说相反。其意义并不是电压的参考方向，电压参考方向如图4-2(b)所示。u_o所接端子为运放的输出端，电压参考方向如图4-2(b)所示。A为运放的电压放大倍数（电压增益），$A = u_o/u_d$。此外，运放是一种单向器件，它的输出电压u_o受差分输入电压u_d（$u_d = u_+ - u_-$）的控制，但输入电压却不受输出电压的影响。运放图形中具有指向性质的三角形符号"▷"反映了这一特点。

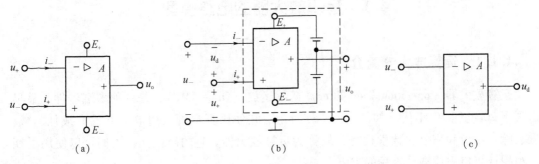

$$(a) \qquad\qquad\qquad (b) \qquad\qquad\qquad (c)$$

图4-2 运放的图形符号

有时，为了简化起见，在画运放的电路符号时，可将电源端子省略掉，只画输入输出端子，如图4-2(c)所示。但在实际电路分析时，必须要正确地接线。

当运放工作在直流和低频信号的条件下时，其输出电压u_o和差分输入电压u_d之间的关系可以用图4-3描述。在输入信号很小（$|u_d| < \varepsilon$）的区域内，曲线近似于一条很陡的直线，即$u_o = f(u_d) \approx Au_d$。该直线的斜率与电压增益$A$成正比，其量值可高达$10^5 \sim 10^8$。工作在线性区的运放是一个高增益的电压放大器。在输入信号较大（$|u_d| > \varepsilon$）的区域，曲线饱和于$u_o = \pm U_{sat}$，$-U_{sat}$称为饱和电压，其量值比电源电压低2 V左右。例如，$E_+ = 15$ V、$E_- = -15$ V时，则$+U_{sat} = 13$ V、$-U_{sat} = -13$ V左右，工作于饱和区的运放，其输出特性与电源相似。这个关系曲线称为运放的外特性。

若运放工作于线性区，如图4-4所示即为其电路模型，模型中R_i为运放的输入电阻，R_o为输出电阻。实际运放的R_i都比较高，而R_o则比较低。它们的具体值根据运放的制造工艺有所不同，但可认为$R_i \gg R_o$。受控源则表明运放的电压放大作用，其电压为$A(u_+ - u_-)$。如果把反相输入端与公共端连接在一起，而把输入电压施加在同相端与公共端之间，则受控源的电压为Au_+；如果把同相端与公共端连接在一起，而把输入电压施加在反相输入端与公共端之间，则受控源的电压为$-Au_-$，负号表明反相的作用。当R_o忽略不计时，受控源的电压即为运放的输出电压。

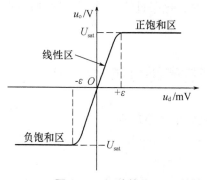

图 4 - 3　运放的 u_d—u_o 特性

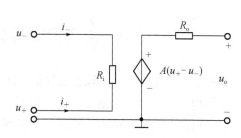

图 4 - 4　线性区运放的电路模型

上述工作在线性区的运放，由于放大倍数 A 很大，而 U_{sat} 一般为正负十几伏或几伏，这样，输入电压就必须很小。运放的这种工作状态称为"开环运行"，A 称为开环放大倍数。由于运放的这种开环运行状态极其不稳定，在实际应用中，通常通过一定的方式将输出的一部分接回（反馈）到输入中去，这种工作状态称为"闭环运行"。

4.1.3　理想运算放大器

根据运放电路模型中的参数特点，作理想化处理，假设 $R_\mathrm{i} = \infty$，$R_\mathrm{o} = 0$，$A = \infty$，符合这一假设条件的运放称为理想运放。对理想运放来说，由于 A 为无限大，且输出电压 u_o 为有限值，于是从 $u_\mathrm{o} = A\,(u_{+} - u_{-}) = Au_\mathrm{d}$ 可知，$u_\mathrm{d} = u_{+} - u_{-} = 0$，亦即

$$u_{+} = u_{-} \tag{4-1}$$

这是因为 u_o 为有限值，所以差分输入电压 u_d 被强制为零，或者说 u_{+} 和 u_{-} 将相等。也就是说，输入端在分析时可以看成是短接的，这就是所谓的"虚短"。

同时，又由于输入电阻 R 为无限大，因此，不论是同相端还是反相端，输入电流为零，这就是所谓的"虚断"，以 i_{+} 和 i_{-} 分别表示这两个输入端的电流，则

$$i_{+} = i_{-} = 0 \tag{4-2}$$

运放简化为理想运放模型后，其符号和转移特性曲线如图 4 - 5 所示。用"∞"代替"A"以说明是理想运放。

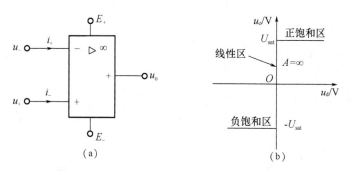

（a）　　　　　　　　　　　　　（b）

图 4 - 5　理想运算放大器

实际运放的工作情况比以上介绍的要复杂一些。例如，放大倍数 A 不仅为有限值，而且随着频率的增高而下降。通常，如图 4 - 4 所示运放电路模型在输入电压频率较低时

是足够精确的。为了简化分析，一般将假设运放是在理想化条件下工作的，这样在许多场合下不会造成很大的误差。

4.2　含有理想运算放大器的电路分析

按 4.1.3 节介绍的有关理想运放的性质，可以得到以下两条规则：

①同相端和反相端的输入电流均为零，即 $i_+ = i_- = 0$，"虚断"；

②同相输入端和反相输入端的电位相等，即 $u_+ = u_-$，"虚短"。

合理地运用这两条规则，并与节点法相结合，对输入端的节点列写 KCL 方程是分析含理想运算放大器电路的基本方法。下面举例加以说明。

【例 4 - 1】 如图 4 - 6 所示电路为同相比例器，试求输出电压 u_o 与输入电压 u_i 之间的关系。

解　根据"虚短"，有 $u_+ = u_- = u_i$，故

$$i_1 = \frac{0 - u_-}{R_1} = -\frac{u_i}{R_1}$$

$$i_2 = \frac{u_- - u_o}{R_2} = \frac{u_i - u_o}{R_2}$$

根据"虚断"，$i_- = 0$，故 $i_1 = i_2$，即 $-\frac{u_i}{R_1} =$

$\frac{u_i - u_o}{R_2}$，因此

$$u_o = \left(1 + \frac{R_2}{R_1}\right)u_i$$

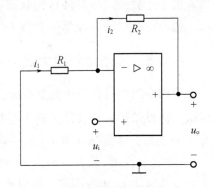

图 4 - 6　同相比例器

选择不同的 R_1 和 R_2，可以获得不同的 $\frac{u_o}{u_i}$ 值，且

比值一定大于 1，同时又是正的，即输出和输入同相。

【例 4 - 2】 如图 4 - 7 所示电路为反相比例器，试求输出电压与输入电压之间的关系。

解　同相端接地，根据"虚短"，有 $u_+ = u_- = 0$，故

$$i_1 = \frac{u_i - u_-}{R_1} = \frac{u_i}{R_1}, i_2 = \frac{u_- - u_o}{R_2} = -\frac{u_o}{R_2}$$

根据"虚断"，$i_- = 0$，故 $i_1 = i_2$，即 $\frac{u_i}{R_1} = -\frac{u_o}{R_2}$，

因此

$$u_o = \frac{R_2}{R_1}u_i$$

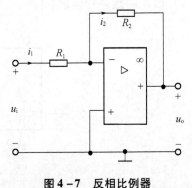

图 4 - 7　反相比例器

改变电阻 R_1 和 R_2 的大小，可改变输出电压和输入电压的比例系数，负号表明输出和输入是相反关系。

【例 4 – 3】 如图 4 – 8 所示电路为电压跟随器，试求输出电压 u_o 与输入电压 u_i 之间的关系。

解　由图 4 – 8 知 $u_i = u_+$，$u_- = u_o$，又根据"虚短"特性有 $u_+ = u_-$，故

$$u_o = u_i$$

输入电压完全跟随输入电压，故称电压跟随器，又由于理想运放的输入电流为零，当它接入两电路之间，可起隔离作用，而不影响信号电压的传递，例如，在如图 4 –9(a)所示分压器电路中，输出电压 u_o 与输入电压 u_i 的比例关系为

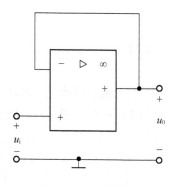

图 4 – 8　电压跟随器

$$u_o = \frac{R_2}{R_1 + R_2} u_S$$

但是，当输出端接上负载 R_L 后，其比例关系将变为

$$u_o = \frac{R_2 // R_L}{R_1 + R_2 // R_L} u_S，\qquad 符号"//"表示对并联电阻求等效值$$

这便是所谓"负载效应"，负载影响了原定关系。如果在负载 R_L 与分压器之间接入一电压跟随器，则由于它的输入电流为零，它的接入并不影响到原分压器关系，R_L 被隔离，但原定的输出电压仍出现在 R_L 两端，如图 4 –9(b)所示。

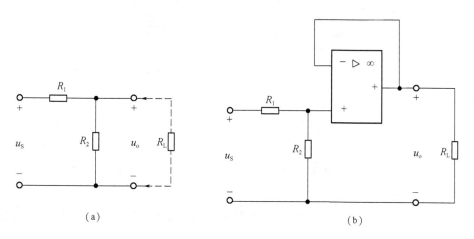

(a)　　　　　　　　　　　　　　　　(b)

图 4 –9　电压跟随器的隔离作用

【例 4 – 4】 如图 4 –10 所示电路为加法器，试说明其工作原理。

解　根据"虚断"，$i_- = 0$，得 $i_f = i_1 + i_2 + i_3$，即

$$\frac{u_- - u_o}{R_f} = \frac{u_1 - u_-}{R_1} + \frac{u_2 - u_-}{R_2} + \frac{u_3 - u_-}{R_3}$$

又根据"虚短"，$u_+ = u_- = 0$，所以

$$-\frac{u_o}{R_f} = \frac{u_1}{R_1} + \frac{u_2}{R_2} + \frac{u_3}{R_3}$$

整理得

$$u_o = -R_f\left(\frac{u_1}{R_1} + \frac{u_2}{R_2} + \frac{u_3}{R_3}\right)$$

如令 $R_1 = R_2 = R_3 = R_f$，则

$$u_o = -(u_1 + u_2 + u_3)$$

式中，负号表示输出电压和输入电压反相，该电路是一反相加法器。

【例4-5】 如图4-11所示电路为减法器，试说明其工作原理。

解 根据"虚断"，$i_+ = i_- = 0$，对两个输入节点有

$$u_- = u_1 + \frac{u_o - u_1}{R_1 + R_2}R_1 = \frac{R_2}{R_1 + R_2}u_1 + \frac{R_1}{R_1 + R_2}u_o, u_+ = \frac{R_2}{R_1 + R_2}u_2$$

又根据"虚短"，$u_- = u_+$，即

$$\frac{R_2}{R_1 + R_2}u_1 + \frac{R_1}{R_1 + R_2}u_o = \frac{R_2}{R_1 + R_2}u_2$$

整理得

$$u_o = \frac{R_2}{R_1}(u_2 - u_1)$$

显然，两输入信号实现了减法运算。

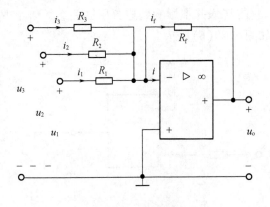

图4-10 加法器

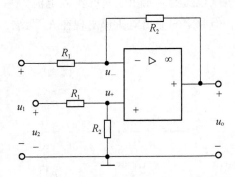

图4-11 减法器

【例4-6】 如图4-12所示电路为积分器，试求输出电压 u_o 与输入电压 u_i 之间的关系。

解 根据"虚断"，$i_- = 0$，知 $i_1 = i_2$，即

$$\frac{u_i - u_-}{R_1} = C_1\frac{d(u_- - u_o)}{dt}$$

又根据"虚短"，知 $u_- = u_+ = 0$，故

$$\frac{u_i}{R_1} = \frac{d(-u_o)}{dt} = -\frac{du_o}{dt}$$

两边进行积分得

$$u_o(t) = -\frac{1}{R_1C_1}\int_{-\infty}^{t} u_i d\tau = u_o(0) - \frac{1}{R_1C_1}\int_{0}^{t} u_i d\tau$$

于是，输出正比于输入的积分，因此，这个电路称为积分器。

将图 4 - 12 电路中的 R_1 和 C_1 交换位置，得到如图 4 - 13 所示的电路，利用理想运算放大器的特性可推导出

$$u_o = - R_1 C_1 \frac{\mathrm{d}u_i}{\mathrm{d}t}$$

输出正比于输入的微分，因此，该电路称为微分器。

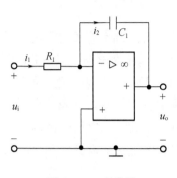

图 4 - 12　积分器

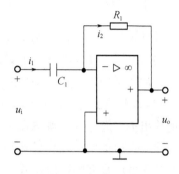

图 4 - 13　微分器

【例 4 - 7】 设计运算放大器电路，要求输出为 $u_o = u_{i1} + u_{i2}$。这里的 u_{i1} 和 u_{i2} 是电压输入，$u_{i1} = 10\ \mathrm{V}$，$u_{i2} = 5\ \mathrm{V}$，且所有电阻都等于 R。每个电阻消耗的功率应不超过 1 W。

解　尽管运放的功能很多，但在许多应用中，只使用一个运放并不够。在这种情况下，通常可以把单独的几个运放级联起来以满足应用的要求。根据图 4 - 10 知加法器含有反相符号，因此，只要在其后级联一反相比例器，即可使 $u_o = u_{i1} + u_{i2}$，如图 4 - 14 所示。其中，$u_{o1} = - (u_{i1} + u_{i2})$。

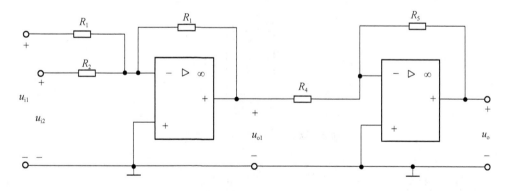

图 4 - 14　例 4 - 7 图

当 $u_{i1} = 10\ \mathrm{V}$，$u_{i2} = 5\ \mathrm{V}$ 时，$u_{o1} = - (u_{i1} + u_{i2}) = 15\ \mathrm{V}$，$u_o = u_{i1} + u_{i2} = 15\ \mathrm{V}$。每个电阻上消耗的功率为

$$p_1 = \frac{u_{i1}^2}{R_1} = \frac{100}{R}, p_2 = \frac{u_{i2}^2}{R_2} = \frac{25}{R}, p_3 = p_4 = \frac{u_{o1}^2}{R_3} = \frac{225}{R}, p_5 = \frac{u_o^2}{R_5} = \frac{225}{R}$$

消耗的最高功率为 $\frac{225}{R}$，如果 $R = 1\ \mathrm{k\Omega}$，每一个电阻消耗功率将小于 1 W。

4.3 实际运放应用时的考虑

之前的分析都是基于理想运算放大器的分析，实际运放在应用时，需要注意以下几个问题。

4.3.1 饱和

在设计运放电路时，电源电压的选取是个重要的考虑因素，因为它限定了运放最大可能的输出电压。比如考虑一个具有闭环增益为 10 的同相运算放大电路，以 ±5 V 电源供电，实际测试输入 – 输出特性曲线知，该电路的最大输出电压为 4 V 多一些，如果 $u_i = 1$ V，根本输出不了 $u_o = 10u_i = 10$ V。这一重要的非线性现象称为饱和。该现象说明实际运放的输出不能超过其电源电压大小，运放的输出为限制在正负饱和电压范围内的线性响应。作为一般原则，在设计运放电路时总是避免进入饱和区，这就需要根据闭环增益和最大输入电压来仔细选取运放的工作电压。

4.3.2 输入失调电压

实际使用运放时，即使是在两个输入端短接时，实际的运放也可能具有非零输出。这时的输出值称为失调电压，使输出恢复为零的输入电压称为输入失调电压。输入失调电压的典型值为几个毫伏或者更小。

大多数运放都提供了两个引脚，标为"调零"或者"平衡"，可以把它们接到一个可变电阻器上用于调整输出电压。图 4 – 15 给出了一种用于校正运放输出电压的电路。

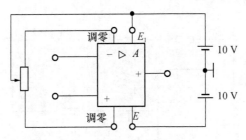

图 4 – 15　一种失调电压校准电路

4.3.2 封装

现代运放有各种不同的封装，根据应用环境的不同采用不同的封装形式。因为封装形式不同，所以在印刷电路板安装集成电路的方式也有好几种。图 4 – 16 给出了美国国家半导体公司制造的 LM741 的几种不同封装形式。引脚旁边注"NC"表示该引脚"无连接"。

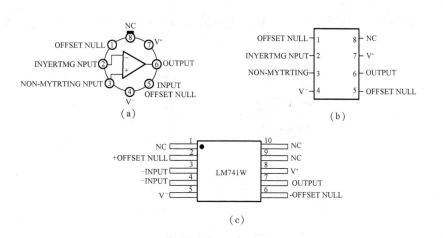

图 4-16　运放 LM741 的几种不同封装形式

（a）金属壳封装；（b）双列直插封装；（c）陶瓷扁平封装

习　题　4

4-1　如图 4-17 所示为含理想运算放大器电路，求 u_L。

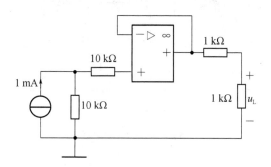

图 4-17　题 4-1 图

4-2　已知含理想运算放大器电路如图 4-18 所示，其中，$i_S = 2$ A，$R = 4$ Ω。求输出电压 u_o。

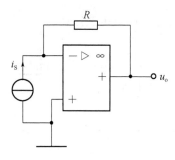

图 4-18　题 4-2 图

4 – 3 设如图 4 – 19 所示电路的输出电压为 $u_o = -3u_1 - 0.2u_2$，已知 $R_3 = 10\ \text{k}\Omega$，求 R_1 和 R_2。

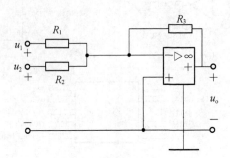

图 4 – 19 题 4 – 3 图

4 – 4 求如图 4 – 20 所示电路的电压比值 $\dfrac{u_o}{u_i}$。

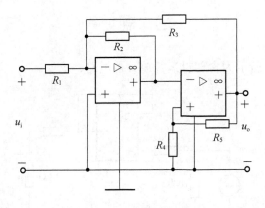

图 4 – 20 题 4 – 4 图

4 – 5 求如图 4 – 21 所示电路的电压比值 $\dfrac{u_o}{u_s}$。

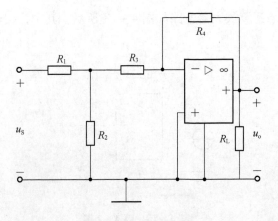

图 4 – 21 题 4 – 5 图

4-6　求如图 4-22 所示电路的 u_o 与 u_{S1}、u_{S2} 之间的关系。

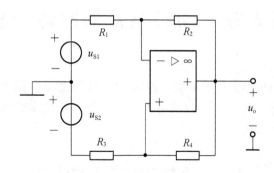

图 4-22　题 4-6 图

第5章 动态电路的时域分析

本章介绍一阶动态电路方程的建立，包括一阶 RC 电路、一阶 RL 电路、零输入响应、零状态响应及全响应等概念以及一阶动态电路的计算。通过本章的学习，掌握一阶动态电路分析方法——三要素法。

5.1 动态电路方程的建立

5.1.1 动态电路及其暂态过程产生的原因

在前面的章节中介绍了电容元件和电感元件，这两种元件的电压和电流的约束关系是通过微分或积分表示的，所以称为动态元件，又称为储能元件。含有动态元件的电路称为动态电路。动态电路的状态发生改变（换路）后，动态元件吸收或释放一定的能量。吸收或释放能量的过程实际上不可能瞬间完成，需要经历一段过渡时间，动态电路在过渡时间中的工作状态称为暂态。描述动态电路的方程是动态元件的伏安关系，也就是微分-积分关系。

下面对电阻电路和动态电路换路后的过程进行比较。

如图 5-1 所示为电阻电路和电压波形图。$t<0$ 时，开关断开，电路处于一种稳态，输出端电压为零，即 $i_2=0$，$u_2=0$；$t=0$ 时，开关闭合，即发生换路，用 $t=0_-$ 和 $t=0_+$ 分别表示换路前和换路后瞬间，显然在 $t=0_+$ 时开关已经闭合，电路状态立即跳到另一种稳态，输出电压为一定数值，满足 $u_2=R_2U_S/(R_1+R_2)$；$t>0$ 时，开关已经处于闭合的稳定状态，也就是说，在 $t=0$ 电路发生换路时，电路状态的改变是立即发生的，无过渡过程，具有即时性。

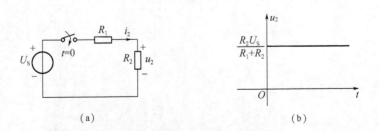

图 5-1 静态电路图和电压波形图

（a）静态电路图；（b）电压波形图

如图 5-2 所示为电容元件构成的动态电路和电压波形图。$t<0$ 时，开关断开，电路处于一种稳态，输出端电压为零，即 $i_C=0$，$u_C=0$；$t=0$ 时，开关闭合，即发生换路，用

$t=0_-$ 和 $t=0_+$ 分别表示换路前和换路后瞬间，显然在 $t=0_+$ 时开关已经闭合，电路状态经过一段过渡过程后，上升到另一种稳态，电容两端电压是时间的函数，即 $u_C = \dfrac{1}{C}\int i_C \mathrm{d}t$；$t>0$ 时，开关已经处于闭合的稳定状态，由于电容属于储能元件，因此，在 $t=0$ 电路发生换路时，因为电路内部含有储能元件，能量的储存和释放都需要一定的时间完成，电路状态的改变就需要一定的暂态过程。

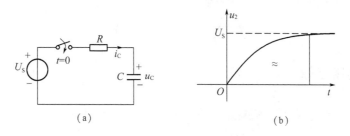

图 5 – 2　动态电路图和电压波形图

（a）动态电路图；（b）电压波形图

因此，换路和含有储能元件是电路具有暂态过程的两个原因。动态电路的时域分析主要是以时间为自变量列写电路方程，求解相应的电压或电流，从而分析其变化规律。动态电路的过渡过程可能会在极短的时间内产生瞬间的大电流或大电压，因此，要学习暂态过程，从而有效地避免其对用电器的危害。

5.1.2　动态电路方程的建立

在动态电路中，除有电阻、电源外，还有动态元件（电容、电感），而动态元件的电流与电压的约束关系是微分与积分关系，根据 KCL、KVL 和元件的 VCR 所建立的电路方程是以时间为自变量的线性常微分方程，求解微分方程就可以得到所求的电压或电流。如果电路中的无源元件都是线性时不变的，那么动态电路方程是线性常系数微分方程。

求解的复杂性取决于微分方程的阶数。分析过程中，常根据微分方程的阶数为电路分类。用一阶微分方程描述电路就称为一阶电路，还有二阶、三阶、高阶等。

本章的重点是一阶电路，它是最简单的一类暂态电路。对于含有（或等效）一个电容或电感的电路，某时刻的状态可以用一阶微分方程描述，即可称为一阶电路。任何一个一阶电路都可以等效成戴维南等效电路和诺顿等效电路，其电路如图 5 – 3 所示。

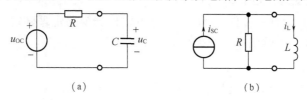

图 5 – 3　一阶电路的等效电路

（a）戴维南等效电路；（b）诺顿等效电路

如图 5 – 3(a)所示 RC 电路的 KVL 方程为

$$RC \frac{\mathrm{d}u_\mathrm{C}}{\mathrm{d}t} + u_\mathrm{C} = u_\mathrm{OC} \tag{5 – 1}$$

如图 5 – 3(b)所示 RL 电路的 KVL 方程为

$$\frac{L}{R} \frac{\mathrm{d}i_\mathrm{L}}{\mathrm{d}t} + i_\mathrm{L} = i_\mathrm{SC} \tag{5 – 2}$$

因此，一阶电路微分方程可以统一表示为

$$T \frac{\mathrm{d}f(t)}{\mathrm{d}t} + f(t) = g(t) \tag{5 – 3}$$

5.1.3 换路定律

电容元件存储的电场能量在换路时不能跃变，电场能量为 $W_\mathrm{C} = \frac{1}{2} Cu_\mathrm{C}^2$，因此，电容电压不能跃变。因为电容元件的电压电流关系为 $i_\mathrm{C} = C \frac{\mathrm{d}u_\mathrm{C}}{\mathrm{d}t}$，若电容的电压跃变，将导致其电流为无穷大，这通常是不可能的，因此，电容电压不能跃变。

电感元件存储的磁场能量在换路时不能跃变，磁场能量为 $W_\mathrm{L} = \frac{1}{2} Li_\mathrm{L}^2$，因此，电感电流不能跃变。因为电感元件的电压电流关系为 $u_\mathrm{L} = L \frac{\mathrm{d}i_\mathrm{L}}{\mathrm{d}t}$，若电感的电流跃变，将导致其端电压变为无穷大，这通常是不可能的，因此，电感电流不能跃变。

在换路前后电容电流和电感电压为有限值的条件下，换路前后瞬间电容电压和电感电流不能跃变，这就是换路定理，即

$$u_\mathrm{C}(0_+) = u_\mathrm{C}(0_-) , i_\mathrm{L}(0_+) = i_\mathrm{L}(0_-) \tag{5 – 4}$$

式(5 – 4)中，换路前瞬间，$t = 0_-$ 的量值称为原始值；换路后瞬间，$t = 0_+$ 的量值称为初始值。换路定理表明，在换路瞬间，电容电压 $u_\mathrm{C}(t)$ 是连续变化的或称渐变的，电感电流 $i_\mathrm{L}(t)$ 也是连续的，而电路中电容电流、电感电压、电阻电压、电流和电流源的电压、电压源的电流等是可以跃变的。

5.1.4 电路初始值的计算

初始值是指换路后瞬间 $t = 0_+$ 时刻的电压、电流值。初始值一般分为两大类：一类是在 $t = 0_+$ 时刻不能跃变的初始值 $u_\mathrm{C}(0_+)$ 和 $i_\mathrm{L}(0_+)$；另一类是在 $t = 0_+$ 时刻可以跃变的初始值 $u(0_+)$ 和 $i(0_+)$。其中，$u_\mathrm{C}(0_+)$ 和 $i_\mathrm{L}(0_+)$ 可以根据换路定理确定，而 $u(0_+)$ 和 $i(0_+)$ 要根据独立初始条件及电路的基本定理列方程求解。

求初始值的一般步骤如下：

①由换路前（$t = 0_-$ 时刻）电路，求 $u_\mathrm{C}(0_-)$ 和 $i_\mathrm{L}(0_-)$；

②由换路定理得出 $u_\mathrm{C}(0_+)$ 和 $i_\mathrm{L}(0_+)$；

③作 $t = 0_+$ 时刻等效电路，在 $t = 0_+$ 时刻，若电容有初始储能，$u_\mathrm{C}(0_+)$ 为一定的量值，电容可置换为一量值与 $u_\mathrm{C}(0_+)$ 相等、方向一致的电压源，若电容没有初始储能，即

$u_C(0_+) = 0$，电容可以用短路等效，同理，在 $t = 0_+$ 时刻，电感若有初始储能，$i_L(0_+)$ 为一定的量值，电感可置换为一量值与 $i_L(0_+)$ 相等、方向一致的电流源,若电感没有初始储能,即 $i_L(0_+) = 0$，可以用开路等效；

④由 $t = 0_+$ 时刻电路求解所需的 $u(0_+)$ 和 $i(0_+)$。

列写电路方程仍然依据电路变量的结构约束和元件约束，即

$$\text{KCL}: \sum i(0_+) = 0$$

$$\text{KVL}: \sum u(0_+) = 0$$

$$\text{VCR}: u_R(0_+) = R i_R(0_+) \text{ 或 } i_R(0_+) = G u_R(0_+)$$

可见，在 $t = 0_+$ 时刻动态元件置换后的电路中，只剩下电阻元件、受控电源和独立电源组成的电阻电路，可用分析直流电路的各种方法求解出 $u_C(0_+)$、$i_L(0_+)$ 之外的各初始值 $f(0_+)$。

【例 5 – 1】如图 5 – 4(a)所示电路。当 $t < 0$ 时,电路处于稳态;当 $t = 0$ 时,开关闭合。求初始值 $i_L(0_+)$ 和 $i(0_+)$。

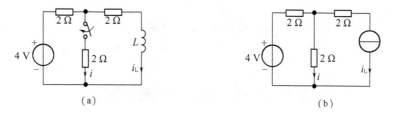

图 5 – 4　例 5 – 1 图

解　（1）换路前，$t < 0$ 时电感处于短路，则

$$i_L(0_-) = \frac{4 \text{ V}}{2 \text{ } \Omega + 2 \text{ } \Omega} = 1 \text{ A}$$

（2）$t = 0_+$ 时刻换路，根据换路定律得

$$i_L(0_+) = i_L(0_-) = 1 \text{ A}$$

（3）作 $t = 0_+$ 时刻等效电路。电感可置换成一电流源等于 1 A 的直流电流源,如图 5 – 4(b)所示。

（4）利用叠加定理得

$$i(0_+) = \frac{4 \text{ V}}{2 \text{ } \Omega + 2 \text{ } \Omega} - \frac{2 \text{ } \Omega}{2 \text{ } \Omega + 2 \text{ } \Omega} \times 1 \text{ A} = 0.5 \text{ A}$$

【例 5 – 2】在如图 5 – 5(a)所示电路中，已知 $R_1 = 9 \text{ } \Omega$，$R_2 = 12 \text{ } \Omega$，$U_S = 9 \text{ V}$。当 $t < 0$ 时，电路处于稳态；当 $t = 0$ 时，开关闭合。假设开关闭合前电容电压为零，试求换路后的初始值 $u_1(0_+)$ 和 $i_C(0_+)$。

解　（1）根据题意，开关闭合前电容电压为 0，即 $u_C(0_-) = 0$。

（2）根据换路定理可得

$$u_C(0_+) = u_C(0_-) = 0$$

电容两端相当于短路。

（3）作 $t=0_+$ 时刻等效电路，如图 5-5(b) 所示。

（4）列写方程求初始值，即

$$u_2(0_+) = u_C(0_+) = 0 \text{ V}$$

$$i_2(0_+) = \frac{u_2(0_+)}{R_2} = \frac{0 \text{ V}}{12 \text{ }\Omega} = 0 \text{ A}$$

$$u_1(0_+) = U_S = 9 \text{ V}$$

$$i_1(0_+) = \frac{u_1(0_+)}{R_1} = \frac{9 \text{ V}}{9 \text{ }\Omega} = 1 \text{ A}$$

$$i_C(0_+) = i_1(0_+) - i_2(0_+) = (1-0) \text{A} = 1 \text{ A}$$

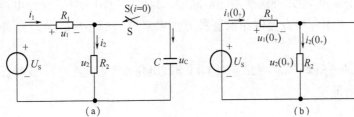

图 5-5 例 5-2 图

5.2 一阶电路的零输入响应

动态电路中的无外施激励电源，仅由动态元件仪初始储能所产生的响应，称为动态电路的零输入响应（zero-input response）。

5.2.1 RC 电路的零输入响应

如图 5-6(a) 所示为 RC 电路。$t<0$ 时，开关原与 a 点接触，电容上的电压为 $U_C(t) = U_0$；$t=0$ 时，开关由 a 点突然接到 b 点；$t>0$ 时，构成如图 5-6(b) 所示的 RC 零输入响应电路，电容储存的能量将通过电阻以热能形式释放出来。根据 KVL 可得

$$U_R - U_C = 0$$

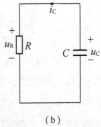

图 5-6 RC 电路和 RC 零输入响应电路

（a）RC 电路；（b）RC 零输入响应电路

将 $u_R = Ri_C$，$i_C = -C\dfrac{\mathrm{d}U_C}{\mathrm{d}t}$ 代入上述方程，有

$$RC\frac{\mathrm{d}U_C}{\mathrm{d}t} + u_C = 0$$

这是一阶齐次微分方程，初始条件 $U_C(0_+) = U_C(0_-) = U_0$，将此方程的通解 $u_C = Ae^{pt}$ 代入上式后有

$$(RCp + 1)Ae^{pt} = 0$$

相应的特征方程为

$$RCp + 1 = 0$$

特征根为

$$p = -\frac{1}{RC}$$

根据 $U_C(0_+) = U_C(0_-) = U_0$，以此代入 $u_C = Ae^{pt}$，则可求得积分常数 $A = u_C(0_+) = U_0$。这样，求得满足初始值的微分方程的解为

$$u_C = u_C(0_+)e^{-\frac{1}{RC}t}, \quad t > 0$$

上式就是放电过程中电容电压 u_C 的表达式。

电阻上的电压为

$$u_R = u_C = U_0 e^{-\frac{1}{RC}t}, \quad t > 0$$

由电阻或电容中电流与电压关系得电路中的电流 i_C 为

$$i_C = \frac{u_C}{R} = -C\frac{\mathrm{d}u_C}{\mathrm{d}t} = \frac{U_0}{R}e^{-\frac{t}{RC}}, \quad t > 0$$

从以上表达式可以看出，零输入响应电压 u_C、u_R 及电流 i_C 与初始值呈线性关系。当初始值加倍时，响应也加倍。电压 u_C、u_R 及 I_C 都是按照同样的指数规律衰减的，它们衰减的快慢取决于指数中 $\dfrac{1}{RC}$ 的大小。由于 $p = -\dfrac{1}{RC}$，这是电路特征方程的特征根，仅取决于电路结构和元件的参数。当电阻的单位为欧姆、电容的单位为法拉、乘积 RC 的单位为秒时，它称为 RC 的时间常数，用 τ 表示。引入后，电容电压 u_C 和电流 i_C 可以分别表示为

$$u_C = U_0 e^{-\frac{t}{\tau}} \tag{5-5}$$

$$i_C = \frac{U_0}{R}e^{-\frac{t}{\tau}} \tag{5-6}$$

τ 的大小反映了一阶电路过渡过程的进展程度，它是反应过渡过程特征的一个重要量。根据 $u_C = U_0 e^{-\frac{t}{\tau}}$，可以计算得

$$u_C(t_0 + \tau) = U_0 e^{\frac{t_0 + \tau}{\tau}} = U_0 e^{-1} e^{-\frac{t_0}{\tau}} = e^{-1}u_C(t_0) \approx 0.368u_C(t_0)$$

上式表明，从任意时刻 t_0 开始，经过一个时间常数，电压大约下降到 t_0 时刻的 36.8%。

表 5-1 列出了不同时刻的 u_C 值。

表 5-1　不同时刻的 u_C 值

t	0	τ	2τ	3τ	4τ	5τ	$\cdots$	∞
$u_C(t)$	u_0	$0.368U_0$	$0.135U_0$	$0.05U_0$	$0.018U_0$	$0.007U_0$	$\cdots$	0

由表 5-1 可见，在理论上要经过无限长的时间，U_C 才能衰减为零值，但工程上一般认为换路后，经过 $3\tau \sim 5\tau$ 时间过渡过程即告结束。

图 5-7(a) 和图 5-7(b) 分别画出了 u_C 及 i_C 变化规律曲线。可见，t 从 0_- 到 0_+，u_C 是连续的，而 i_C 则由零突变到 $\dfrac{u_C}{R}$。如果 R 很小，则在放电开始的一瞬间将会产生很大的放电电流。$t > 0$ 以后，u_C 和 i_C 按相同的指数规律衰减至零，放电结束。还可从物理概念解释 u_C 及 i_C 的变化规律。在放电过程中，电容上的电荷 $q(t)$ 越来越少，而 $u_C = \dfrac{q}{C}$，$i_C = \dfrac{u_C}{R}$，所以 u_C 及 i_C 都是单调下降的。另外，由于 i_C 单调下降，使得放电速率变得越来越慢（$i_C = -\dfrac{dq}{dt} = -C\dfrac{du_C}{dt}$），即 u_C 及 i_C 变化曲线呈半上凹形。

此外，由 u_C 及 i_C 的表达式知，时间常数 τ 越大，衰减越慢，暂态过程实际延续的时间越长。由 $\tau = RC$ 可见，若在 R 为定值时，C 越大，τ 越大，这是因为在同样电压下，C 越大，表明电容储存的电荷或能量越多（$q = Cu_C$，$W_C = Cu_C^2/2$），放电时间越长。若在 C 为定值时，R 越大，τ 也越大，这是因为在同样电压下，R 越大，表明放电电流或功率越小（$i_C = \dfrac{u_C}{R}$，$p = u_C^2/R$），因此，放电时间也就越长。图 5-8 画出了在同一初始电压下，不同时间常数 τ 所对应的 u_C 变化曲线。其中，$\tau_1 > \tau_2 > \tau_3$。

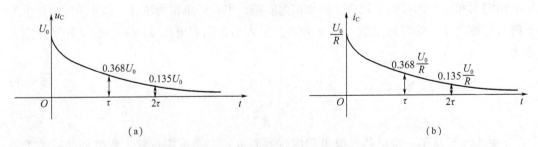

图 5-7　电容电压放电时电压、电流变化曲线

（a）u_C 曲线；（b）i_C 曲线

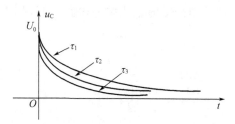

5 - 8　不同时间常数 τ 所对应的 u_C 变化曲线

时间常数 τ 还可以从几何意义上理解。在图 5 - 9 中过曲线上，任意一点 B 做切线 BD，则 CD 长为

$$CD = \frac{BC}{\tan\alpha} = \frac{u_C(t_0)}{-\dfrac{\mathrm{d}u_C}{\mathrm{d}t}} = \frac{U_0 \mathrm{e}^{-\frac{t_0}{\tau}}}{\dfrac{1}{\tau}U_0 \mathrm{e}^{-\frac{t_0}{\tau}}}$$

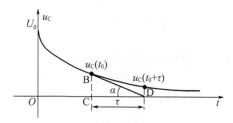

图 5 - 9　时间常数 τ 的几何意义

因此，可以这样假想，不论在任何时刻，如果从此之后零输入响应就按该瞬间曲线上对应点的斜率一直衰减下去，则经过一个时间常数 τ，u_C 刚好衰减为零。

下面再分析放电过程中电荷及能量的变化规律。在整个放电过程中电路中通过的电荷量为

$$\int_{0_+}^{\infty} i_C(t)\,\mathrm{d}t = \int_{0_+}^{\infty} \frac{U_0}{R}\mathrm{e}^{-\frac{t}{RC}}\mathrm{d}t = CU_0$$

可见，刚好等于放电开始时电容上储存的电荷，即

$$q(0_+) = Cu_C(0_+) = CU_0$$

这正符合电荷守恒定律。整个过程中电阻消耗的能量为

$$\int_{0_+}^{\infty} p_R(t)\,\mathrm{d}t = \int_{0_+}^{\infty} i_C^2(t)R\,\mathrm{d}t = \int_{0_+}^{\infty}\left(\frac{U_0}{R}\mathrm{e}^{-\frac{t}{RC}}\right)^2 R\,\mathrm{d}t = \frac{1}{2}CU_0^2$$

可见，电阻消耗的能量刚好等于电容的初始储能，即

$$W_C(0_+) = \frac{1}{2}Cu_C^2(0_+) = \frac{1}{2}CU_0^2(0_+) = \frac{1}{2}CU_0^2$$

这正符合能量守恒定律。

5.2.2　RL 电路的零输入响应

如图 5 - 10 所示，电路开关原是断开的，$t < 0$ 时电感电流 $i_L = I_0$，$t = 0$ 时开关接通，

$t>0$ 时就得到如图 $5-10(b)$ 所示的 RL 零输入响应电路。根据 KVL 有

$$u_R = u_L = 0$$

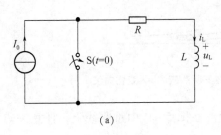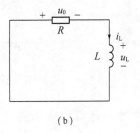

(a)   (b)

图 5 – 10　RL 零输入响应电路

而 $u_R = Ri_L$，$u_L = L\dfrac{\mathrm{d}i_L}{\mathrm{d}t}$，电路的微分方程为

$$L\frac{\mathrm{d}i_L}{\mathrm{d}t} + Ri_L = 0$$

上式为一阶齐次微分方程，令方程的通解为 $i_L = A\mathrm{e}^{pt}$，可以得到相应的特征方程为

$$Lp + R = 0$$

其特征根为

$$p = -R/L$$

故电流为

$$i_L = A\mathrm{e}^{-\frac{R}{L}t}$$

根据 $i_L(0_+) = i_L(0_-) = I_0$，代入上式可求得 $A = i_L(0_+) = I_0$，从而

$$i_L = i_L(0_+)\mathrm{e}^{-\frac{R}{L}t} = I_0\mathrm{e}^{-\frac{R}{L}t}, \quad t > 0$$

电阻和电感上的电压分别为

$$u_R = Ri_L = RI_0\mathrm{e}^{-\frac{R}{L}t}$$

$$u_L = L\frac{\mathrm{d}i_L}{\mathrm{d}t} = -RI_0\mathrm{e}^{-\frac{R}{L}t}, \quad t > 0$$

与 RC 电路类似，令 $\tau = L/R$，称为 RL 电路的时间常数，则上述各式可写为

$$i_L = I_0\mathrm{e}^{-\frac{t}{\tau}}, \quad t > 0 \tag{5 – 7}$$

$$u_R = RI_0\mathrm{e}^{-\frac{t}{\tau}}, \quad t > 0 \tag{5 – 8}$$

$$u_L = -RI_0\mathrm{e}^{-\frac{t}{\tau}}, \quad t > 0 \tag{5 – 9}$$

图 5 – 11 画出了 i_L 及 u_L 随时间变化的曲线。可见，i_L 总是连续变化的，而 u_L 则是从 0 时刻的零值突变到 0 时刻的 $-RI_0$。若电阻 R 很大，则在换路时电感两端会出现很高的瞬时电压，i_L 及 u_L 按相同指数规律变化，变化速率取决于时间常数（$\tau = L/R$），在 R 为定值时，L 越大，τ 越大，这是因为在相同电流条件下，L 越大，所储存的磁场能量越多，$W_L = \dfrac{1}{2}Li_L^2$ 暂态过程时间也就能越长。若 L 为定值，则 R 越大，τ 越小，这是因为在相同

电流条件下，R 越大，消耗的功率也就越大，$p_R = i_L^2 R$，过渡过程时间也就越短。

概括式(5-5)~式(5-9)，可得一阶电路零输入响应一般形式为

$$f(t) = f(0_+) e^{-\frac{t}{\tau}} \tau, \quad t > 0 \qquad (5-10)$$

【例 5-3】 如图 5-12 所示电路是一台 300 kW 汽轮发动机的励磁回路。已知励磁绕组的电阻 $R_1 = 0.189\ \Omega$，电感 $L = 0.398\ H$，直流电压 $U_S = 35\ V$，电压表的量程为 50 V，内阻 $R_V = 5\ k\Omega$。开关未断开时，电路中电流已经恒定不变。在 $t = 0$ 时，开关突然断开。求 $t > 0$ 时的电流 i_L 及电压表两端电压 u_V。

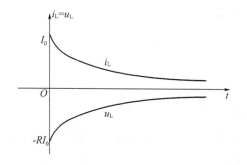

图 5-11 i_L 及 U_L 随时间变化的曲线

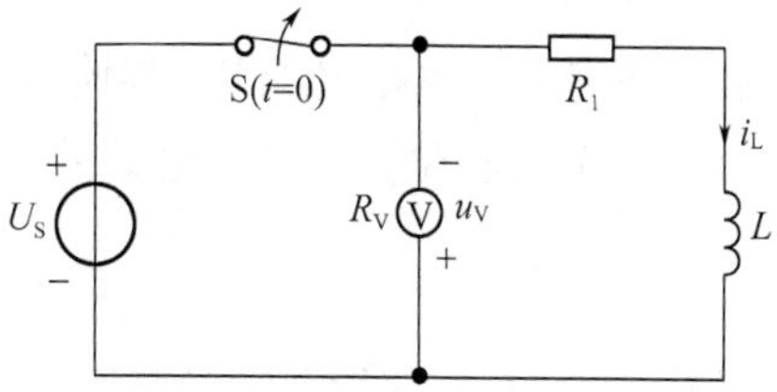

图 5-12   例 5-3 图

解 显然，换路后电路属于 RL 零输入响应电路。

（1）开关断开前，电流已恒定不变，故

$$i_L(0_+) = i_L(0_-) = \frac{U_S}{R_1} = 185.2\ A$$

（2）开关断开后，时间常数为

$$\tau = \frac{L}{R_1 + R_V} = \frac{0.398}{0.189 + 5 \times 10^3} = 79.6\ \mu s$$

（3）根据一阶电路零输入响应的一般形式可知

$$i_L(t) = i_L(0_+) e^{-\frac{t}{\tau}} = 185.2 e^{-12\,560 t}\ (A), \quad t > 0$$

由欧姆定律求得电压表两端电压为

$$u_V = R_V i_L = 926 e^{-12\,560 t}\ (kV), \quad t > 0$$

根据上式可算得

$$u_V(0_+) = 926\ kV$$

可见，在开关断开的瞬间，电压表要承受很高的电压，远远大于表的量程，而且初始瞬间的电流也很大，可能损坏电压表。因此，切断电感电流时必须考虑磁场能量的释放，如果磁场能量较大，而又必须在短时间内完成电流的切断，则必须考虑如何解决因此而出现的电弧（一般出现在开关处）问题。

【例 5-4】 如图 5-13(a)所示电路，开关 S 合在位置 1 时，电路已达稳态，$t = 0$ 时，开关由位置 1 合向位置 2，试求 $t > 0$ 时的电流 $i(t)$。

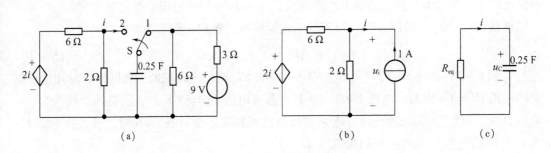

图 5 – 13　例 5 – 4 图

解　换路后，电路属于 RC 零输入响应电路。

（1）开关合在位置 1 时，电路处于稳态，则有

$$u_C(0_+) = u_C(0_-) = \frac{6}{6+3} \times 9 = 6 \text{ V}$$

（2）开关合向位置 2 时，电容以外电路为含有受控源的电阻电路，其等效电阻可用外加电源法求得，如图 5 – 13(b) 所示，$i = -1$，则有

$$-2i = 6 \times \left(i + \frac{u_i}{2}\right) + u_i = 0$$

解得 $u_i = 1$，故

$$R_{eq} = \frac{u_i}{I} = 1 \text{ } \Omega$$

故换路后等效电路如图 5 – 13(c) 所示，有

$$\tau = R_{eq}C = 0.25 \text{ s}, u_C(t) = u_C(0_+)e^{-\frac{t}{\tau}} = 6e^{-4t} \text{ (V)}$$

$$i(t) = C\frac{du_C}{dt} = -6e^{-4t} \text{ (A)}$$

注意：电流 $i(t)$ 也可先求出其初始值（画出 $t = 0_+$ 时等效电路），时间常数的求法同前面用到的方法结合式（5 – 10）求得。

5.3　一阶电路的零状态响应

储能元件的初始储能为零（即零初始状态 $u_C(0_+)$ 或 $i_L(0_+)$ 都为零），仅由外施激励引起的响应，称为零状态响应，一阶电路的零状态响应也包括 RC 和 RL 两类电路。

5.3.1　RC 电路的零状态响应

直流电压源通过电阻对电容充电的电路如图 5 – 14 所示，设开关 S 闭合前，C 未充电，电容电压为零，即初始状态为零。$t = 0$ 时，闭合开关 S，求换路后电路的零状态响应。

列换路后电路的方程，由 KVL 得

$$u_R + u_C = U_S$$

将元件的电压电流关系 $u_R = Ri$，$i = C\dfrac{\mathrm{d}u_C}{\mathrm{d}t}$ 代入上式得

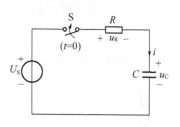

$$RC\frac{\mathrm{d}u_C}{\mathrm{d}t} + u_C = U_S \qquad (5-11)$$

它是一阶常系数线性非齐次常微分方程，描述了 RC 电路零输入响应的暂态响应。

根据常系数线性常微分方程的特性有：常系数线性非 **图 5－14　RC 电路的零状态响应** 齐次常微分方程的通解 = 常系数线性非齐次微分方程的任

一特解 + 常系数线性齐次常微分方程的通解。故式（5－11）的解由两部分组成，即

$$u_C = u_C' + u_C''$$

式中　u_C'——方程的一个特解，与外施激励有关，称为强制分量。

u_C' 的特点是它随时间变化的规律和电源随时间变化的规律相同，它是由电源的作用在电路中建立的强制状态，不仅决定于电路的结构和参数，而且决定于电源。当激励为直流电源或正弦电源时，此情况下的强制分量称为稳态分量。在此情况下，激励为直流电源 U_S，故可设 $u_C' = K$（常量），代入式（5－11）中有

$$RC\frac{\mathrm{d}K}{\mathrm{d}t} + K = U_S$$

于是

$$K = U_S$$

特解为

$$u_C' = U_S$$

即 u_C' 为电路的稳态解。应强调的是，若 u_C 的通解中只有 u_C'，虽然满足 KVL，即满足微分方程

$$RC\frac{\mathrm{d}u_C'}{\mathrm{d}t} + u_C' = U_S \qquad (5-12)$$

但不满足换路定律 $u_C(0_+) = u_C'(0_+) = U_S(0_-) = 0$。为了满足 KVL 又满足换路定律，还必须考虑 u_C 解中另一个分量 u_C''。

用式（5－11）减去式（5－12）得

$$RC\frac{\mathrm{d}u_C''}{\mathrm{d}t} + u_C'' = 0 \qquad (5-13)$$

它是常系数线性齐次常微分方程的通解。式（5－12）所描述的相当于电路中电源不存在（图 5－14 中 $U_S = 0$ 短接），即自由状态的情况，所以 u_C 称为自由分量或暂态分量，其解的形式与零输入响应相同，可写为

$$u_C'' = A\mathrm{e}^{-\frac{t}{\tau}}$$

式中　τ——电路的时间常数，$\tau = RC$；

　　　A——积分常数，由初始条件决定；

　　　u_C''——按指数规律衰减，暂态分量的变化规律仅由电路的结构和参数所决定，而与外施激励无关，但暂态分量的大小与电源有关。

这样，电容电压的解为

$$u_C = u_C' + u_C'' = U_S + Ae^{-\frac{t}{\tau}}$$

代入初始条件 $u_C(0_+) = u_C'(0_+) = 0$，得

$$0 = U_S + A$$

即有

$$A = -U_S$$

最后解得

$$u_C = U_S - U_S e^{-\frac{t}{\tau}} = U_S(1 - e^{-\frac{t}{\tau}}), \quad t \geq 0 \tag{5-14}$$

并得

$$u_C = U_S - u_C = U_S e^{-\frac{t}{\tau}}, \quad t > 0 \tag{5-15}$$

$$i = \frac{u_R}{R} = \frac{U_S}{R} e^{-\frac{t}{\tau}}, \quad t > 0 \tag{5-16}$$

u_C 和 i 随时间变化的曲线如图 5-15 所示。u_R 随时间变化的曲线与 i 相似，图 5-15 中省略未画出。电流 i 也可看作由两个分量组成，其中，稳态分量 $i=0$，而暂态分量为

$$i'' = i = \frac{U_S}{R} e^{-\frac{t}{\tau}}$$

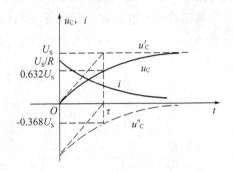

图 5-15 u_C 和 i 随时间变化的曲线

充电过程中，电容电压由零随时间逐渐增长，其增长率按指数规律衰减，最后电容电压趋于直流电压源的电压以 U_S。充电电流方向与电容电压方向一致，充电开始时其值最大为 $\frac{U_S}{R}$，以后按指数规律衰减到零。

当经历等于时间常数的时间，即 $t=\tau$ 时，电容电压增长为

$$U_C(\tau) = U_S(1 - e^{-1}) = 0.362 U_S$$

可见，时间常数是电容电压 u_C 从零上升到稳态值的 63.2% 所需的时间，也是电容电压的暂态分量 u_C'' 衰减到初始值的 36.8% 所需的时间。

假若能以充电过程的速率 $\frac{du_C}{dt}\big|_{t=0} = \frac{U_S}{\tau}$ 等速上升，则经过 t 时间过渡过程结束，即充电到 U。这说明过原点 $(0, 0)$ 作 u_C 的切线，该切线必然过点 (τ, U_S)，如图 5-15 所示。

理论上，过渡过程的结束需要无限长的时间，当经过 5τ 的时间，$u_C(5\tau) = u_S(1 - e^{-5}) = 0.993 U_S$，已上升到稳态值的 99.3%，可以认为过渡过程已经结束。所以，时间常数的大小决定了一阶电路零状态响应进行的快慢，时间常数越大，暂态分量衰减越慢，充电持续时间越长。

由于电路中有电阻，充电时，电源供给的能量一部分转换成电场能量储存在电容中，

一部分则被电阻消耗掉。在充电过程中电阻消耗的电能为

$$W_R \int_0^\infty R i^2 \mathrm{d}t = \int_0^\infty R\left(\frac{U_S}{R}\mathrm{e}^{-\frac{t}{RC}}\right)^2 \mathrm{d}t = \frac{1}{2}CU_S^2 = W_C$$

可见，不论电阻、电容值如何，电源供给的能量只有一半转换成电场能量储存在电容中，充电效率为 50%。

【**例 5 – 5**】　如图 5 – 14 所示电路中，电容原先未被充电，设 $U_S = 10$ V，$R = 2$ kΩ，$C = 100$ μF。在 $t = 0$ 时，开关 S 闭合。试求：（1）换路后的 u_C 和 i；（2）电容充电到 8 V 所用的时间。

解　（1）换路后电路的时间常数为

$$\tau = RC = 2 \times 10^3 \times 100 \times 10^{-6} = 0.2 \text{ s}$$

由式(5 – 14)有

$$u_C = 10\left(1 - \mathrm{e}^{-\frac{t}{0.2}}\right) = 10(1 - \mathrm{e}^{-5t})\,(\text{V}), \quad t \geqslant 0$$

（2）设换路后 U_C 经过 t 秒由零充电到 8 V，即

$$8 = 10(1 - \mathrm{e}^{-5t})$$

解得

$$t = 0.321\,8 \text{ s}$$

【**例 5 – 6**】　如图 5 – 16(a) 所示电路中，已知 $U_1 = 9$ V，$R_1 = 3$ kΩ，$C = 1\,000$ pF，$R_2 = 6$ kΩ，$u_C(0_-) = 0$。试求 $t \geqslant 0$ 时的电容电压 u_C 和输出电压 u_2。

解　先利用戴维南定理求出换路后电路从电容 C 两端看进去的戴维南等效电路，如图 5 – 16(b) 所示，有

$$U_{OC} = \frac{R_1}{R_1 + R_2} \times U_1 = \frac{3 \times 10^3}{(6 + 3) \times 10^3} \times 9 = 3 \text{ V}$$

$$R_0 = \frac{R_1 R_2}{R_1 + R_2} = \frac{18 \times 10^6}{(6 + 3) \times 10^3} = 2 \times 10^3 = 2 \text{ kΩ}$$

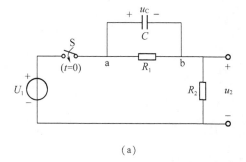 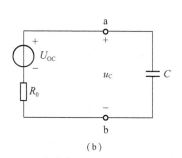

(a)　　　　　　　　　　　　　　　　　(b)

图 5 – 16　例 5 – 6 图

如图 5 – 16(b) 所示电路的时间常数为

$$\tau = R_0 C = 2 \times 10^3 \times 1\,000 \times 10^{-12} = 2 \times 10^{-6} \text{ s}$$

按换路定律有

$$u_C(0_+) = u_C(0_-) = 0 \text{ V}$$

由式(5-14)有零状态响应，得

$$u_\mathrm{C} = U_\mathrm{OC}\left(1 - \mathrm{e}^{-\frac{t}{\tau}}\right) = 3\left(1 - \mathrm{e}^{-\frac{t}{2\times10^{-6}}}\right) = 3\left(1 - \mathrm{e}^{-5\times10^5 t}\right), \quad t \geqslant 0$$

上式中的电容电压也就是图5-18(a)中的电容电压，因此，利用 KVL 即可求出输出电压 u_2，即

$$u_2 = U_1 - u_\mathrm{C} = 9 - 3\left(1 - \mathrm{e}^{-5\times10^5 t}\right) = 6 + 3\mathrm{e}^{-5\times10^5 t}, \quad t > 0$$

5.3.2 RL 电路的零状态响应

如图5-17所示的 RL 串联电路，开关 S 闭合前电感中无电流，即初始状态为零。$t = 0$ 时，闭合开关 S 与直流电压源 U_S 接通，求换路后电路的零状态响应。

列换路后的电路方程，由 KVL 得

$$u_\mathrm{R} + u_\mathrm{L} = U_\mathrm{S}$$

将 $u_\mathrm{R} = Ri$ 和 $u_\mathrm{L} = L\dfrac{\mathrm{d}i}{\mathrm{d}t}$ 代入上式得

$$L\frac{\mathrm{d}i}{\mathrm{d}t} + Ri = U_\mathrm{S} \qquad (5-17)$$

即有

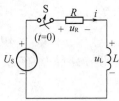

图5-17 RL 电路的零状态响应

$$\frac{L}{R}\frac{\mathrm{d}i}{\mathrm{d}t} + i = \frac{U_\mathrm{S}}{R}$$

它是一阶常系数线性非齐次常微分方程，描述了 RL 电路零输入响应的暂态特性。其解由两部分组成，即

$$i = i' + i''$$

其稳态分量为

$$i' = \frac{U_\mathrm{S}}{R}$$

其暂态分量为

$$i'' = A\mathrm{e}^{-\frac{t}{\tau}}$$

式中 τ——电路的时间常数，$\tau = \dfrac{L}{R}$。

则有

$$i = i' + i'' = \frac{U_\mathrm{S}}{R} + A\mathrm{e}^{-\frac{t}{\tau}}$$

代入初始条件 $f(0_+) = f(0_-) = 0$，解得 $A = \dfrac{U_\mathrm{S}}{R}$，故

$$i = \frac{U_\mathrm{S}}{R}\left(1 - \mathrm{e}^{-\frac{t}{\tau}}\right), \quad t \geqslant 0 \qquad (5-18)$$

并得

$$u_\mathrm{R} = R_\mathrm{i} = U_\mathrm{S}\left(1 - \mathrm{e}^{-\frac{t}{\tau}}\right), \quad t \geqslant 0 \qquad (5-19)$$

$$u_\mathrm{L} = U_\mathrm{S} - u_\mathrm{R} = U_\mathrm{S}\mathrm{e}^{-\frac{t}{\tau}}, \quad t > 0 \qquad (5-20)$$

i、u_R 及 u_L 随时间变化的曲线如图 5-18(a) 和图 5-18(b) 所示。电感电流由零随时间逐渐增大，其增长率按指数规律衰减，最后趋于稳态值 $\dfrac{U_S}{R}$。电感电压方向与电流方向一致，开始接通时其最大值为 U_S，以后按指数规律衰减到零。

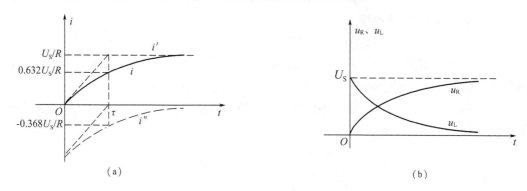

(a)　　　　　　　　　　　　　　　(b)

图 5-18　i、u_R 和 U_L 随时间变化的曲线

电压供给的能量一部分被电阻消耗转换为热能，一部分转换为电感上的磁场能量。电路达到新的稳态时，电感储存的磁场能量为 $\dfrac{1}{2}L\left(\dfrac{U_S}{R}\right)^2$。

从直流激励下的 RC 和 RL 电路的零状态响应分析可以看出，若外施激励增大 K 倍，则其零状态响应也增大 K 倍。这种外施激励与零状态响应之间的线性关系称为零状态线性。

【例 5-7】 如图 5-19(a) 所示电路中，已知 $I_S = 3\,A$，$R = 20\,\Omega$，$L = 2\,H$，电感的初始电流为零。$t = 0$ 时，开关 S 闭合。求电路的零状态响应 i_L、u_L 及 $t = 0.2\,s$ 时的电感电流。

解　将实际电流源模型变换成实际电压源模型，作出换路后的等效电路，如图 5-19(b) 所示，其中

$$U_S = RI_S = 20 \times 3 = 60\,V$$

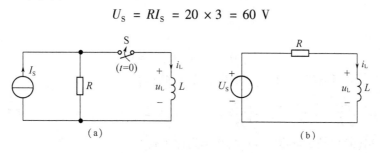

(a)　　　　　　　　　　　　　　　(b)

图 5-19　例 5-7 图

电路的时间常数为

$$\tau = \frac{L}{R} = \frac{2}{20} = 0.1\,s$$

由式（5-18）有

$$i_L = \frac{U_S}{R}(1 - e^{-\frac{t}{\tau}}) = \frac{60}{20}(1 - e^{-\frac{t}{0.1}}) = 3(1 - e^{-10t}) \text{ (A)}, \quad t \geq 0$$

由式（5-20）有

$$u_L = U_S e^{-\frac{t}{\tau}} = 60e^{-\frac{t}{0.1}} = 60e^{-10t} \text{(V)}, \quad t > 0$$

当 $t = 0.2$ s 时，电感电流为

$$i_L(0.2) = 3(1 - e^{-10 \times 0.2}) = 2.6 \text{ A}$$

【例 5-8】 如图 5-20(a) 所示，已知 $U_S = 48$ V，$R_1 = 12\ \Omega$，$R_2 = 6\ \Omega$，$R_3 = 4\ \Omega$，$L = 2$ H，电感的初始电流为零。$t = 0$ 时，开关 S 闭合，求换路后的 i_L、u_L 和 i_2。

解 开关 S 闭合后，利用戴维南定理求出换路后电路从电感 L 两端看进去的戴维南等效电路，如图 5-20(b) 所示。其中

$$U_{OC} = \frac{R_2}{R_1 + R_2}U_S = \frac{6}{12 + 6} \times 48 = 16 \text{ V}$$

$$R_0 = \frac{R_1 R_2}{R_1 + R_2} + R_3 = \frac{12 \times 6}{12 + 6} + 4 = 8 \text{ }\Omega$$

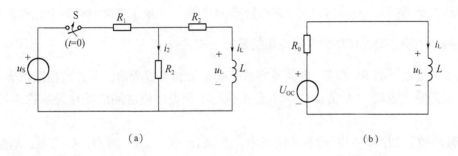

（a）　　　　　　　　　　　　　（b）

图 5-20　例 5-8 图

电路的时间常数为

$$\tau = \frac{L}{R_0} = \frac{2}{8} = 0.25 \text{ s}$$

按换路定律有

$$i_L(0_+) = i_L(0_-) = 0$$

代入式（5-18）和式（5-20），可得零状态响应为

$$i_L = \frac{U_{OC}}{R_0}(1 - e^{-\frac{t}{\tau}}) = \frac{16}{8}(1 - e^{-\frac{t}{0.25}}) = 2(1 - e^{-4t}) \text{ (A)}, \quad t \geq 0$$

由图 5-20(a) 电路，根据 KVL 及欧姆定律可得

$$u_L = U_{OC}e^{-\frac{t}{\tau}} = 16^{-4t}\text{(V)}, \quad t > 0$$

根据例 5-6 和例 5-8 的分析，可总结出求解一阶电路的零状态响应的方法：首先求出换路后电容元件或电感元件两端看进去的戴维南等效电路，然后利用式（5-14）或式（5-18）求出等效电路中的电容电压或电感电流，最后根据 KVL、KCL、欧姆定律和电容元件或电感元件的 VCR 即可求出原电路中其他支路的电压和电流。

5.4 一阶电路的全响应

5.4.1 全响应及其分解

电路中的初始储能（即非零初始状态 $u_C(0_+)$ 或 $i_L(0_+)$ 不为零）及外施激励在电路中共同产生的响应称为全响应。

以如图 5-21 所示 RC 电路为例，设 $u_C(0_-) = U_0$，电压源电压为 U_S，换路后 u_C 的方程仍为

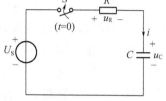

$$RC\frac{du_C}{dt} + u_C = U_S$$

其解为

图 5-21 RC 电路的全响应

$$u_C = u'_C + u''_C = U_S + Ae^{-\frac{t}{\tau}}$$

代入初始条件 $u_C(0_+) = u_C(0_-) = U_0$ 得

$$U_0 = U_S + A$$

或是

$$A = U_0 - U_S$$

故得电容电压的全响应为

$$u_C = U_S + (U_0 - U_S)e^{-\frac{t}{\tau}}, \quad t \geq 0 \tag{5-21}$$

并得电阻电压、电流的全响应分别为

$$u_R = U_S - u_C = (U_0 - U_S)e^{-\frac{t}{\tau}}, \quad t > 0 \tag{5-22}$$

$$i = \frac{u_R}{R} = \frac{U_S - U_0}{R}e^{-\frac{t}{\tau}}, \quad t > 0 \tag{5-23}$$

u_C、u_R 和 i 随时间的变化曲线如图 5-22 所示。其中，u_C 以 U_0 为初始值按指数规律逐渐上升至稳态值 U_S，而充电电流则以 $(U_S - U_0)/R$ 为初始值按指数规律逐渐下降至零。

下面以 u_C 为例介绍适用于任何线性一阶电路的全响应的两种分解方法。

(1) 式(5-21)仍由两个分量所组成，则有

$$u_C = u'_C + u''_C = U_S + (U_0 - U_S)e^{-\frac{t}{\tau}} \tag{5-24}$$

式中，第一个分量为强制分量（稳态分量），第二个分量为自由分量（暂态分量），两个分量的变化规律不同。

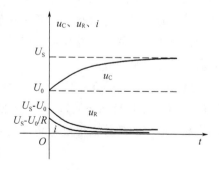

图 5-22 u_C、u_R 和 i 随时间的变化曲线

稳态分量取决于外施激励。现在外施激励是直流电源，稳态分量也是恒定不变量；当外施激励为正弦电源时，稳态分量也是同频率正弦量。暂态分量是按指数规律衰减变化的，取决于电路的特性，其大小则既与初始状态有关，也与外施激励有关。RL 电路的全响应也包含

这两个分量，即任何一阶电路的全响应都可分解为稳态响应和暂态响应之和。图 5-23（a）画出了 u_C 及其稳态（u'_C）和暂态（u''_C）两个分量的曲线。

（2）全响应是非零初始状态和外施激励共同作用所产生的响应。

根据叠加定理，可看成是分别单独作用产生响应的代教和，而分别产生的响应恰是零输入响应和零状态响应，故一阶电路的全响应应是零输入响应和零状态响应的叠加。于是，式（5-21）又可以写成

$$u_C = u_{C1} + u_{C2} = U_0 + U_S(1 - e^{-\frac{t}{\tau}}) \tag{5-25}$$

其中，第一个分量 u_{C1} 是零输入响应，第二个分量 u_{C2} 是零状态响应。RL 电路的全响应也包含这两个分量，即任何一阶电路的全响应都可分解为零输入响应与零状态响应之和。图 5-23(b)画出了电容电压全响应(u_C)及其零输入响应(u_{C1})、零状态响应(u_{C2})两个分量的曲线。应该注意两种分解的表达式实际上是完全相同的。

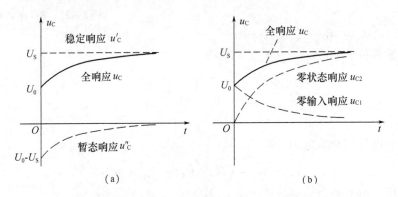

图 5-23 全响应的两种分解方法的波形图

其实，零输入响应和零状态响应也可各自分解为稳态分量（零输入响应的稳态分量为零）和暂态分量，两者的稳态分量之和便是全响应的稳态分量，两者的暂态分量之和便是全响应的暂态分量。

把全响应分解为稳态响应和暂态响应，能较明显地反映电路的工作阶段，便于分析过渡过程的特点。把全响应分解为零输入响应和零状态响应，明显反映了响应与激励在能量方面的因果关系，并且便于分析计算。这两种分解的概念都是重要的，但电路真实显现出来的是全响应。

【例 5-9】 如图 5-21 所示电路中，$U_S = 10$ V，$t = 0$ 时，开关 S 闭合，$u_C(0_-) = -4$ V，$R = 10$ kΩ，$C = 0.11$ μF。求换路后的 u_C 并画出其波形。

解 电路的微分方程及时间常数分别为

$$RC\frac{du_C}{dt} + u_C = U_S$$

$$\tau = RC = 10 \times 10^3 \times 0.1 \times 10^{-6} = 1 \times 10^{-3} \text{ s} = 1 \text{ ms}$$

该微分方程的特解即全响应的稳态分量为

$$u'_C = 10 \text{ V}$$

而其通解即全响应的暂态分量为

$$u''_C = Ae^{-\frac{t}{\tau}}$$

全响应为

$$u_C = u'_C + u''_C = 10 + Ae^{-\frac{t}{\tau}}$$

代入初始条件 $u_C(0_+) = u_C(0_-) = -4$ V，得

$$-4 = 10 + A$$

即有

$$A = -14$$

所以暂态分量为

$$u''_C = -14e^{-\frac{t}{10^{-3}}} = -14e^{-1\,000t}\,(\text{V})$$

最后得到全响应为

$$u_C = u'_C + u''_C = 10 - 14e^{-1\,000t}\,(\text{V}), \quad t \geqslant 0$$

电压 u_C、u'_C、u''_C 的波形如图 5-24(a) 所示。

若分别求出零输入响应及零状态响应，也可得出全响应。可得电容电压零输入响应为

$$u_{C1} = -4e^{-\frac{t}{\tau}} = -4e^{-1\,000t}\,(\text{V})$$

可得电容电压的零状态响应为

$$u_{C2} = 10(1 - e^{-\frac{t}{\tau}}) = 10(1 - e^{-1\,000t})\,(\text{V})$$

全响应为

$$u_C = u_{C1} + u_{C2} = -4e^{-1\,000t} + 10(1 - e^{-1\,000t})$$
$$= 10 - 14e^{-1\,000t}\,(\text{V}), \quad t \geqslant 0$$

电压 u_C、u_{C1}、u_{C2} 的波形如图 5-24(b) 所示。

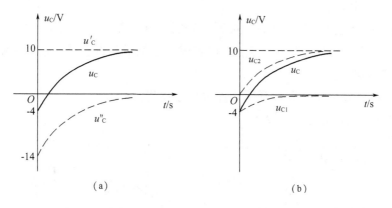

(a)　　　　　　　　　　(b)

图 5-24　例 5-9 图

5.4.2　分析一阶电路全响应的三要素法

从以上求解一阶电路全响应的分析中可知，在外施直流激励下的非零初始状态的一阶电路中，各处的电压和电流都是从其初始值开始按指数规律 $e^{-\frac{t}{\tau}}$ 衰减或增长到稳态值的，而且在同一电路中各处的电压和电流的时间常数都是相同的。因此，在上述一阶电

路中，任意电压和电流都是由其初始值、稳态值和时间常数这三个参数确定的。若用$f(t)$表示一阶电路的全响应（电压或电流），$f(0_+)$表示其初始值，$f(\infty)$表示其稳态值，τ表示电路的时间常数，则一阶电路的全响应的一般表达式为

$$f(t) = f(\infty) + (f(0_+) - f(\infty))e^{-\frac{t}{\tau}}, \quad t \geq 0 \tag{5-26}$$

式中，$f(0_+)$，$f(\infty)$和τ称为一阶电路的三要素，利用这三个要素可直接求出在直流激励下的一阶电路任意电压或电流的全响应，这种方法就称为分析一阶电路全响应的三要素法。式(5-26)为三要素法公式。

由于零输入响应和零状态响应是全响应的特殊情况，故式(5-26)同样适用于求解一阶电路的零输入响应和零状态响应。具体来说，若$f(t)$是零输入响应，其初始值为$f(0_+)$，则响应的一般表达式为

$$f(t) = f(0_+)e^{-\frac{t}{\tau}}, \quad t \geq 0 \tag{5-27}$$

若$f(t)$是零状态响应，其稳态值为$f(\infty)$，则响应的一般表达式为

$$f(t) = f(\infty)(1 - e^{-\frac{t}{\tau}}), \quad t \geq 0 \tag{5-28}$$

分析一阶电路全响应的三要素法，只要计算出响应的初始值、稳态值和时间常数，即可直接写出一阶电路全响应的表达式。下面再对三要素的确定作一些必要的说明。

1. 确定初始值

初始值$f(0_+)$是指任一响应换路后最初一瞬间$t = 0_+$时的值。

2. 确定稳态值

稳态值$f(\infty)$是指任一响应在换路后电路达到稳态时的值，可画出$t = \infty$时的等效电路，若外施激励为直流电源，电容相当于开路，电感相当于短路，然后可按直流电阻电路计算求得。

3. 确定时间常数

τ为所求响应电路的时间常数。对于RC电路，$\tau = R_0C$；对于RL电路，$\tau = L/R_0$。其中，R_0是将电路中所有独立源置零后从电容或电感两端看进去的一端口网络的等效电阻（即戴维南等效电阻）。

【例5-10】 如图5-25(a)所示电路原处于稳态。$t = 0$时，闭合开关S。试求换路后经过多长时间电流才能达到15 A？

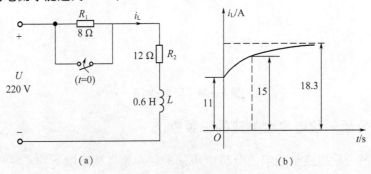

(a)   (b)

图5-25　例5-10图

解　用三要素法求解。

（1）确定初始值，换路前为

$$i_L(0_-) = \frac{U}{R_1 + R_2} = \frac{220}{8 + 12} = 11 \text{ A}$$

由换路定律有

$$i_L(0_+) = i_L(0_-) = 11 \text{ A}$$

（2）确定稳态值，有

$$i_L(\infty) = \frac{U}{R_2} = \frac{220}{12} = 18.3 \text{ A}$$

（3）确定电路的时间常数，有

$$\tau = \frac{L}{R_2} = \frac{0.6}{12} = 0.05 \text{ s}$$

可得

$$i_L = i_L(\infty) + (i_L(0_+) - i_L(\infty))e^{-\frac{t}{\tau}} = 18.3 + (11 - 18.3)e^{-\frac{t}{0.05}}$$
$$= 18.3 - 7.3e^{-20t}(\text{A}), \quad t \geq 0$$

当电流达到 15 A 时，有

$$15 = 18.3 - 7.3e^{-20t}$$

所经历的时间为

$$t = 0.039 \text{ s}$$

电流 i_L 随时间的变化曲线如图 5 − 25(b)所示。

【**例 5 − 11**】 如图 5 − 26 所示电路原处于稳态，$t = 0$ 时，闭合开关 S，求 u_C 并分解出零输入响应和零状态响应。

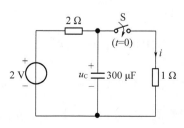

图 5 − 26　例 5 − 11 图

解　开关闭合前电路处于稳态，有

$$U_C(0_-) = 2 \text{ V}$$

由换路定律有

$$U_C(0_+) = U_C(0_-) = 2 \text{ V}$$

换路后达到新的稳态时，电容开路，故有

$$u_C(\infty) = \frac{1}{2 + 1} \times 2 = \frac{2}{3} \text{ V}$$

时间常数 $\tau = R_0 C$，R_0 为 1 Ω 和 2 Ω 两电阻并联，所以

$$\tau = \frac{1 \times 2}{1 + 2} \times 300 \times 10^{-6} = 2 \times 10^{-4} \text{ s}$$

于是，可得

$$u_C(t) = u_C(\infty) + (u_C(0_+) - u_C(\infty)) e^{-\frac{t}{\tau}}$$

$$= \frac{2}{3} + \left(2 - \frac{2}{3}\right) e^{\frac{t}{2 \times 10^{-4}}}$$

$$= \frac{2}{3} + \frac{4}{3} e^{-5\,000t} \text{ (V)}, \quad t \geqslant 0$$

若重新组合计算结果可得

$$u_C(t) = \left(\frac{2}{3} - \frac{2}{3} e^{-5\,000t}\right) + 2 e^{-5\,000t}$$

则等式右端第一项为直流电压源产生的零状态响应，即

$$u_C(\infty)(1 - e^{-\frac{t}{\tau}}) = \frac{2}{3}(1 - e^{-5\,000t}) \text{ (V)}$$

第二项为电容储能产生的零输入响应，即

$$u_C(0_+) e^{-\frac{t}{\tau}} = 2 e^{-5\,000t} \text{ (V)}$$

【例 5 – 12】如图 5 – 27(a)所示电路原处于稳态，$t = 0$ 时，开关 S 由位置 1 切换至位置 2（设开关是瞬时切换的），试求电流 i 和 i_L。

解 用三要素法求解。

(1) 确定初始值 $i_L(0_+)$ 和 $i(0_+)$。换路前电路已处于稳态，电感相当于短路，故得

$$i_L(0_-) = -\frac{3}{1 + \frac{1 \times 2}{1 + 2}} \times \frac{2}{1 + 2} = -\frac{6}{5} \text{ A}$$

由换路定律有

$$i_L(0) = i_L(0_-) = -\frac{6}{5} \text{ A}$$

作出换路后，初瞬间（$t = 0_+$）的等效电路，如图 5 – 27(b)所示，电感已用 $\frac{6}{5}$ A 的电流源替代，可求得相关的初始值 $i(0_+)$，应用 KVL 于左侧网孔，有

$$1 \times i(0_+) + 2\left(i(0_+) + \frac{6}{5}\right) = 3$$

所以

$$i(0_+) = \frac{1}{5} \text{ A}$$

(2) 确定稳态值 $i(\infty)$ 和 $i_L(\infty)$。作出换路后，$t = \infty$ 的等效电路如图 5 – 27(c)所示，电感短路，可得稳态值为

$$i(\infty) = \frac{3}{1 + \frac{1 \times 2}{1 + 2}} = \frac{9}{5} \text{ A}$$

$$i_L(\infty) = \frac{9}{5} \times \frac{2}{1 + 2} = \frac{6}{5} \text{ A}$$

（3）确定换路后电路的时间常数。$\tau = \dfrac{L}{R_0}$，R_0 为图 5-27（a）换路后电感元件所接的一端口网络（电压源短路）的等效电阻，所以

$$R_0 = 1 + \frac{2 \times 1}{2 + 1} = \frac{5}{3} \ \Omega$$

$$\tau = \frac{L}{R_0} = \frac{3}{\dfrac{5}{3}} = 1.8 \ \text{s}$$

（4）将所求得的初始值、稳态值和时间常数分别代入式(5-26)得

$$i = i(\infty) + (i(0_+) - i(\infty))e^{-\frac{t}{\tau}} = \frac{9}{5} + \left(\frac{1}{5} - \frac{9}{5}\right)e^{-\frac{t}{1.8}} = \frac{9}{5} - \frac{8}{5}e^{-0.56t} \ (\text{A}), \quad t > 0$$

$$i_L = i_L(\infty) + (i_L(0_+) - i_L(\infty))e^{-\frac{t}{\tau}} = \frac{6}{5} + \left(-\frac{6}{5} - \frac{6}{5}\right)e^{-\frac{t}{1.8}} = \frac{6}{5} - \frac{12}{5}e^{-0.56t} \ (\text{A}), \quad t \geqslant 0$$

可知，三要素法可以用来求解电路换路后任一支路电流或电压的全响应。

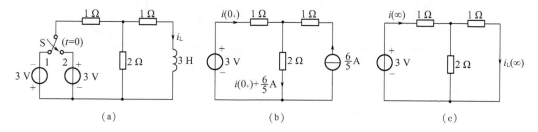

图 5-27　例 5-12 图

【例 5-13】如图 5-28（a）所示电路在换路前已建立稳态。已知 $R_1 = 10 \ \text{k}\Omega$，$R_2 = 10 \ \text{k}\Omega$，$R_3 = 20 \ \text{k}\Omega$，$C = 10 \ \mu\text{F}$，$I_S = 1 \ \text{mA}$，$U_S = 10 \ \text{V}$。$t = 0$ 时，闭合开关 S，试求开关 S 闭合后的 u_C 和 u。

解　利用三要素法求解。

（1）确定初始值 $u(0_+)$。换路前电路已处于稳态，电容相当于开路，故得

$$u_C(0_-) = R_3 I_S - U_S = 20 \times 10^3 \times 1 \times 10^{-3} - 10 = 10 \ \text{V}$$

由换路定律有

$$u_C(0_+) = u_C(0_-) = 10 \ \text{V}$$

作出换路后，初瞬间（$t = 0_+$）的等效电路如图 5-28（b）所示，电容已用 $u_C(0_+) = 10 \ \text{V}$ 的电压源替代，可求得相关初始值 $u_C(0_+)$。由于 R 支路与电压源 $u_C(0_+) + U_S = 10 + 10 = 20 \ \text{V}$ 支路并联，故可将 R_3 支路从图中移去，可得

$$u(0_+) = \frac{I_S + \dfrac{u_C(0_+) + u_S}{R_2}}{\dfrac{1}{R_1} + \dfrac{1}{R_2}} = \frac{1 \times 10^{-3} + \dfrac{10 + 10}{10 \times 10^3}}{\dfrac{1}{10 \times 10^3} + \dfrac{1}{10 \times 10^3}} = 15 \ \text{V}$$

（2）确定稳态值 $u_C(\infty)$ 和 $u(\infty)$。作出换路后 $t = \infty$ 的等效电路，如图 5-28（c）所示，电容 C 开路，可求得稳态值为

109

$$u_C(\infty) = R_3 i_{R3}(\infty) - u_S = 20 \times 10^3 \times \frac{10 \times 10^3}{(10 + 10 + 20) \times 10^3} \times 1 \times 10^{-3} - 10 = -5 \text{ V}$$

$$u(\infty) = \frac{R_1 \times (R_2 + R_3)}{R_1 + (R_2 + R_3)} I_S = \frac{10 \times 10^3 \times (10 + 20) \times 10^3}{(10 + 10 + 20) \times 10^3} \times 1 \times 10^{-3} = \frac{3}{4} \text{ V}$$

（3）确定换路后电路的时间常数。将换路后电路中电压源短路，电流源开路，如图 5-28(d)所示。从电容两端看进去的等效电阻为

$$R_0 = \frac{(R_1 + R_2)R_3}{(R_1 + R_2) + R_3} = \frac{(10 + 10) \times 10^3 \times 20 \times 10^3}{(10 + 10 + 20) \times 10^3} = 10 \times 10^3 \ \Omega$$

故得电路的时间常数为

$$\tau = R_0 C = 10 \times 10^3 \times 10 \times 10^6 = 0.1 \text{ s}$$

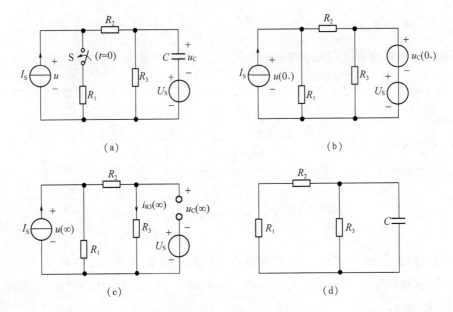

图 5-28　例 5-13 图

（4）利用三要素法。由式(5-26)分别求得

$$u_C = -5 + [10 - (-5)]e^{-\frac{t}{0.1}} = -5 + 15e^{-10t}(\text{V}), \quad t \geq 0$$

$$u = \frac{3}{4} + (15 - \frac{3}{4})e^{-\frac{t}{0.1}} = \frac{3}{4} + \frac{57}{4}e^{-10t}(\text{V}), \quad t > 0$$

习　题　5

5-1　如图 5-29 所示电路中，开关 S 在 $t=0$ 时动作，试求电路在 $t=0_+$ 时刻电压、电流的初始值。

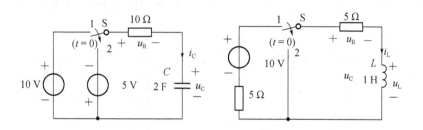

图 5 – 29　题 5 – 1 图

5 – 2　如图 5 – 30 所示电路，开关原已闭合很长时间了，$t = 0$ 时，开关 S 断开，求 $t \geq 0$ 时的 $i_L(t)$。

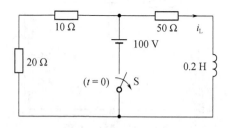

图 5 – 30　题 5 – 2 图

5 – 3　电路如图 5 – 31 所示，$t = 0$ 时，开关 S 闭合，求 $t \geq 0$ 时的 $u_C(t)$。

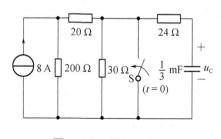

图 5 – 31　题 5 – 3 图

5 – 4　电路如图 5 – 32 所示，已知 $u_C(0) = -2 \text{ V}$，求 $t \geq 0$ 时的 $u_C(t)$ 及 $u_R(t)$。

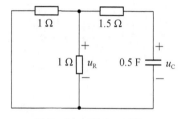

图 5 – 32　题 5 – 4 图

5 – 5　电路如图 5 – 33 所示，在 $t = 0$ 时，开关 S 闭合。已知在 $t = 1 \text{ s}$ 及 $t = 2 \text{ s}$ 时，

$u_R(1) = 10$ V，$u_R(2) = 5.52$ V，$C = 20$ μF。试求电路的时间常数 τ 以及 R 和 $u_R(0_+)$。

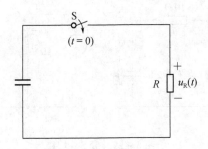

图 5-33 题 5-5 图

5-6 如图 5-34 所示电路中，已知电感电压 $u_{cd}(0_+) = 18$ V，求 $t \geqslant 0$ 时的 $u_{ab}(t)$。

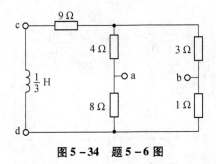

图 5-34 题 5-6 图

5-7 电路如图 5-35(a)所示，对所有 t，电压源 u_S 波形如图 5-35(b)所示，求 $t \geqslant 0$ 时的 $u_C(t)$ 和 $i(t)$。

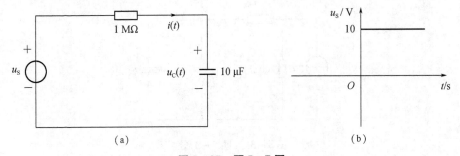

(a)   (b)

图 5-35 题 5-7 图

5-8 电路如图 5-36 所示，当 $t = 0$ 时，S_1 和 S_2 同时闭合，求 $t \geqslant 0$ 时的 i_1 和 i_2。

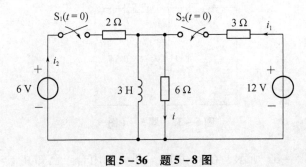

图 5-36 题 5-8 图

5 – 9　电路如图 5 – 37 所示，开关 S 原在位置 1 已久，$t = 0$ 时合向位置 2，求 $u_C(t)$ 和 $i(t)$。

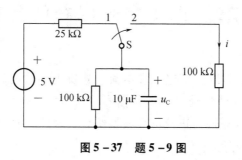

图 5 – 37　题 5 – 9 图

5 – 10　如图 5 – 38 所示电路的开关 S 原合在位置 1，$t = 0$ 时，开关 S 由位置 1 合向位置 2，求 $t \geqslant 0$ 时的电感电压 $u_L(t)$。

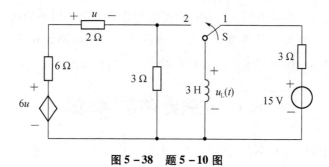

图 5 – 38　题 5 – 10 图

113

第6章 正弦稳态电路的分析

目前，全球电力系统都是以正弦电压和电流形式发电和输电的，且科学家研究和工程技术中所有实际产生的各种激励（如语音信号、通信信号、计算机信号、控制信号、地震波、心电图等）都可以分解为正弦信号线性组合，因此，研究正弦电压（电流）信号及其稳态响应具有重要的意义。

在线性电路中，如果激励为正弦量，则电路中各支路电压和电流的稳态响应将是同频的正弦量。如果电路中有多个激励且都是同频率的正弦量，则根据线性电路的叠加性质，电路中的全部稳态响应将是同频率的正弦量，处于这种稳定状态的电路称为正弦稳态电路，也可称为正弦电流电路。对这种电路的分析称为正弦稳态分析。

本章首先介绍正弦量的基本概念，然后分析正弦稳态电路的相量模型，着重讨论相量分析法和正弦稳态电路的功率，最后介绍最大功率传输定理。

6.1 正弦量的基本概念

如果电路中所含的电源都是交流电源，则称该电路为交流电路（AC circuits）。交流电压源的电压以及交流电流源的电流都随时间做周期性的变化，如果这一变化方式是按正弦规律变化的，则称为正弦交流电源。

6.1.1 正弦量

在电路分析中把正弦电流、正弦电压统称为正弦量。对正弦量的数学描述可以采用正弦函数，也可以采用余弦函数。注意，不要二者同时混用。如图 6-1 所示，一段电路中的正弦电流及其波形在图示的参考方向下，其瞬时值可表示为

$$i(t) = I_m \cos(\omega t + \theta_i) \qquad (6-1)$$

式中 I_m、ω、θ_i——正弦量的三要素，其中，I_m 称为振幅或幅值（amplitude）。

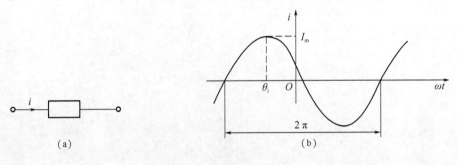

(a)　　　　　　　　　　　　　　(b)

图 6-1　正弦电流的波形

正弦量是一个等幅振荡的、正负交替变化的周期函数，振荡是正弦量在整个振荡过程中可达到的最大值，即 $\cos(\omega t + \theta_i) = 1$ 时，有 $i_{\max} = I_m$。当 $\cos(\omega t + \theta_i) = 1$ 时，i 将为最小值，$i_{\min} = -I_m$。$i_{\max} - i_{\min} = 2I_m$ 称为正弦量的峰－峰值。

式(6 − 1)中，$\omega t + \theta_i$ 为正弦量随时间变化的角度，称为正弦量的相位或相位角。ω 称为正弦量的角频率，它是正弦量的相位随时间变化的角速度，即

$$\omega = \frac{\mathrm{d}(\omega t + \theta_i)}{\mathrm{d}t} \tag{6 − 2}$$

角频率 ω 的单位为弧度每秒（rad/s）。ω 与正弦量的周期 T 和频率 f 之间的关系为

$$\omega T = 2\pi, \omega = 2\pi f, f = \frac{1}{T} \tag{6 − 3}$$

若 T 的单位为秒（s），则频率 f 的单位为 $\dfrac{1}{s}$，称为赫兹（Hz），简称赫。θ_i 是正弦量在 $t = 0$ 时刻的相位，称为正弦量的初相位（角），简称初相，即

$$(\omega t + \theta_i)\big|_{t=0} = \theta_i \tag{6 − 4}$$

初相的单位用弧度（rad）或度（°）表示，通常在主值范围内取值，即 $|\theta_i| \leq 180°$。初相与正弦量计时起点的选择有关。图 6 − 2（a）中，$\theta_i = 0$；图 6 − 2（b）中，$\theta_i < 0$。对任一正弦量，初相是允许任意指定的，但对于一个电路的许多相关正弦量，它们只能相对于一个共同的计时零点确定各自的相位。工程中在画波形图时，常把横坐标定为 ωt 而不是时间 t，两者的差别仅在于比例常数 ω。

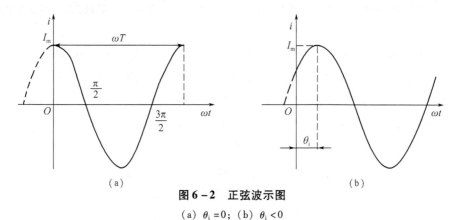

图 6 − 2　正弦波示图

（a）$\theta_i = 0$；（b）$\theta_i < 0$

正弦量的三要素是正弦量之间进行比较和区分的依据。在正弦交流电路中经常遇到同频率的正弦量，它们仅在最大值及初相上可能有所差别。电路中常用引用"相位差"的概念描述两个同频率的正弦量之间的相位关系。例如，设有两个同频率的正弦量为

$$u_1 = U_{1m}\cos(\omega t + \theta_1)$$
$$u_2 = U_{2m}\cos(\omega t + \theta_2)$$

这两个同频率的正弦量的相位差等于它们的相位之差，如设 φ_{12} 表示电压 u_1 与 u_2 电压之间的相位差，则

$$\varphi_{12} = (\omega t + \theta_1) - (\omega t + \theta_2) = \theta_1 - \theta_2$$

相位差也是在主值范围之内取值的。上述结果表明，同频率正弦量的相位差等于它

们的初相位之差，是一个与时间无关的常数。电路中常采用"超前"和"滞后"说明两个同频率正弦量相位比较的结果。当 $\varphi_{12} > 0$ 时，称电压 u_1 超前于电压 u_2；当 $\varphi_{12} < 0$ 时，称电压 u_1 滞后于电压 u_2；当 $\varphi_{12} = 0$ 时，称电压 u_1 与电压 u_2 彼此同相；当 $|\varphi_{12}| = 90°$ 时，称电压 u_1 与电压 u_2 正交；当 $|\varphi_{12}| = 180°$ 时，称电压 u_1 与电压 u_2 反相。如图 6-3 所示为两个不同相的正弦波。

也可以通过观察波形确定相位差，如图 6-4 所示。在同一周期内两个波形的极大（小）值之间的角度值（$|\varphi_{12}| \leqslant 180°$）即为两个正弦量的相位差，先到达极值点的正弦量为超前波。如图 6-4 所示为电流 i_1 滞后与电压 u_2。相位差与计时起点的选取和变动无关。在进行相关正弦量的分析时，常选取某一正弦量作为参考正弦量，参考正弦量的初相位定义为零。

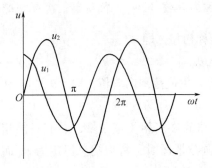

图 6-3　不相同的正弦波（u_1 滞后于电压 u_2）

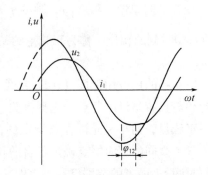

图 6-4　同频率正弦率的相位差

【例 6-1】 如图 6-5 所示，已知某正弦电流的瞬时值表达式为 $i(t) = 10\sin(314t + 45°)$（A）。试求其振幅、初相、角频率和频率，并绘出波形图，横坐标用 t 和 ωt 表示，并求出 $t = 0$ s、$t = 0.0025$ s 和 $t = 0.0125$ s 时电流的瞬时值。

解　根据式(6-1)可知

$$I_m = 10 \text{ A}, \varphi_i = 45°$$

$$\omega = 314 \text{ rad/s}, f = \frac{\omega}{2\pi} = \frac{314}{2\pi} = 50 \text{ Hz}$$

$$T = \frac{1}{f} = \frac{1}{50} = 0.02 \text{ s}$$

波形图如图 6-5 所示。

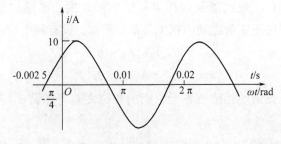

图 6-5　例 6-1 图

116

当 $t = 0$ s 时，$i(0) = 10\sin\left(314 \times 0 + \dfrac{\pi}{4}\right) = 7.07$ A，此即电流的初始值。

当 $t = 0.002\ 5$ s 时，$i(0.002\ 5) = 10\sin\left(314 \times 0.002\ 5 + \dfrac{\pi}{4}\right) = 10$ A，电流为正值，表示电流在 $t = 0.002\ 5$ s 时的实际方向与参考方向相同。

当 $t = 0.012\ 5$ s 时，$i(0.012\ 5) = 10\sin\left(314 \times 0.012\ 5 + \dfrac{\pi}{4}\right) = -10$ A，电流为负值，表示电流在 $t = 0.012\ 5$ s 时的实际方向与参考方向相反。

【例 6 - 2】 两个同频率的正弦电压和电流分别为

$$i = 10\sqrt{2}\sin(\omega t + 110°)\ (\text{A})$$

$$u = 220\sqrt{2}\cos(\omega t + 150°)\ (\text{V})$$

求它们之间的相位差，并说明哪个滞后。

解　求相位差要求两个正弦量的函数形式一致，故应先将电压 u 改写成用正弦形表示的形式，即

$$
\begin{aligned}
u &= 220\sqrt{2}\cos(\omega t + 150°) = 220\sqrt{2}\sin(\omega t + 150° + 90°) \\
&= 220\sqrt{2}\sin(\omega t + 240°) = 220\sqrt{2}\sin(\omega t + 240° - 360°) \\
&= 220\sqrt{2}\sin(\omega t - 120°)\ (\text{V})，\quad 符合 \left|\varphi_{\text{u}}\right| \leqslant \pi 的规定
\end{aligned}
$$

因此，相位差为

$$
\begin{aligned}
\varphi &= \varphi_{\text{i}} - \varphi_{\text{u}} = 110° - (-120°) = 230° = 230° - 360° \\
&= -130° < 0，\quad 符合 \left|\varphi_{\text{u}}\right| \leqslant \pi 的规定
\end{aligned}
$$

所以电流 i 滞后电压 u 130°。

6.1.2　正弦量的有效值

周期电流、电压的瞬时值是随时间变化的，在电工技术中，有时并不需要知道它们每一瞬间的大小，而是将周期电流、电压在一个周期内产生的平均效应换算为在效应上与之相等的直流量。在这种情况下，就需要为它们规定一个表征大小的特征量，以衡量和比较周期电流或电压的效应，这一直流量称为周期量的有效值（effective value）。

周期电流（电压）和直流电流（电压）通过电阻时，电阻都要消耗电能。当交流有效值与直流相等时，二者做功的平均效果也相同。设有两个相同的电阻 R，分别通以周期电流 i 和直流电流 I，当周期电流 i 流过电阻 R 时，电阻在一个周期 T 内所消耗的电能为

$$\int_0^T p(t)\,\mathrm{d}t = \int_0^T i^2 R\,\mathrm{d}t = R\int_0^T i^2\,\mathrm{d}t$$

当直流电流 I 流过电阻 R 时，在相同的时间 T 内所消耗的电能为

$$PT = RI^2 T。$$

如果在周期电流一个周期（或其任意整数倍）的时间内，这两个电阻 R 所消耗的电能相等，就平均效应而言，这两个电流是等效的，则该直流电流 I 的数值可以表征周期电流 i 的大小称为周期电流 i 的有效值。令以上两式相等，就可以得到周期电流 i 的有效值的定义式，即

$$RI^2T = R\int_0^T i^2\,\mathrm{d}t$$

$$I \overset{\mathrm{def}}{=\!=} \sqrt{\frac{1}{T}\int_0^T i^2\,\mathrm{d}t} \tag{6-5}$$

式(6-5)表明,周期量的有效值等于其瞬时值的平方在一个周期内积分的平均值再取平方根,因此,有效值又称为平方根值(root - mean - square value)。定义式(6-5)是周期量有效值普遍适用的公式。当电流 i 是正弦量,可以得到正弦量的有效值与正弦量的最大值(振幅)之间的特殊关系,即

$$1 = \sqrt{\frac{1}{T}\int_0^T I_m^2(\omega t + \theta_i)\,\mathrm{d}t} = \sqrt{\frac{1}{T}\int_0^T \frac{I_m^2}{2}\big[\cos(2\omega t + 2\theta_i) + 1\big]\,\mathrm{d}t}$$

则正弦量的有效值为

$$I = \frac{1}{\sqrt{2}}I_m = 0.707I_m \tag{6-6}$$

同样,正弦电压的有效值和最大值也存在 $U = \dfrac{1}{\sqrt{2}}U_m = 0.707U_m$ 的关系。可见,正弦量的有效值为其振幅的 $1/\sqrt{2}$ 倍,与正弦量的频率和初相无关。根据这一关系,常将正弦量 i 改写成如下形式

$$i = \sqrt{2}I\cos(\omega t + \theta_i)$$

式中,I、ω、θ_i 也可以用来表示正弦量的三要素。

工程中使用的交流电气设备铭牌上标出的是额定电流、额定电压的数值,交流电流表上标出的数字都是有效值。

【例6-3】 已知某正弦电压在 $t=0$ 时,其初始值 $u(0) = 110\sqrt{2}$ V,初相为30°,求其有效值。

解 该正弦电压的瞬时值表达式为

$$u = U_m\sin(\omega t + 30°)$$

当 $t=0$ 时,$u(0) = U_m\sin 30° = 110\sqrt{2}$,所以

$$U_m = \frac{u(0)}{\sin 30°} = \frac{110\sqrt{2}}{\frac{1}{2}} = 220\sqrt{2} \text{ V}$$

其有效值为

$$U = \frac{U_m}{\sqrt{2}} = \frac{220\sqrt{2}}{\sqrt{2}} = 220 \text{ V}$$

6.1.3 正弦量的相量表示——相量法

相量表示法要用到复数,下面先简要地复习一下复数的概念及其运算。

1. 复数

(1)代数形式

一个复数有多种表现形式。复数 F 的代数形式为

$$F = a + jb \tag{6-7}$$

式中　j——虚数单位，$j = \sqrt{-1}$；

　　　a——复数的实部，可以表示为 $a = \mathrm{Re}[F]$；

　　　b——复数的虚部，可以表示为 $b = \mathrm{Im}[F]$。

复读 F 在复平面上是一个坐标点，常用原点至该点的向量表示，如图 6-6 所示。

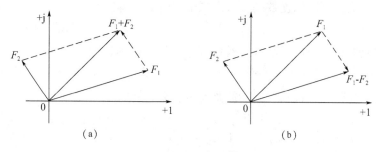

图 6-6　复数代数和图解法

（2）三角形式

根据图 6-6 可知，复数 F 的三角形为

$$F = |F|(\cos\theta + j\sin\theta) \tag{6-8}$$

式中　$|F|$——复数的模；

　　　θ——复数的辐角，θ 的单位可以用度（°）或弧度（rad）表示。

$|F|$ 与 a、b 之间的关系为

$$|F| = \sqrt{a^2 + b^2},\theta = \arctan\frac{b}{a} \tag{6-9}$$

$$a = |F|\cos\theta,b = |F|\sin\theta \tag{6-10}$$

（3）指数形式

根据欧拉公式 $e^{j\theta} = \cos\theta = j\sin\theta$，复数 F 可以表示为

$$F = |F|e^{j\theta} \tag{6-11}$$

（4）极坐标形式

电工技术中将复数的指数形式写成简洁的极坐标形式，即

$$F = |F| < \theta \tag{6-12}$$

复数的上述四种表达形式之间是可以互相转换的。

$e^{j\theta} = 1\angle\theta$ 是一个模为 1、辐角为 θ 的复数。任意复数 F 乘以 $e^{j\theta}$ 等于把复数 F 逆时针旋转一个角度 θ，而它的模不变。因此，$e^{j\theta}$ 称为旋转因子。$e^{j\frac{2}{\pi}} = j$、$e^{-j\frac{2}{\pi}} = -j$、$e^{j\pi} = -1$ 等都可以看成是旋转因子。

此外，若要求两个复数相等，必须同时满足实部与实部相等、虚部与虚部相等的条件，或者要求两个复数的模相等且辐角相等。

2. 复数的四则运算

（1）复数的加法和减法

复数的相加和相减必须用代数形式进行。例如，设两个复数 $F_1 = a_1 + jb_1$，$F_2 = a_2 +$

jb_2，则

$$F_1 \pm F_2 = (a_1 + jb_1) \pm (a_2 + jb_2) = (a_2 \pm a_2) + j(b_1 \pm b_2)$$

复数的相加和相减运算也可以按四边形法在复平面上用向量的相加和相减得，如图 6-6 所示。

（2）复数的乘法和除法

两个复数相乘，可以用复数的代数形式进行运算，即

$$F_1 + F_2 = (a_1 + jb_1)(a_2 + jb_2) = (a_1a_2 - b_1b_2) + j(a_1b_2 + a_2b_1)$$

如果用指数形式或极坐标形式进行计算，则较为简单，即

$$F_1 + F_2 = |F_1|e^{j\theta_1}|F_2|e^{j\theta_2} = |F_1||F_2|e^{j(\theta_1 + \theta_2)} = |F_1||F_2| \angle (\theta_1 + \theta_2) \quad (6-13)$$

两个复数相除时若用代数形式运算则比较复杂，例如

$$\frac{F_1}{F_2} = \frac{a_1 + jb_1}{a^2 + jb_2} = \frac{(a_1 + jb_1)(a_2 - jb_2)}{(a_2 + jb_2)(a_2 - jb_2)} = \frac{a_1a_2 + b_1b_2}{a_2^2 + b_2^2} + j\frac{a_2b_1 - a_1b_2}{a_2^2 + b_2^2}$$

用指数形式或极坐标形式进行复数相除则比较简单，例如

$$\frac{F_1}{F_2} = \frac{|F_1| \angle \theta_1}{|F_2| \angle \theta_2} = \frac{|F_1|}{|F_2|} \angle (\theta_1 - \theta_2)$$

【例 6-4】 试写出复数 $F = -3 + j4$ 的极坐标形式。

解 复数 F 的模为

$$|F| = \sqrt{(-3)^2 + 4^2} = 5$$

辐角为

$$\theta = \arctan\left(\frac{4}{-3}\right) = 126.9°$$

即复数 F 的极坐标形式为

$$F = 5 \angle 126.9°$$

需要注意的是，在将直角坐标系变换成极坐标形式时，其辐角 $|\theta| \leqslant 180°$，故要考虑角度所处的象限。对于例 6-4 中的复数 F 来说，其辐角处于第二象限，估计算结果应是 126.9°。

【例 6-5】 设 $F_1 = 3 - j4$，$F_2 = 10 \angle 135°$，求 $F_1 + F_2$ 和 $\frac{F_1}{F_2}$。

解 由已知得

$$F_1 + F_2 = 3 - j4 + 10 \angle 135° = 3 - j4 + (-5\sqrt{2} + j5\sqrt{2}) = -4.07 + j3.07 = 5.1 \angle 143°$$

$$\frac{F_1}{F_2} = \frac{3 - j4}{10 \angle 135°} = \frac{5 \angle -53.1°}{10 \angle 135°} = 0.5 \angle -188.1° = 0.5 \angle 171.9°$$

【例 6-6】 将下列复数化为极坐标形式：（1）$A_1 = 3 - j4$；（2）$A_2 = -3 - j4$；（3）$A_3 = 5 + j5$；（4）$A_4 = -j10$。

解 （1）

$$|A_1| = \sqrt{3^2 + (-4)^2} = \sqrt{25} = 5$$

$$\varphi = \arctan\frac{-4}{3} = \arctan\left(-\frac{4}{3}\right)$$

因为 A_1 的实部为 3，虚部为 -4，故应在第四象限，得

$$\varphi = -53.1°$$

复数 A_2 的极坐标形式为

$$A_1 = 5\angle -53.1°$$

(2)
$$|A_2| = \sqrt{(-3)^2 + (-4)^2} = \sqrt{25} = 5$$

$$\varphi = \arctan\frac{-4}{-3} = \arctan\frac{4}{3}$$

因为 A_2 的实部为 -3，虚部为 -4，故应在第三象限，得

$$\varphi = 53.1° + 180° = 233.1° = -126.9°$$

复数 A_2 的极坐标形式为

$$A_2 = 5\angle -126.9°$$

(3)
$$|A_3| = \sqrt{5^2 + 5^2} = \sqrt{50} = 7.07$$

$$\varphi = \arctan\frac{5}{5} = 45°$$

复数 A_3 的极坐标形式为

$$A_3 = 7.07\angle 45°$$

(4)
$$|A_4| = \sqrt{10^2} = 10$$

$$\varphi = \arctan\frac{-10}{0} = -90°$$

复数 A_4 的极坐标形式为

$$A_4 = 10\angle -90°$$

3. 相量法

一个正弦量由它的振幅、初相和角频率确定，其一般表达式为

$$f(t) = F_m\cos(\omega t + \theta)$$

在正弦稳态电路分析中，各正弦量的角频率相同，等于交流电源的角频率。下面将证明正弦量可以用相应的复数来表示，即所谓的相量。正弦量的运算可以用相量运算代替，使交流电路获得一种类似直流电阻电路的简便计算方法，即相量法。

若有一复指数函数 $F_m = F_m e^{j(\omega t + \theta)}$，则根据欧拉公式 $e^{j\theta} = \cos\theta + j\sin\theta$，其可表示为

$$F_m = F_m\cos(\omega t + \theta) + jF_m\sin(\omega t + \theta) \tag{6-14}$$

式(6-14)表明，复指数函数取实部即为正弦量，所以正弦量可以用复指数函数描述，使正弦量与其实部一一对应起来，有

$$\mathrm{Re}[F_m] = F_m\cos(\omega t + \theta) \tag{6-15}$$

则式(6-13)可写成

$$f(t) = F_m\cos(\omega t + \theta) = \mathrm{Re}[F_m e^{j(\omega t + \theta)}] = \mathrm{Re}[F_m e^{j\theta}e^{j\omega t}] = \mathrm{Re}[\dot{F}_m e^{j\omega t}] \tag{6-16}$$

式中，有

$$\dot{F}_m = F_m e^{j\theta} = F_m\angle\theta \tag{6-17}$$

式(6-17)表明，复指数函数中的复数 $\dot{F}_m$ 是以正弦量的最大值（振幅）为模，以初

相位角为辐角的，它是一个与时间无关的复值常数，定义为正弦量的振幅相量。字母 $\dot{F}_{\mathrm{m}}$ 上的小圆点用来表示相量，可以与最大值区分，也可以与一般复数区分。由于正弦量的振幅与有效值之间的关系为 $F_{\mathrm{m}} = \sqrt{2}\,F$。因此，把 $\dot{F}_{\mathrm{m}} = Fe^{j\theta} = F\angle\theta$ 称为正弦量的有效值相量。今后若不加声明，所以出现的相量均指有效相量。

若正弦量 $i = \sqrt{2}\,I\cos(\omega t + \theta_{\mathrm{i}})$，则 $i = \mathrm{Re}[\sqrt{2}\,Ie^{j\theta_{\mathrm{i}}}e^{j\omega t}]$，其对应的相量为 $\dot{I} = Ie^{j\theta_{\mathrm{i}}} = I\angle\theta_{\mathrm{i}}$。同样，有 $\dot{U} = Ue^{j\theta_{\mathrm{u}}} = U\angle\theta_{\mathrm{u}}$。将在复数平面上画出正弦量的大小和相位关系的图形称为相量图，如图 6 – 7 所示。

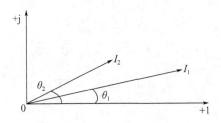

图 6 – 7　正弦量的相量图

正弦量乘以常数及同频率正弦量的代数和，其计算结果仍是一个同频率的正弦量。用相量表示正弦量实质上是一种数学变换，变换的目的是简化运算。

设有 n 个相同频率的正弦量，其和为

$$i = i_1 + i_2 + \cdots + i_k + \cdots + i_n$$

由于

$$i_k = \sqrt{2}\,I_k\cos(\omega t + \theta_k) = \mathrm{Re}[\sqrt{2}\,I_ke^{j\theta_k}e^{j\omega t}] = \mathrm{Re}[\sqrt{2}\,\dot{I}_ke^{j\omega t}]$$

若每一个正弦量均用与之对应的复指数函数表示，则

$$i = \mathrm{Re}[\sqrt{2}\,\dot{I}_1e^{j\omega t}] + \mathrm{Re}[\sqrt{2}\,\dot{I}_2e^{j\omega t}] + \cdots + \mathrm{Re}[\sqrt{2}\,\dot{I}_ke^{j\omega t}] + \cdots + \mathrm{Re}[\sqrt{2}\,\dot{I}_ne^{j\omega t}]$$

$$= \mathrm{Re}[\sqrt{2}(\dot{I}_1 + \cdots + \dot{I}_2 + \cdots + \dot{I}_k + \dot{I}_n)e^{j\omega t}] = \mathrm{Re}[\sqrt{2}\,\dot{I}e^{j\omega t}] \tag{6 – 18}$$

式(6 – 18)对任何时刻都是成立，所以

$$\dot{I} = \dot{I}_1 + \dot{I}_2 + \cdots + \dot{I}_n = \sum_{k=1}^{n}\dot{I}_k$$

因此，同频率正弦量代数和的相等量等于与之对应的各正弦量的代数和。

【例 6 – 7】分别写出代表 $i_1 = 3\cos\omega t\,(\mathrm{A})$，$i_2 = 2\sqrt{2}\cos(\omega t + 30°)\,(\mathrm{A})$，$i_3 = 3\sqrt{2}\cos(\omega t - 60°)\,(\mathrm{A})$，$i_4 = 5\sin(\omega t + 40°)\,(\mathrm{A})$，$i_5 = -6\sqrt{2}(\omega t + 60°)\,(\mathrm{A})$ 的相量。

解　由正弦量与相量的对应关系，有

$$\dot{I}_1 = \frac{3}{\sqrt{2}}\angle 0°\,\mathrm{A},\dot{I}_2 = 2\angle 30°\,\mathrm{A},\dot{I}_3 = 3\angle -60°\,\mathrm{A}$$

由 $i_4 = 5\sin(\omega t + 40°)\,(\mathrm{A}) = 5\cos(\omega t + 40° - 90°)\,(\mathrm{A}) = 5\cos(\omega t - 50°)\,(\mathrm{A})$，则

$$\dot{I}_4 = \frac{5}{\sqrt{2}}\angle -50°\,\mathrm{A}$$

由 $i_5 = -6\sqrt{2}\cos(\omega t + 60°)$ A $= 6\sqrt{2}\cos(\omega t + 60° - 180°)$（A）$= 6\sqrt{2}\cos(\omega t - 120°)$（A），则

$$\dot{I}_5 = 6\angle -120°\ \text{A}$$

【例 6 - 8】试写出下列各正弦电压、电流所对应的相量，作出相量图，并比较各正弦量超前、滞后关系。

（1）　$u_1 = 10\sqrt{2}\sin(314t + 45°)$（V）；　　　（2）　$u_2 = -10\sqrt{2}\sin(314t + 60°)$（V）；

（3）　$i = 5\sqrt{2}\sin(314t - 30°)$（A）。

解　由已知得

$$\dot{U}_1 = 10\angle 45°\ \text{V}$$

因为

$$u_2 = -10\sqrt{2}\sin(314t + 60°)$$
$$= 10\sqrt{2}\sin(314t + 60° - 180°)$$
$$= 10\sqrt{2}\sin(314t - 120°)\ (\text{V})$$

所以

$$\dot{U}_2 = 10\angle -120°\ \text{V}$$

$$\dot{I} = 5\angle -30°\ \text{A}$$

$\dot{U}_1$、$\dot{U}_2$、$\dot{I}$ 的相量如图 6 - 8 所示，可见，$\dot{U}_1$ 超前 $\dot{U}_2 165°$，$\dot{U}_2$ 超前 $\dot{I} 175°$，$\dot{I}$ 超前 $\dot{U}_2 90°$。

【例 6 - 9】已知 $f = 1\ 000$ Hz，试写出以下电压相量所对应的正弦量。

（1）　$\dot{U}_1 = 50\angle -30°$ V；（2）　$\dot{U}_2 = 50\angle 60°$ V。

解　正弦波的角频率为

$$\omega = 2\pi f = 2 \times 3.14 \times 1\ 000 = 6\ 280\ \text{rad/s}$$

得到如下结果。

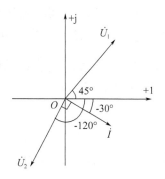

图 6 - 8　例 6 - 8 图

（1）　　$u_1(t) = 50\sqrt{2}\sin(6\ 280t - 30°)$　（V）

（2）　　$u_2(t) = 50\sin(6\ 280t + 60°)$　（V）

6.2　正弦稳态电路的相量模型

6.2.1　基尔霍夫定律的相量形式

正弦电流电路中的各支路电流和支路电压都是同频率的正弦量，所以可将 KCL 和 KVL 转换为相量形式。

对电路中的任一节点，在所有时刻，KCL 可以表示为

$$\sum_{k=1}^{n} i_k = 0$$

根据正弦量的运算，故其相量形式为

$$\sum_{k=1}^{n} \dot{I}_k = 0 \qquad (6-19)$$

同理，沿电路中的任一回路，KVL 的相量形式为

$$\sum_{k=1}^{n} \dot{U}_k = 0 \qquad (6-20)$$

因此，在正弦稳态电路中，基尔霍夫定律可直接用电流和电压相量写出。

6.2.2 RLC 元件 VCR 的相量形式

1. 电阻元件的 VCR

如图 6-9(a)所示，设电阻元件通有正弦电流 i_R，电阻两端的电压为 u_R，若

$$i_R = \sqrt{2} I_R \cos(\omega t + \theta_i)$$

根据欧姆定律得

$$u_R = R i_R$$

则有

$$u_R = \sqrt{2} U_R \cos(\omega t + \theta_u) = R\sqrt{2} I_R \cos(\omega t + \theta_i) \qquad (6-21)$$

式（6-21）表明，电阻元件两端的正弦电压和流过的正弦电流频率相同、初相位相同，$\theta_u = \theta_i$，其波形如图 6-9(b)所示。比较等式两边的振幅关系有 $U_R = RI_R$，即电阻元件的电压有效值和电流有效值符合欧姆定律。令 $\dot{U}_R = U_R \angle \theta_u$，$\dot{I}_R = I_R \angle \theta_i$，则有 $\theta_u = \theta_i$，而 $U_R = RI_R$。所以

$$\dot{U}_R = R i_R, \dot{I}_R = \frac{\dot{U}_R}{R} \qquad (6-22)$$

即电阻元件的 VCR 也可用式(6-22)中的相量形式表示，其相量模型及相量图如图 6-10 所示。

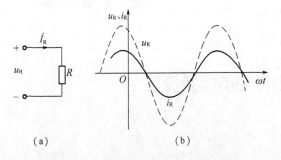

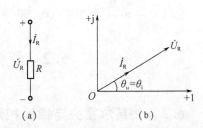

图 6-9 线性非时变电阻的正弦稳态特性   图 6-10 电阻元件的电压、电流向量

2. 电感元件的 VCR

如图 6-11(a)所示，设电感元件两端的电压和流过电流为关联参考方向，若 $i_L =$

124

$\sqrt{2}I_{\mathrm{L}}\cos\ (\omega t+\theta_{\mathrm{i}})$，根据 $u_{\mathrm{L}}=L\dfrac{\mathrm{d}i_{\mathrm{L}}}{\mathrm{d}t}$ 可得

$$u_{\mathrm{L}}=-\sqrt{2}I_{\mathrm{L}}\omega L\sin(\omega t+\theta_{\mathrm{i}})$$

则有

$$u_{\mathrm{L}}=\sqrt{2}U_{\mathrm{L}}\cos(\omega t+\theta_{\mathrm{u}})=\sqrt{2}\omega LI_{\mathrm{L}}\cos(\omega t+\theta_{\mathrm{i}}+90°) \qquad (6-23)$$

式(6-23)表明，$\theta_{\mathrm{u}}=\theta_{\mathrm{i}}+90°$，即电感电压的相位超前电感电流的相位 $\pi/2$。电感电流与电压有效值的关系为

$$U_{\mathrm{L}}=\omega LI_{\mathrm{L}},I_{\mathrm{L}}=\frac{U_{\mathrm{L}}}{\omega L} \qquad (6-24)$$

式中，ωL 具有与电阻相同的量纲。当 $\omega=0$ 时，$\omega L=0$，此时，电感相当于短路。如图 6-11(b)所示为电感电压、电流的波形图。若令 $\dot{U}_{\mathrm{L}}=U_{\mathrm{L}}\angle\theta_{\mathrm{u}}$，$\dot{I}_{\mathrm{L}}=I_{\mathrm{L}}\angle\theta_{\mathrm{i}}$，则有

$$\dot{U}_{\mathrm{L}}=\mathrm{j}\omega L\dot{I}_{\mathrm{L}},\dot{I}_{\mathrm{L}}=\frac{\dot{U}_{\mathrm{L}}}{\omega L} \qquad (6-25)$$

因此，电感元件的 VCR 也可用式(6-25)中的相量形式表示，其相量模型及相量图如图 6-11(c)和图 6-11(d)所示。

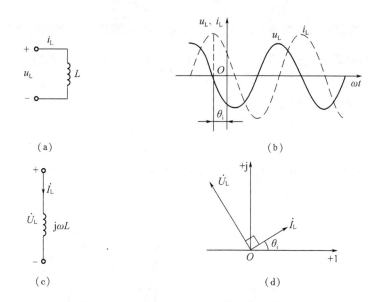

图6-11 线性非时变电感的正弦稳态特性

【例6-10】 如图 6-11(a)所示电路，设电压 $u=10\sin(100t-30°)$（V），$L=4$ H 求电感电流 i。

解 由题可知感抗为

$$X_{\mathrm{L}}=\omega L=100\times4=400\ \Omega$$

由电压 $u=10\sin\ (100t-30°)$（V）可得

$$\dot{U}=10\angle-30°\ \mathrm{V}$$

由电感元件电压电流相量关系可得

$$\dot{I} = \frac{\dot{U}}{\mathrm{j}X_{\mathrm{L}}} = \frac{10\angle -30°}{400\angle 90°} = 0.025\angle -120° \text{ A}$$

所以电流 i 为

$$i(t) = 0.025\sin(100t - 120°)(\text{A})$$

3. 电容元件 VCR

如图 6-12(a) 所示，设电容元件两端的电压和流过电流为关联参考方向，若 $u_{\mathrm{C}} = \sqrt{2}U_{\mathrm{C}}\cos(\omega t + \theta_{\mathrm{u}})$，由 $i_{\mathrm{C}} = C\dfrac{\mathrm{d}u_{C}}{\mathrm{d}t}$，可得

$$i_{\mathrm{C}} = -\sqrt{2}U_{\mathrm{C}}\omega C\sin(\omega t + \theta_{\mathrm{u}})$$

则有

$$i_{\mathrm{C}} = \sqrt{2}I_{\mathrm{C}}\cos(\omega t + \theta_{\mathrm{i}}) = \sqrt{2}U_{\mathrm{C}}\omega C\cos(\omega t + \theta_{\mathrm{u}} + 90°) \tag{6-26}$$

电容电压、电流的波形如图 6-12(b) 所示。式(6-26) 表明，电容电压电流有效值之间的关系为

$$I_{\mathrm{C}} = \omega C U_{\mathrm{C}}, U_{\mathrm{C}} = \frac{I_{\mathrm{C}}}{\omega C} \tag{6-27}$$

而电压与电流的相位关系则为 $\theta_{\mathrm{i}} = \theta_{\mathrm{u}} + 90°$，即电容电流的相位超前电容电压的相位 $\pi/2$。式中，$\dfrac{1}{\omega C}$ 具有与电阻相同的量纲。当 $\omega = 0$ 时，$\dfrac{1}{\omega C} \rightarrow \infty$，此时，电容相当于开路。

若令 $\dot{I}_{\mathrm{C}} = I_{\mathrm{C}}\angle\theta_{\mathrm{i}}$，$\dot{U}_{\mathrm{C}} = U_{\mathrm{C}}\angle\theta_{\mathrm{u}}$，则有

$$\dot{I}_{\mathrm{C}} = \mathrm{j}\omega C\dot{U}_{\mathrm{C}}, \dot{U}_{\mathrm{C}} = \frac{\dot{I}_{\mathrm{C}}}{\mathrm{j}\omega C} \tag{6-28}$$

因此，电容元件的 VCR 也可以式(6-28) 的相量形式表示，其相量模型及相量如图 6-12(c) 和图 6-12(d) 所示。

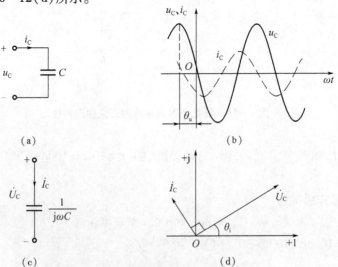

图 6-12 电容元件的电压、电流

用相量表示三种基本元件的 VCR 与时域形式用正弦量表示的 VCR 相比，相量形式更为简单明确。类似的其他电路元件的 VCR 同样可以用相量形式给出。表 6-1 给出了 R、L、C 元件的阻抗特性和伏安关系。

表 6-1　R、L、C 元件的阻抗特性和伏安关系

特性名称		电阻 R	电感 L	电容 C
阻抗特性	直流特性	呈现一定的阻碍作用	通直流（相当于短路）	隔直流（相当于开路）
	交流特性	呈现一定的阻碍作用	通低频，阻高频	通高频，阻低频
伏安关系	大小关系	$U_R = RI_R$	$U_L = \omega L I_L$	$U_C = \dfrac{I_C}{\omega C}$
	相位关系（电压与电流相位差）	$\varphi_{ui} = 0°$ 同相	$\varphi_{ui} = 90°$ 电压超前电流 $90°$	$\varphi_{ui} = -90°$ 电压滞后电流 $90°$

6.3　正弦稳态电路的分析

6.3.1　阻抗和导纳

在正弦稳态电路的分析中，各支路的电压、电流均为与激励同频率的正弦量，并可变换成相应的相量。电路中，基本元件的 VCR 以及基本定律均可用相量形式表示，为了分析电路的方便，引入复阻抗、复导纳的概念。

在串联参考方向下，R、L、C 基本元件的 VCR 相量形式为

$$\dot{U}_R = R\dot{I}_R, \dot{U}_L = j\omega L\dot{I}_L, \dot{U}_C = \frac{1}{j\omega C}\dot{I}_C$$

因此，把正弦稳态时的电压相量之比定义为该元件的复阻抗（complex impedance），简称阻抗，记为 Z，即 $Z = \dfrac{\dot{U}}{\dot{I}}$。因此，电阻、电感、电容的阻抗分别为

$$Z_R = R, Z_L = j\omega L, Z_C = \frac{1}{j\omega C} = -j\frac{1}{\omega C}$$

这样，R、L、C 基本元件的 VCR 相量关系可归结为

$$\dot{U} = Z\dot{I} \tag{6-29}$$

式(6-29)称为欧姆定律的相量形式，其中，电压相量和电流相量为关联参考方向。

复阻抗得的倒数定义为复导纳（complex admittance），记为 Y，简称导纳，即

$$Y = \frac{1}{Z}, Y = \frac{\dot{I}}{\dot{U}} \tag{6-30}$$

因此，R、L、C 基本元件的 VCR 相量关系也可归结为

$$\dot{I} = Y\dot{U} \tag{6-31}$$

式(6-31)为欧姆定律的另一个相量形式。

对于仅含线性电阻、电感、电容等元件，但不含独立源的一端口网络 N_0，如图 6-13(a) 所示，在正弦电源激励下，稳态时，可以定义该一端口网络的复阻抗为

$$Z \stackrel{\text{def}}{=} \frac{\dot{U}}{\dot{I}} = |Z| \angle \varphi_Z \tag{6-32}$$

式中 $\dot{U}$、$\dot{I}$——端口的电压、电流的相量，$\dot{U} = U \angle \theta_u$，$\dot{I} = I \angle \theta_i$。

复阻抗的符号如图 6-13(b) 所示。Z 的模值 $|Z|$ 称为阻抗的模，它的辐角 φ_Z 称为阻抗角，$|Z| = \dfrac{U}{I}$，$\varphi_Z = \theta_u - \theta_i$。阻抗 Z 的复数形式为 $Z = R + jX$。其实部 $\text{Re}[Z] = |Z|\cos\varphi_Z = R$，称为等效电阻；虚部 $\text{Im}[Z] = |Z|\sin\varphi_Z = X$，称为等效电抗。

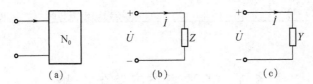

图 6-13 一端口网络的复阻抗、复导抗

对于单个元件，电阻的阻抗虚部为零，实部即为 R；电感的阻抗实部为零，虚部为 ωL，电感的电抗 $X_L = \omega L$，简称感抗；电容的阻抗实部为零，虚部为 $\dfrac{1}{\omega C}$，用 X_C 表示，即 $X_C = \dfrac{1}{\omega C}$，称为电容的电抗，简称容抗。阻抗、电抗具有电阻的量纲。

定义一端口网络的复导纳为

$$Y = \frac{1}{Z} = \frac{\dot{I}}{\dot{U}} = \frac{I}{U} \angle \theta_i - \theta_u = |Y| \angle \varphi_Y \tag{6-33}$$

Y 的模值称为导纳的模，它的辐角 φ_Y 称为导纳角。$|Y| = \dfrac{I}{U}$，$\varphi_Y = \varphi_i - \theta_u$。$Y$ 也可表示为复数形式，即

$$Y = G + jB$$

Y 的实部 $\text{Re}[Y] = |Y|\cos\varphi_Y = G$，称为等效电导；虚部 $\text{Im}[Y] = |Y|\sin\varphi_Y = B$，称为等效电纳。

对于 R、L、C 元件，它们的导纳分别为

$$Y_R = G = \frac{1}{R}, Y_L = \frac{1}{j\omega L} = -j\frac{1}{\omega L} = -jB_L, Y_C = j\omega C = jB_C$$

电阻 R 的导纳实部即为电导 $G = \dfrac{1}{R}$，虚部为零；电感的导纳实部为零，虚部为 $\dfrac{1}{\omega L}$，称为电感的电纳，简称感纳；电容的导纳实部为零，虚部为 $B_C = \omega C$，称为电容的电纳，简称容纳。显然，导纳、电纳具有电导的量纲。

注意：虽然阻抗和导纳是复数，但它们不是相量，所以不代表任何正弦量。

一般情况下，由式(6-32)定义的阻抗 Z 又称为一端口网络 N_0 的等效阻抗、输入阻抗或驱动点阻抗，它的实部和虚部都将是外施正弦激励角频率 ω 的函数，此时，有

$$Z(j\omega) = R(\omega) + jX(\omega)$$

$Z(j\omega)$ 的实部 $R(\omega)$ 称为电阻分量，它不一定完全由网络中的电阻所确定，一般来说是网络中各元件参数和频率的函数；$Z(j\omega)$ 的虚部 $X(\omega)$ 称为电抗分量。它也是网络中各元件参数和频率的函数，R、X 和 $|Z|$ 之间的关系可以用如图 6-14 所示的阻抗三角形表示。

当不同频率的正弦激励作用于一端口网络 N_0 时，阻抗可能出现三种情况：

①$X > 0$，$\varphi_Z > 0$，称阻抗 Z 为感性阻抗，阻抗角大于零表示其电流滞后电压 φ_Z；

②$X < 0$，$\varphi_Z < 0$，称阻抗 Z 为容性阻抗，阻抗角小于零表示其电流超前电压 φ_Z；

③$X = 0$，$\varphi_Z = 0$，称阻抗 Z 为阻性阻抗，阻抗角等于零表示其电流与电压同相。

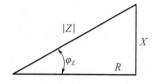

图 6-14　阻抗三角形

【**例 6-11**】 电路中如图 6-15(a)所示，已知电压源的电压 $u_S = 50\sqrt{2}\cos(1\,000t + 30°)$（V），$R = 20\ \Omega$，$L = 15\ \text{mH}$，$C = 100\ \mu\text{F}$，求电路中的电流及各元件两端的电压。

解　首先将如图 6-15(a)所示的电路用如图 6-15(b)所示的相量形式电路表示，即

$$\dot{U}_S = 50\angle 30°\ \text{V}, Z_R = R = 20\ \Omega, Z_L = j\omega L = j15\ \Omega, Z_C = \frac{1}{j\omega C} = -j10\ \Omega$$

根据 KVL 的相量形式有

$$\dot{U}_S = \dot{U}_R + \dot{U}_L + \dot{U}_C = Z_R\dot{I} + Z_L\dot{I} + Z_C\dot{I}$$

则有

$$\dot{I} = \frac{\dot{U}_S}{Z_R + Z_L + Z_C} = \frac{50\angle 30°}{20 + j15 - j10} = \frac{10\angle 30°}{4 + j} = \frac{10\angle 30°}{\sqrt{17}\angle 14.04°} = 2.43\angle 15.96°\ \text{A}$$

各元件两端的电压相量分别为

$$\dot{U}_R = R\dot{I} = 48.6\angle 15.96°\ \text{V}$$

$$\dot{U}_L\dot{I} = j\omega L\dot{I} = 36.45\angle 105.96°\ \text{V}$$

$$\dot{U}_C = -j\frac{1}{\omega C}\dot{I} = 24.3\angle -74.04°\ \text{V}$$

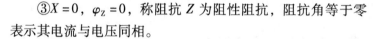

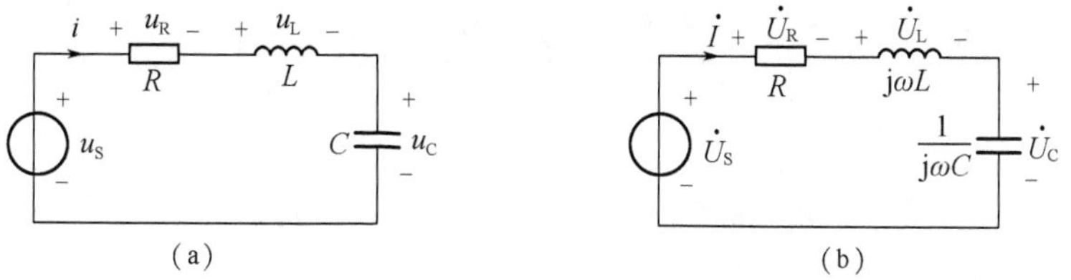

（a）　　　　　　　　　　　　　　（b）

图 6-15　例 6-11 图

各电压的相量如图 6-16(a) 和图 6-16(b) 所示，可以一目了然地看出各电压间的相位关系。图 6-16(a) 和图 6-16(b) 实质上是一样的，但图 6-16(b) 更清楚地表示了 $\dot{U}_S = \dot{U}_R + \dot{U}_L + \dot{U}_C$ 这一关系，它是由这四个相量形成的闭合多边形反映的。

注意：$\dot{U}_R$、$\dot{U}_C$、$\dot{U}_L$ 是依次首尾相接地画出来的，而连接 $\dot{U}_R$ 的箭尾（原点）与 $\dot{U}_L$ 的箭头的有向线段恰为相量 $\dot{U}_S$。

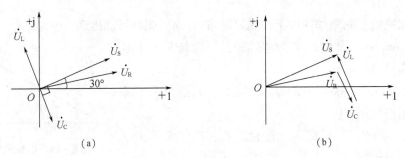

图 6-16 各电压、电流的相量图

若将 $\dot{U}_S$ 反向画出，则恰好反映的是 $\dot{U}_R + \dot{U}_L + \dot{U}_C - \dot{U}_S = 0$。因此，由任何回路写出来的 KVL 方程，用相量图表示出来都将是一个封闭的多边形，且各相量依次首尾相接，这也是验证电路计算正确与否的一种方法。同理，电路中任一点的 KCL 方程在相量图中也将构成一个封闭的多边形。

一个时域形式的正弦稳态电路在用相量模型表示后，与直流电阻电路的形式完全相同，只不过这里出现的是阻抗或导纳与用相量表示的电源、电压、电流。如图 6-17(a) 所示为 n 个阻抗的串联电路，等效电路如图 6-17(b) 所示。

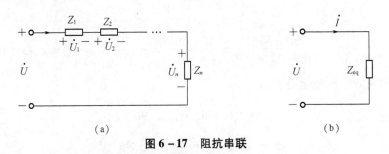

图 6-17 阻抗串联

(a) n 个阻抗的串联电路；(b) 等效电路

由图 6-17(a)，列写 KVL 有

$$\dot{U} = Z_1\dot{I} + Z_2\dot{I} + \cdots + Z_n\dot{I} = (Z_1 + Z_2 + \cdots + Z_n)\dot{I}$$

所以

$$Z_{eq} = Z_1 + Z_2 + \cdots + Z_n = \sum_{k=1}^{n} Z_k \qquad (6-34)$$

式 (6-34) 表明，n 个阻抗串联，其等效阻抗为这 n 个阻抗之和。各阻抗的电压分配关系为

$$\dot{U}_k = \frac{Z_k}{\displaystyle\sum_{k=1}^{n} Z_k} \dot{U} \tag{6-35}$$

式中　$\dot{U}$——总电压;

$\quad\quad\dot{U}_k$——第 k 个阻抗两端的电压。

同理, 对于 n 个导纳并联的电路, 如图 6-18(a) 所示, 等效电路如图 6-18(b) 所示, 有

$$Y_{eq} = Y_1 + Y_2 + \cdots + Y_n = \sum_{k=1}^{n} Y_k \tag{6-36}$$

各导纳的电流分配公式为

$$\dot{I} = \frac{Y_k}{\displaystyle\sum_{k=1}^{n} Y_k} \dot{i} \tag{6-37}$$

式中　$\dot{I}$——总电流;

$\quad\quad\dot{I}_k$——第 k 个导纳的电流。

特别是当两个导纳并联时, 有

$$Z_{eq} = \frac{Z_1 Z_2}{Z_1 + Z_2}$$

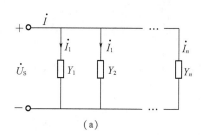 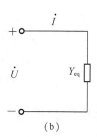

(a) (b)

图 6-18　导纳并联

(a) n 个导纳的并联电路;(b) 等效电路

【**例 6-12**】 电路如图 6-19 所示, 已知 $Z_1 = 10\ \Omega$, $Z_2 = 5\angle 45°\ \Omega$, $Z_3 = (6+j8)\Omega$, $\dot{U}_S = 100\angle 0°\ V$, 求 $\dot{I}_1$、$\dot{I}_2$ 和 $\dot{I}_3$。

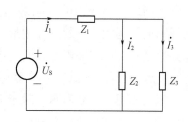

图 6-19　例 6-12 图

解　因为 Z_2、Z_3 为并联连接, 所以

$$Z_{23} = \frac{Z_2 Z_3}{Z_2 + Z_3} = \frac{5\angle 45°(6+j8)}{5\angle 45° + 6 + j8}$$

$$= \frac{5\angle 45° \times 10\angle 53.13°}{5\dfrac{\sqrt{2}}{2} + j5\dfrac{\sqrt{2}}{2} + 6 + j8}$$

$$= \frac{50 \angle 98.13°}{9.54 + j11.54}$$

$$= \frac{50 \angle 98.13°}{14.97 \angle 50.42°}$$

$$= 3.34 \angle 47.71°$$

$$= (2.25 + j2.47) \ \Omega$$

Z_1 与 Z_{23} 为串联连接，所以

$$Z_{123} = Z_1 + Z_{23} = (10 + 2.25 + j2.47) \ \Omega$$
$$= (12.25 + j2.47) \ \Omega = 12.50 \angle 11.40° \ \Omega$$

则有

$$\dot{I} = \frac{\dot{U}_S}{Z_{123}} = \frac{100 \angle 0°}{12.50 \angle 11.40°} = 8 \angle -11.40° \ A$$

由分流公式得

$$\dot{I}_3 = \frac{Z_2}{Z_2 + Z_3}\dot{I} = \frac{5 \angle 45°}{5 \angle 45° + 6 + j8} \times 8 \angle -11.40° = \frac{40 \angle 33.60°}{14.97 \angle 50.42°}$$
$$= 2.67 \angle -16.82 \ A$$

根据 KCL，有

$$\dot{I}_2 = \dot{I}_1 - \dot{I}_3 = (8 \angle -11.40° - 2.67 \angle -16.82°) = 5.35 \angle -8.6 \ A$$

或是

$$\dot{I}_2 = \frac{Z_3}{Z_2 + Z_3}\dot{I}_1 = \frac{6 + j8}{5 \angle 45° + 6 + j8} \times 8 \angle -11.40°$$
$$= \frac{10 \angle 53.13°}{14.97 \angle 50.42} \times 8 \angle -11.40° = 5.35 \angle -8.6° \ A$$

6.3.2 电路的相量图

电路的相量图是由各支路中的电流相量和电压相量在复平面上组成的。利用电路的相量图可以对电路进行分析和计算，这一点在例 6-10 中已经看到。画相量图时，要注意把各节点上的支路电流相量画在一起，这些相量应满足 KCL，并利用相量求和平移法，把它们画成首尾相连的封闭多边形。把各回路中的支路电压画在一起，使之满足 KVL，同样画成首尾相连的封闭多边形。一般电路并联时，以并联电路共同的电压为参考相量；电路串联时，以串联电路共同的电流为参考相量。

【例 6-13】 已知 RLC 串联电路，感抗大于容抗，试定性地画出其相量图。

解 如图 6-20 所示，对于 RLC 串联电路，如图 6-15(a)所示，取电流相量 i 为参考相量，令其初相为零并画成水平方向。

根据 RLC 的电压与电流的相量形式，R 两端的电压与电流相同，L 两端的电压超前电流 $90°$，故可画出如图 6-20(a)所示的相量图。由于感抗大于容抗，因此，U_L 大于 U_C，呈感性，即 $\varphi = \theta_u - \theta_i > 0$。

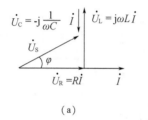

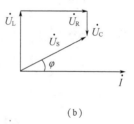

（a）　　　　　　　　　　　　　　（b）

图 6 - 20　例 6 - 13 的向量图

由于 KVL 中求电压代数和与电压的次序无关，因此，可得如图 6 - 20（b）所示的相量图，其电压相量 $\dot{U}$ 与电流相量 $\dot{I}$ 的相位保持不变。由图 6 - 20 可知，尽管相量图不是唯一的，但其电压相量 $\dot{U}$ 与电流相量 $\dot{I}$ 的相位关系是唯一的。

由图 6 - 20（a）可得到如图 6 - 21 所示的相量图（U_L 大于 U_C）。该相量图由于电压相量构成直角三角形关系，称其为电压三角形。

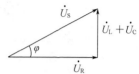

图 6 - 21　相量图

【**例 6 - 14**】已知图 6 - 22（a）所示正弦交流电路。电路中交流电流表的读数 $A_1 = 5$ A，$A_2 = 20$ A，$A_3 = 25$ A。求：（1）图 6 - 22（a）中电流表 A 的读数；（2）如果维持电流表 A_1 的读数不变，而把电源的频率提高一倍，再求电流表 A 的读数。

解　利用相量图求解。

设 $\dot{U} = U\angle 0°$ 为参数相量，根据元件电压、电流的相位关系知，$\dot{I}$ 和 $\dot{U}$ 同相位，$\dot{I}_{C1}$ 超前于 $\dot{U}$ 90°，$\dot{I}_L$ 滞后于 $\dot{U}$ 90°。因此，可以画出其相量图，如图 6 - 22（b）所示。总电流相量与三个元件的电流相量组成一个三角形。因此，电流表 A 的读数为

$$I = \sqrt{I_R^2 + (I_{C1} - I_L)^2}$$

（1）频率为 ω 时，有

$$I = \sqrt{5^2 + (25 - 20)^2} = 7.07 \text{ A}$$

（2）由于电流表 A_1 的读数不变，则 $U = RI_R$ 也不变。频率为 2ω 时，感抗增大一倍，容抗减少一半，因此，I_L 减少一半，I_C 增大一倍，所以有

$$I = \sqrt{5^2 + (50 - 10)^2} = 40.31 \text{ A}$$

上述分析可知，总电流表 A 的读数不能通过将三个电流表 A_1、A_2、A_3 的读数直接相加得到。电流表的读数为有效值，在计算机交流电时应采用相量相加。同时，感抗和容抗是频率的函数，频率变化，相应的电压或电流也可能会发生变化。

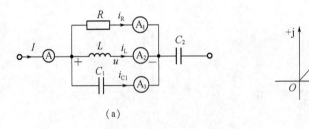

（a）

（b）

图6－22　例6－14图

【例6－15】 如图6－23所示，已知$\dot{U}$与$\dot{I}$相同，$\omega = 10^3$ rad/s，有效值$U_R = 6$ V，$U_L = 8$ V，$I = 3$ A，求R、L、C。

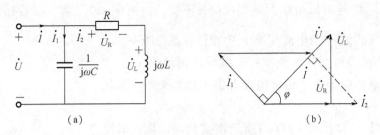

（a）

（b）

图6－23　例6－15图

解　设I_2初相为零，以$\dot{I}_2$为参考向量画出向量图，如图6－23（b）所示。其中，$\dot{U}_R$与$\dot{I}_2$相同，$\dot{U}_L$超前$\dot{U}$90°，$\dot{U} = \dot{U}_R + \dot{U}_L$，而$\dot{I}_1$超前$\dot{U}$90°，$\dot{I} = \dot{I}_1 + \dot{I}_2$且与$\dot{U}$相同。

由向量图的几何关系，得

$$U = \sqrt{U_R^2 + U_L^2} = \sqrt{6^2 + 8^2} = 10 \text{ V}$$

$$\varphi = \arctan \frac{U_L}{U_R} = \arctan \frac{8}{6} = 53.13°$$

$$I_2 = \frac{I}{\cos\varphi} = \frac{3}{\cos 53.13°} = 5 \text{ A}$$

$$I_1 = I\tan\varphi = 3 \times \frac{8}{6} = 4 \text{ A}$$

$$R = \frac{U_R}{I_2} = \frac{6}{5} = 1.2 \text{ } \Omega$$

$$L = \frac{U_1}{\omega I_2} = \frac{8}{10^3 \times 5} = 1.6 \text{ mH}$$

$$C = \frac{I_1}{\omega U} = \frac{4}{10^3 \times 10} = 400 \text{ } \mu\text{F}$$

6.3.3　用相量法分析 RLC 串联电路

如图 6-24 所示，当电路两端加正弦交流电压时，电路中各元件将流过同一频率的正弦电流，同时，各元件两端分别产生同一频率的电压。设参考方向如图 6-23 所示，根据基尔霍夫电压定律得

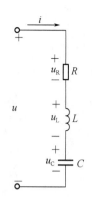

图 6-24　电路图

$$u = u_R + u_L + u_C$$

用相量法可表示为

$$\dot{U} = \dot{U}_R + \dot{U}_L + \dot{U}_C = R\dot{I} + jX_L\dot{I} - jX_C\dot{I} = \dot{I}[R + j(X_L - X_C)]$$

则可得 RLC 串联电路中电压、电流相量关系为

$$\frac{\dot{U}}{\dot{I}} = [R + j(X_L - X_C)] = Z = |Z|\angle\varphi_Z$$

其中，有

$$|Z| = \sqrt{R^2 + (X_L - X_C)^2}\quad \varphi_Z = \arctan\frac{X_L - X_C}{R}$$

RLC 串联电路中电压电流大小关系为

$$\frac{U}{I} = |Z|$$

RLC 串联电路中相位关系为

$$\varphi_u - \varphi_i = \varphi_Z$$

RLC 串联电路中电压电流相量关系为

$$\frac{\dot{U}}{\dot{I}} = Z$$

【例 6-16】 已知 RLC 串联电路中 $R = 50\ \Omega$，$L = 0.2\ H$，$C = 100\ \mu F$，设电流与电压为关联参考方向，端口总电压 $u = 413\sin(314t - 30°)$ V。求：（1）感抗、容抗和阻抗；（2）电流 i；（3）各元件上的电压。

解　（1）
$$X_L = \omega L = 314 \times 0.2 = 62.8\ \Omega$$

$$X_C = \frac{1}{\omega C} = \frac{1}{314 \times 100 \times 10^{-6}} = 31.85\ \Omega$$

$$X = X_L - X_C = 62.8 - 31.85 = 30.95\ \Omega$$

$$Z = R + jX = 50 + j30.95 = 58.8\angle 31.76°\ \Omega$$

（2）将 u 用相量表示为

$$\dot{U} = \frac{413}{\sqrt{2}}\angle -30° = 292\angle -30°\ V$$

则有

$$\dot{I} = \frac{\dot{U}}{Z} = \frac{292\angle -30°}{58.8\angle 31.76°} = 4.97\angle -61.76°\ A$$

$$i = 4.97\sqrt{2}\sin(314t - 61.76°)(A)$$

（3） $\dot{U}_R = R\dot{I} = 50 \times 4.97\angle - 61.76° = 248.5\angle - 61.76° \text{ V}$

$u_R = 248.5\sqrt{2}\sin(314t - 61.76°)(V)$

$\dot{U}_L = jX_L\dot{I} = 62.8\angle90° \times 4.97\angle - 61.76°$

$\quad = 312.12\angle28.24° \text{ V}$

$u_L = 312.12\sqrt{2}\sin(314t - 28.24°)(V)$

$\dot{U}_C = -jX_C\dot{I}$

$\quad = 31.85\angle90° \times 4.97\angle - 61.76°$

$\quad = 158.29\angle - 151.76° \text{ V}$

$u_C = 158.29\sqrt{2}\sin(314t - 151.76°)(V)$

6.3.4 用相量法分析 RLC 并联电路

如图 6–25 所示，当电路两端加正弦交流电压时，电路中各元件将流过同一频率的正弦电流。设参考方向如图 6–25 所示，根据基尔霍夫电流定律得

$$i = i_R + i_L + i_C$$

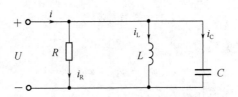

图 6–25　RLC 并联电路图

用相量法可表示为

$$\dot{I} = \dot{I}_R + \dot{I}_L + \dot{I}_C = \frac{\dot{U}}{R} + \frac{\dot{U}}{j\omega L} + \frac{\dot{U}}{-j\dfrac{1}{\omega C}}$$

因为

$$\frac{1}{R} = G$$

所以

$$\frac{1}{j\omega L} = -j\frac{1}{\omega L} = -jB_L$$

$$\frac{1}{-j\dfrac{1}{\omega C}} = j\omega C = jB_C$$

式中　B_L——感纳；

$\quad\quad B_C$——容纳。

则可得 RLC 并联电路中电压、电流相量关系为

$$\frac{\dot{I}}{\dot{U}} = \left[G + \mathrm{j}(B_{\mathrm{C}} - B_{\mathrm{L}}) \right] = |Y| \angle \varphi_{\mathrm{Y}}$$

其中，有

$$|Y| = \sqrt{G^2 + (B_{\mathrm{C}} - B_{\mathrm{L}})^2}$$

$$\varphi_{\mathrm{Y}} = \arctan \angle \frac{B_{\mathrm{C}} - B_{\mathrm{L}}}{G}$$

RLC 并联电路中电压电流大小关系为

$$\frac{I}{U} = |Y|$$

RLC 并联电路中相位关系为

$$\varphi_{\mathrm{i}} - \varphi_{\mathrm{u}} = \varphi_{\mathrm{Y}}$$

RLC 串联电路中电压电流相量关系为

$$\frac{\dot{I}}{\dot{U}} = Y$$

【例 6-17】如图 6-26 所示，正弦稳态电路中的 $R = 100\ \Omega$，$L = 25\ \mathrm{mH}$，$C = 5\ \mu\mathrm{F}$，$\dot{U}_{\mathrm{S}} = 10 \angle 0°\ \mathrm{V}$，角频率 $\omega = 4 \times 10^3\ \mathrm{rad/s}$，求电流 $\dot{I}_{\mathrm{R}}$、$\dot{I}_{\mathrm{C}}$、$\dot{I}_{\mathrm{L}}$ 和 $\dot{I}$。

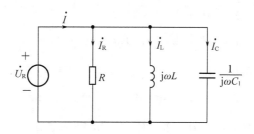

图 6-26　例 6-17 图

解　（1）由已知得

$$\dot{U}_{\mathrm{S}} = 10 \angle 0°\ \mathrm{V}$$

$$B_{\mathrm{L}} = \frac{1}{\omega L} = \frac{1}{4 \times 10^3 \times 2.5 \times 10^{-3}} = 0.01\ \Omega$$

$$B_{\mathrm{C}} = \omega C = 4 \times 10^3 \times 5 \times 10^{-6} = 0.02\ \Omega$$

$$Y = G + \mathrm{j}(B_{\mathrm{C}} - B_{\mathrm{L}}) = 0.01 + \mathrm{j}(0.02 - 0.01) = 0.01\sqrt{2} \angle 45°$$

可得

$$\dot{I} = YU = 10 \angle 0° \times 0.01\sqrt{2} \angle 45° = 0.1\sqrt{2} \angle 45°\ \mathrm{A}$$

$$\dot{I}_{\mathrm{R}} = G\dot{U}_{\mathrm{S}} = 0.01 \times 10 \angle 0° = 0.1 \angle 0°\ \mathrm{A}$$

$$\dot{I}_{\mathrm{L}} = -\mathrm{j}B_{\mathrm{L}}\dot{U}_{\mathrm{S}} = 0.01 \angle -90° \times 10 \angle 0° = 0.1 \angle -90°\ \mathrm{A}$$

$$\dot{I}_{\text{C}} = \text{j}B_{\text{C}}\dot{U}_{\text{S}} = 0.02\angle 90° \times 10\angle 0° = 0.2\angle 90° \text{ A}$$

【例6–18】已知 RLC 并联电路中，$R = 200\ \Omega$，$L = 0.15\ \text{H}$，$C = 50\ \mu\text{F}$，设电流与电压为关联参考方向，端口总电流 $i = 100\sqrt{2}\sin(100\pi t + 30°)$（mA）。求：(1) 感纳、容纳和导纳，并说明电路的性质；(2) 端口电压；(3) 各元件上的电流。

解（1）

$$G = \frac{1}{R} = \frac{1}{200} = 0.005\ \text{S}$$

$$B_{\text{L}} = \frac{1}{\omega L} = \frac{1}{100\pi \times 0.15} = 0.021\ \text{S}$$

$$B_{\text{C}} = \omega C = 100\pi \times 50 \times 10^{-6} = 0.0157\ \text{S}$$

所以得

$$Y = G + \text{j}(B_{\text{C}} - B_{\text{L}}) = 0.005 + \text{j}(0.0157 - 0.021) = 0.005 - \text{j}0.0053$$
$$= 0.0073\angle -46.7°\ \text{S}$$

因为

$$\varphi = -46.7 < 0$$

所以电路呈电感性。

（2）将 i 用相量形式表示为

$$\dot{I} = 100\angle 30°\ \text{mA}$$

$$\dot{U} = \frac{\dot{I}}{Y} = \frac{100\angle 30°}{0.0073\angle -46.7°} = 13.7\angle 76.7°\ \text{mV}$$

$$u = 13.7\sqrt{2}\sin(100\pi t + 76.7°)(\text{mV})$$

$$\dot{I}_{\text{G}} = G\dot{U} = 0.005 \times 13.7\angle 76.7° = 68.5\angle 76.7°\ \text{mA}$$

$$i_{\text{G}} = 68.5\sqrt{2}\sin(100\pi t + 76.7°)(\text{mA})$$

$$\dot{I}_{\text{L}} = -\text{j}B_{\text{L}}\dot{U} = -\text{j}0.0021 \times 13.7\angle 76.7° = 287\angle -13.3°\ \text{mA}$$

$$i_{\text{L}} = 287\sqrt{2}\sin(100\pi t - 13.3°)(\text{mA})$$

$$\dot{I}_{\text{G}} = \text{j}B_{\text{C}}\dot{U} = \text{j}0.0157 \times 13.7\angle 76.7° = 215\angle 166.7°\ \text{mA}$$

$$i_{\text{C}} = 215\sqrt{2}\sin(100\pi t + 166.7°)\ \text{mA}$$

6.3.5　正弦稳态电路的分析计算

由于正弦稳态电路基本定律的相量形式与直流线性电阻基本定律的时域形式是完全对应的，因此，直流性电阻电路的各种基本计算方法和电路定律完全适用于正弦稳态电路的分析。需要注意的是，用向量法对正弦稳态电路进行分析和计算时，其各支路的电压、电流必须用相量 $\dot{U}$、$\dot{I}$ 表示，元件参数 R、L、C 及它们的组合必须用阻抗或导纳表示，而计算则用复数运算。在直流电路中已经学习过的电路定律以及电路的基本分析方法（等效变换法、电路方程法、电路定理法）等都可以用于正弦稳态电路的分析计算。

用相量法分析正弦稳态电路是所采取的一般步骤如下：

①画出与时域电路相对应的相量形式的电路模型；

②选择适当的分析方法求解待求相量；

③将求得的相量变换为时域响应。

【例 6－19】电路如图 6－27 所示，试列出其节点电压方程。

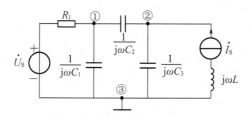

图 6－27　例 6－19 图

解　电路中共有三个节点，取节点③为参考节点，其余两节点的节点电压相量分别

为 $\dot{U}_{n1}$、$\dot{U}_{n2}$。根据节点电压方法可列出节点电压方程为

$$\begin{cases} Y_{11}\dot{U}_{n1} + Y_{12}\dot{U}_{n2} = \dot{I}_{S11} \\ Y_{21}\dot{U}_{n1} + Y_{22}\dot{U}_{n2} = \dot{I}_{S22} \end{cases}$$

式中，有

$$Y_{11} = \frac{1}{R_1} + j\omega C_1 + j\omega C_2$$

$$Y_{12} = -j\omega C_2$$

$$Y_{21} = -j\omega C_2$$

$$Y_{22} = j\omega C_2 + j\omega C_3$$

$$\dot{I}_{S11} = \frac{\dot{U}_S}{R_1} \quad \dot{I}_{S22} = \dot{I}_S$$

所以如图 6－27 所示电路的节点电压的相量形式为

$$\begin{cases} \left(\dfrac{1}{R_1} + j\omega C_1 + j\omega C_2\right)\dot{U}_{n1} - j\omega C_2 \dot{U}_{n2} = \dfrac{\dot{U}_{S1}}{R_1} \\ -j\omega C_2 \dot{U}_{n1} + (j\omega C_2 + j\omega C_3)\dot{U}_{n2} = \dot{I}_S \end{cases}$$

【例 6－20】电路如图 6－28（a）所示，求 i_1 和 i_2。

解　作图 6－28（a）的相量模型电路，如图 6－28（b）所示。

用网孔电流法分析。对图 6－28（b）选择网孔电流，相量形式的网孔电流方程为

$$\begin{cases} (3 + j4)\dot{I}_1 - j4\dot{I}_2 = 10\angle 0° & \text{(6 - 38)} \\ -j4\dot{I}_1 + (j4 - j2)\dot{I}_2 = -2\dot{I}_1 & \text{(6 - 39)} \end{cases}$$

由式（6－39）可得

$$(2 - j4)\dot{I}_1 + j2\dot{I}_2 = 0 \qquad\qquad (6 - 40)$$

139

通过 $2 \times$ 式$(6-40)+$ 式$(6-38)$，得

$$(7 - j4)\dot{I}_1 = 10$$

所以

$$\dot{I}_1 = \frac{10}{7 - j4} = 1.24 \angle 29.7° \text{ A}$$

代入式（6-40）得

$$\dot{I}_2 = \frac{10(2 - j4)}{7 - j4} \frac{1}{(-j2)} = \frac{20 + j30}{13} = 2.77 \angle 56.3° \text{ A}$$

因此

$$i_1 = 1.24\sqrt{2} \cos(10^3 t + 29.7°)$$

$$i_2 = 2.77\sqrt{2} \cos(10^3 t + 56.3°)$$

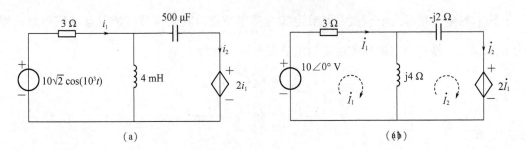

图 6-28　例 6-20 图

【例 6-21】电压源 $U_S = 10.39\sqrt{2} \sin(2t + 60°)$（V），电流源 $i_S = 3\sqrt{2} \cos(2t - 30°)$（A）。求如图 6-29(a)所示电路的电流 i_L。

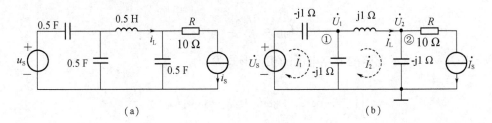

图 6-29　例 6-21 图

解　电路中的电源为同一频率，则有

$$\dot{U}_S = 10.39 \angle -30° \text{ V}$$

$$\dot{I}_S = 3 \angle -30° \text{ A}$$

$$\frac{1}{\omega C} = 1 \text{ }\Omega$$

$$\omega L = 1 \text{ }\Omega$$

得到如图 6-29(b)所示的相量模型电路图。下面采用不同的的方法进行求解。

（1）用节点电压法求解。由图 6-29(b)列方程为

$$(\text{j}2 - \text{j})\dot{U}_1 - \text{j}\dot{U}_2 = \text{j}\dot{U}_\text{S}$$

$$-(-\text{j})\dot{U}_1 + (\text{j} - \text{j})\dot{U}_2 = -\dot{I}_\text{S}$$

$$\dot{I}_\text{L} = \frac{\dot{U}_1 - \dot{U}_2}{\text{j}}$$

解得

$$\dot{U}_1 = \text{j}\dot{I}_\text{S}, \dot{U}_2 = \dot{U}_\text{S} - \text{j}\dot{I}_\text{S}, \dot{I}_\text{L} = -\text{j}(\dot{U}_2 - \dot{U}_1) = \text{j}\dot{U}_\text{S} + 2\dot{I}_\text{S}$$

（2）用网孔电流法求解。由图 6-29 (b) 列方程为

$$-\text{j}2\dot{I}_1 - (-\text{j})\dot{I}_2 = \dot{U}_\text{S}$$

$$-(-\text{j})\dot{I}_1 + (\text{j} - \text{j}2)\dot{I}_2 - \text{j}\dot{I}_\text{S} = 0$$

$$\dot{I}_\text{L} - \dot{I}_2 = 0$$

解得

$$\dot{I}_\text{L} = \text{j}\dot{U}_\text{S} + 2\dot{I}_\text{S}$$

（3）用叠加定理求解，如图 6-30 所示。

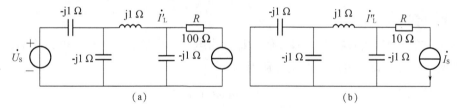

图 6-30　用叠加定理求解

$\dot{U}_\text{S}$ 单独工作时，由图 6-30(a)可求得

$$\dot{I}'_\text{L} = \text{j}\dot{U}_\text{S}$$

$\dot{I}_\text{S}$ 单独工作时，由图 6-30(b)可求得

$$\dot{I}''_\text{L} = \dot{I}_\text{S}\frac{-\text{j}}{-\text{j}0.5} = 2\dot{I}_\text{S}$$

则有

$$\dot{I}_\text{L} = \dot{I}'_\text{L} + \dot{I}''_\text{L} = \text{j}\dot{U}_\text{S} + 2\dot{I}_\text{S}$$

（4）用戴维南定理求解，如图 6-31 所示。

由图 6-31(a)，得端口的开路电压 $\dot{U}_\text{OC}$ 为

$$\dot{U}_\text{OC} = \frac{1}{2}\dot{U}_\text{S} - \text{j}\dot{I}_\text{S}$$

由图 6-31(b)，得端口的戴维南等效阻抗 Z_eq 为

$$Z_\text{eq} = (-\text{j}0.5 - \text{j}) = -\text{j}1.5 \ \Omega$$

由图 6 – 31(c)解得

$$\dot{I}_{\mathrm{L}} = \frac{\dot{U}_{\mathrm{OC}}}{\mathrm{j} + Z_{\mathrm{eq}}} = \frac{\dot{U}_{\mathrm{OC}}}{\mathrm{j} - \mathrm{j}1.5} = \mathrm{j}\dot{U}_{\mathrm{S}} + 2\dot{I}_{\mathrm{S}} = 10.39\angle 60° + 6\angle -30° = 12\angle 30°\ \mathrm{A}$$

所以

$$i_{\mathrm{L}} = 12\sqrt{2}\cos(2t + 30°)\ (\mathrm{A})$$

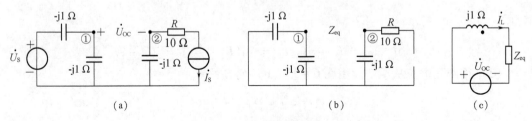

(a)　　　　　　　　　　　　　　(b)　　　　　　(c)

图 6 – 31　用戴维南定理求解

6.4　正弦稳态电路的功率

6.4.1　瞬时功率、有功功率、无功功率和视在功率

1. 瞬时功率

如图 6 – 32(a)所示的无源一端口网络 N_0 是由电阻、电感、电容等元件组成的，在正弦稳态情况下，设端口的电压、电流分别为

$$u = \sqrt{2}U\cos(\omega t + \varphi)$$

$$i = \sqrt{2}I\cos\omega t$$

N_0 吸收的瞬时功率为

$$p = ui = 2UI\cos(\omega t + \varphi)\cos\omega t \qquad (6 – 41)$$

根据三角形公式有

$$2\cos\alpha\cos\beta = \cos(\alpha + \beta)\cos(\alpha - \beta) \qquad (6 – 42)$$

$$p = UI\cos\varphi + UI\cos(2\omega t + \varphi)$$

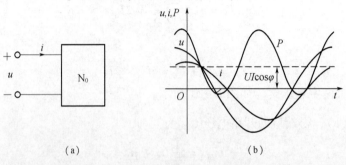

(a)　　　　　　　　　　　　(b)

图 6 – 32　无源一端口网络及其电压、电流和瞬时功率的波形

(a) 无源一端口网络；(b) 电压、电流和瞬时功率的波形

式(6-42)表明，瞬时功率有两个分量：第一个为恒定分量；第二个为正弦量，其频率为电压或电流频率的 2 倍。如图 6-32(b)所示为电压 u、电流 i 和瞬时功率 P 的波形。从图 6-32(b)中可以看出：当 u、i 同号时，瞬时功率 $P > 0$，电路在这期间吸收能量，能量从电源送入电路；当 u、i 异号时，瞬时功率 $p < 0$，电路在这期间释放能量，电源和电路间形成能量往返交换的现象。从图 6-32(b)中还可以看出，电压和电流的相位差越大，每个周期内瞬时功率为负的时间越长，因此，电路吸收的功率也就越少；反之，若相位差越小，瞬时功率为负的时间越短，电路吸收的功率就越多。

2. 平均功率、功率因数

瞬时功率不便于测量，且有时为正，有时为负，在工程中实际意义不大，通常引入平均功率的概念衡量功率的大小。

平均功率又称为有功功率（actice power），用 P 表示，是瞬时功率在一个周期内的平均值，则有

$$P \overset{\text{def}}{=} \frac{1}{T} \int_0^T p\,\mathrm{d}t = \frac{1}{T} \int_0^T UI[\cos\varphi + \cos(2\omega t + \varphi)]\,\mathrm{d}t = UI\cos\varphi \qquad (6-43)$$

有功功率表示一端口网络 N_0 实际消耗的功率，为式(6-32)的恒定分量，单位为瓦特（W）。它不仅与电压、电流有效值的乘积有关，还与它们之间的相位差有关。定义 $\cos\varphi$ 为功率因数（power factor），并用 λ 表示，即

$$\lambda = \cos\varphi \qquad (6-44)$$

式中　φ——功率因数角。

对于不含独立电源的网络，有

$$\varphi = \varphi_z$$

由此可见，平均功率并不等于电压、电流有效值的乘积，而是要乘以一个小于等于 1 的系数。

3. 无功功率

在工程中，对于一般的正弦交流电路，还引用无功功率（peactive power）的概念反映该电路中电感、电容等储能元件与外电路或电源之间能量交换的情况。无功功率用 Q 表示，即

$$Q = UI\sin\varphi \qquad (6-45)$$

当电压 u 超前电流 i 时，复阻抗为感性时，$\varphi > 0$，$Q > 0$，代表感性无功功率；反之，当电压 u 滞后电流 i 时，复阻抗为容性，$\varphi < 0$，$Q < 0$，代表容性无功功率。无功功率并非一端口网络实际消耗的功率，而仅仅是为了衡量一端口网络与电源之间能量交换的快慢速度，所以单位上也应有与有功功率有所区别，无功功率的单位为乏（var）。

4. 视在功率

许多电力设备的容量是由它们的额定电流的乘积决定的，因此，引入了视在功率的概念，电气设备的容量即为它们的视在功率。一端口网络的电压有效值 U 和电流有效值 I 的乘积定义为一端口网络的视在功率（apparent power），用 S 表示，即

$$S = UI \qquad (6-46)$$

为了与平均功率相区别，视在功率的单位直接使用伏安（VA）。

将式(6-46)代入式(6-43)和式(6-45)可得

$$P = S\cos\varphi \tag{6-47}$$

因此，P、Q、S 三者之间的关系为

$$S^2 = P^2 + Q^2, \varphi = \arctan\frac{Q}{P} \tag{6-48}$$

即 P、Q、S 三者也构成了直角三角形关系，如图 6-33 所示，称为功率三角形。功率三角形和阻抗三角形、电压三角形是一组相似三角形。

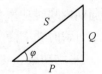

图 6-33　功率三角形

5. R、L、C 单个元件的功率

（1）电阻元件 R 的功率

因为电压、电流之间的相位差 $\varphi = 0$，所以电阻的瞬时功率为 $P = UI[1 + \cos 2(\omega t + \theta_U)]$。$P$ 始终大于等于零，这说明电阻一直在吸收能量。平均功率为

$$P_R = UI = RI^2 = GU^2 \tag{6-49}$$

式中　P_R——电阻所消耗的功率。

电阻无功功率为零。

（2）电感元件 L 的功率

因为 $\varphi = \pi/2$，所以电感的平均率 P_L 为零，不消耗能量，但是有能量的往返交换。电感的无功功率为

$$Q_L = UI\sin\varphi = UI = \omega L I^2 \tag{6-50}$$

（3）电容元件 C 的功率

因为 $\varphi = -\pi/2$，所以电容的平均功率 P_C 为零，也不消耗能量，但是有能量的往返交换。电容的无功功率为

$$Q_C = UI\sin\varphi = -UI = -\frac{1}{\omega C}I^2 = -\omega C U^2 \tag{6-51}$$

如果一端口网络为 R、L、C 串联电路，由于电路中的阻抗模 $|Z|$、电阻 R 和电抗 X 之间呈直角三角形关系，即 $R = |Z|\cos\varphi$，$X = |Z|\sin\varphi$。将此关系代入式（6-43）和式（6-45），得该电路的有功功率和无功功率分别为

$$P = UI\cos\varphi = |Z|I^2\cos\varphi = RI^2 \tag{6-52}$$

$$Q = UI\sin\varphi = |Z|I^2\sin\varphi = XI^2 = (X_L - X_C)I^2 = Q_L + Q_C \tag{6-53}$$

可见，电路中所吸收的有用功率即为电阻所消耗的功率，电路中的无功功率则为电感与电容所吸收的无功功率的代数和。这说明有一部分能量在电感与电容之间自行交换，而其差则与外电路或电源间交换。由于式（6-53）中 $Q_C < 0$，因此，习惯把电感看作是"吸收"无功功率，而把电容看作是"发出"无功功率。

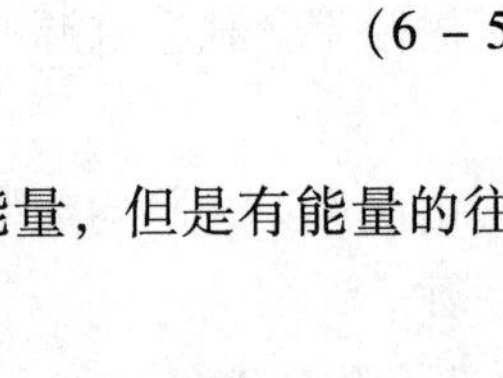

【例 6-22】如图 6-34 所示电路中，已知 $\dot{U}_S = 100\angle 0°$ V，$\dot{I} = 2\angle 60°$ A。求电源发出的有功功率 P、无功功

图 6-34　例 6-22 图

率 Q、视在功率 S 和电路的功率因数 λ。

解 图 6 – 34 中电源发出的功率可根据 $\dot{U}_S$ 和 $\dot{I}$ 求得视在功率 S 为

$$S = U_s I = 100 \times 2 = 200 \text{ VA}$$

$\dot{U}_s$ 与 $\dot{I}$ 的相位差 φ 和功率因数 λ 分别为

$$\varphi = 0° - 60° = -60° (容性)$$

$$\lambda = \cos\varphi = 0.5$$

有功功率 P 为

$$P = S\cos\varphi = 200 \times 0.5 \text{ W} = 100 \text{ W}$$

无功功率 Q 为

$$Q = S\sin\varphi = -86.6 \text{ var}$$

【例 6 – 23】 如图 6 –35 所示是一个工频三表法测量电感线圈参数 R 和 L 的实验电路，电压表、电流表、功率表测得的读数分别为 $U = 5$ V，$I = 1$ A，$P = 30$ W，求 R 和 L 的值。

解 根据功率表和电流表读数，可求得电阻 R 为

$$R = \frac{P}{I^2} = \frac{30}{1^2} = 30 \ \Omega$$

利用电压表和电流表的读数，可求得电感线圈阻抗的模为

$$|Z| = \frac{U}{I} = \frac{50}{1} = 50 \ \Omega$$

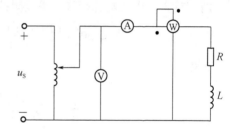

图 6 – 35 例 6 – 23 图

由阻抗三角形得 $|Z| = \sqrt{R^2 + X_L^2}$，则

$$X_L = \sqrt{|Z|^2 - R^2} = \sqrt{50^2 - 30^2} \ \Omega = 40 \ \Omega$$

由于电源频率 50 Hz，故

$$L = \frac{X_L}{2\pi f} = \frac{40}{2\pi \times 50} = 0.127 \text{ H}$$

【例 6 – 24】 如图 6 – 36 所示电路中，已知 $R_1 = 6$ Ω，$R_2 = 4$ Ω，$X_C = 8$ Ω，$X_L = 3$ Ω，电源电压 $U = 220$ V，求各支路及总电路的有功功率、无功功率及总电路的功率因数，并讨论功率守恒情况。

解 设电压向量 $\dot{U} = 220\angle0°$ V。

对于支路 1，有

$$\dot{I}_1 = \frac{\dot{U}}{Z_1} = \frac{\dot{U}}{R_1 - jX_C} = \frac{220\angle0°}{6 - j8} = 22\angle53.13° \text{ A}$$

$$P_1 = I_1^2 R_1 = 22^2 \times 6 = 2\,904 \text{ W}$$

$$Q_1 = -I_1^2 X_C = -22^2 \times 8 = -3\,872 \text{ var}$$

$$S_1 = UI_1 = 220 \times 22 = 4\,840 \text{ VA}$$

对于支路 2，有

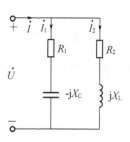

图 6 – 36 例 6 – 24 图

$$\dot{I}_2 = \frac{\dot{U}}{Z_2} = \frac{\dot{U}}{R_2 + jX_L} = \frac{220\angle 0°}{4 + j3} = 44\angle -36.87°\ \text{A}$$

$$P_2 = I_2^2 R_2 = 44^2 \times 4 = 7\ 744\ \text{W}$$

$$Q_2 = I_2^2 X_L = 44^2 \times 3 = 5\ 808\ \text{var}$$

$$S_2 = UI_2 = 220 \times 44 = 9\ 680\ \text{VA}$$

对于总电路，有

$$\dot{I} = \dot{I}_1 + \dot{I}_2 = (22\angle 53.13° + 44\angle -36.87°) = 49.2\angle -10.3°\ \text{A}$$

$$\cos\varphi = \cos 10.3° = 0.984$$

$$P = UI\cos\varphi = 220 \times 49.2 \times 0.984 = 10\ 649\ \text{W}$$

$$Q = UI\sin\varphi = 220 \times 49.2 \times \sin 10.3° = 1\ 935\ \text{var}$$

$$S = UI = 220 \times 49.2 = 10\ 824\ \text{VA}$$

从上面的结果可以得出 $P = P_1 + P_2$，$Q = Q_1 + Q_2$，即有功功率和无功功率分别守恒，而 $S \neq S_1 + S_2$，即视在功率不守恒。

【例 6 – 25】如图 6 – 37 所示，求电源向电路提供的有功功率、无功功率、视在功率及功率因数。

解 首先求出从电源端看的等效阻抗，即

$$Z = 20 + \frac{(10 + j10)(-j5)}{10 + j10 - j5} = 22.8\angle -15.26°\ \Omega$$

电流为

$$\dot{I} = \frac{\dot{U}}{Z} = \frac{50\angle 0°}{22.8\angle -15.26°} = 2.19\angle 15.26°\ \text{A}$$

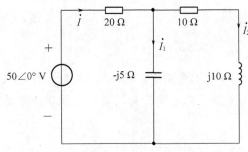

图 6 – 37　例 6 – 25 图

解法 1：利用复功率计算，有

$$S = \dot{U}\dot{I}^* = 50\angle 0° \times 2.19\angle -15.26° = 109.5\angle -15.26° = (105.6 - j28.2)\ \text{VA}$$

所以有

有功功率：$P = 105.64\ \text{W}$

无功功率：$Q = -28.82\ \text{Var}$

视在功率：$S = 109.5\ \text{VA}$

功率因数：$\cos\varphi = \cos(-15.26°) = 0.96$

解法 2：利用各功率定义计算功率，有

有功功率：$P = UI\cos\varphi = 50 \times 2.19\cos(-15.26°) = 105.64$ W

无功功率：$Q = UI\sin\varphi = 50 \times 2.19\sin(-15.26°) = -28.82$ var

视在功率：$S = UI = 50 \times 2.19 = 109.5$ VA

功率因数：$\cos\varphi = \cos(-15.26°) = 0.96$

6.4.2　复功率

虽然一端口网络的瞬时功率在一般情况下视为一个非正弦量，其变化的频率也与电压或电流的频率不同，因而不能用相量法计算，但是其平均功率和无功功率却可以根据电压相量、电流相量计算。设一端口网络的电压相量为 $\dot{U}$，电流相量为 $\dot{I}$，即 $\dot{U} = U\angle\theta_u$，$\dot{I} = I\angle\theta_i$，且 $\dot{I}^* = I\angle-\theta_i$，$\dot{I}^*$ 为 $\dot{I}$ 的共轭向量，则在关联参考方向下有

$$\dot{U}\dot{I}^* = UI\angle(\theta_u - \theta_i) = UI(\cos\varphi + j\sin\varphi) = P + jQ$$

负数 $\dot{U}\dot{I}^*$ 称为复功率，用 $\bar{S}$ 表示，即

$$\bar{S} \overset{\text{def}}{=} \dot{U}\dot{I}^* = P + jQ \tag{6-54}$$

$$\bar{S} = P + jQ = S\angle\varphi \tag{6-55}$$

则由式(6-55)表明，复功率是将正弦稳态电路的三个功率和功率因数统一为一个公式表示出来，只是一个辅助计算功率的复数量，它不代表正弦量，没有任何物理意义。复功率的概念即适用于一端口，也适用于单个元件。复功率的单位为伏安(VA)。三种基本电路元件的复功率分别为

$$\bar{S}_R = P, \bar{S}_L = jQ_L = jUI, \bar{S}_C = jQ_C = -jUI$$

当计算某一复阻抗 $Z = R + jX$ 所吸收的复功率时，可把 $\dot{U} = Z\dot{I}$ 代入式(6-54)中，可得

$$\bar{S} = P + jQ = UI^* = ZII^* = ZI^2 = R^2 + jXI^2$$

复阻抗为感性 $(X > 0)$ 时，S 的虚部为正，表示感性无功功率(吸收)；复阻抗为容性 $(X < 0)$ 时，S 的虚部为负，表示容性无功功率(发出)。在任意复杂的网络中，有功功率是守恒的，无功功率也是守恒的，因此，复功率具有守恒性，即网络中的某些支路发出的复功率之和等于其他支路吸收的复功率之和。

正弦稳态一端口网络的功率关系如表 6-2 所示，其中，有些公式在书中未作推导，请读者自行完成这一工作。

表 6 - 2　正弦稳态一端口网络的功率关系

序号	名称	公式	备注
p	瞬时功率	$p = ui = \mathrm{Re}[\dot{U}I^*] + \mathrm{Re}[\dot{U}\dot{I}\mathrm{e}^{\mathrm{j}2\omega t}]$	
P	平均功率 （有功功率）	$P = UI\cos\varphi = I^2\mathrm{Re}[Z] = U^2\mathrm{Re}[Y]$ $= \mathrm{Re}[\dot{U}I^*]$	$\varphi = \theta_\mathrm{u} - \theta_\mathrm{i}$
Q	无功功率	$Q = UI\sin\varphi = I^2\mathrm{Im}[Z] = -U^2\mathrm{Im}[Y]$ $= \mathrm{Im}[\dot{U}I^*] = 2\omega(W_\mathrm{L} - W_\mathrm{C})$	储能元件瞬时功率的最大值，其中， $W_\mathrm{L} = \dfrac{1}{2}LI^2$，$W_\mathrm{C} = \dfrac{1}{2}CU^2$
S	视在功率	$S = UI = I^2\lvert Z\rvert = U^2\lvert Y\rvert = \lvert\dot{U}I^*\rvert$	瞬时功率交变分量的最大值
S	复功率	$S = \dot{U}I^* = P + \mathrm{j}Q$	
λ	功率因数	$\lambda = \cos\varphi = \dfrac{P}{S} = \dfrac{R}{\lvert Z\rvert} = \dfrac{G}{\lvert Y\rvert}$	φ 为正时，电流滞后电压

6.4.3　功率因数的提高

平均的功率的计算公式为 $P = UI\cos = UI\lambda$，可见，在同样的额定电压、电流的情况下，功率因数 λ 越高，即 φ 越小，一端口网络所得到的有功功率越大。工业中常用的感应电动机是电感性负载，功率因数较低，带动这样的负载，电源设备的利用率也较低。为了减少电源与负载间徒劳往返的能量交换，减少线路损耗，可在负载两端并联大小适当的电容器，提高负载的功率因数。由于电容并联在负载两端，因此，不会影响负载支路的复功率，而且电容本身不消耗有功功率，所以电源提供的平均功率也不会改变。但是，并联电容后，电容的无功功率"补偿"了负载中电感需要的无功功率，减少了电源提供的无功功率，从而提高了电路的功率因数。

【例 6 - 26】 如图 6 - 38(a)所示的电路外加 50 Hz、380 V 的正弦电压，感性负载吸收的功率 $P = 30$ kW，功率因数 $\lambda = 0.6$。若要使电路的功率因数提高到 $\lambda = 0.9$，求在负载两端并联的电容，此时电源提供的电流是多少？

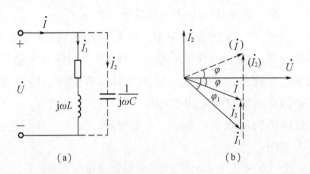

图 6 - 38　例 6 - 26 图

解　并联电容前，$\lambda_1 = \cos\varphi_1$，$\varphi_1 = \pm 53.13°$。并联电容后，要求 $\lambda = 0.9$，即 $\cos\varphi = 0.9$，$\varphi = \pm 25.84°$，但有功功率不变。从经济角度出发，取较小的电容比较好，所以根

据如图 6-38(b)所示的相量图(实线部分),电容的电流为

$$I_2 = I_1\sin\varphi_1 - I\sin\varphi = \frac{P}{U\cos\varphi_1}\sin\varphi_1 - \frac{P}{U\cos\varphi}\sin\varphi = \frac{P}{U}(\tan\varphi_1 - \tan\varphi)$$

而电容上电流 $I_2 = \omega C U$,有

$$\omega C U = \frac{P}{U}(\tan\varphi_1 - \tan\varphi)$$

则有

$$C = \frac{P}{\omega U^2}(\tan\varphi_1 - \tan\varphi)$$

代入数据得需要并联的电容为

$$C = 561.74 \ \mu F$$

从图 6-38(b)的相量图可以看出,经补偿后电源由原来的 I_1 值减小到 I 值,即并联电容前为

$$I_1 = \frac{P}{U\cos\varphi_1} = \frac{30 \times 10^3}{380 \times 0.6} = 131.58 \ A$$

并联电容后为

$$I = \frac{P}{U\cos\varphi} = \frac{30 \times 10^3}{380 \times 0.9} = 87.72 \ A$$

可见,电源提供的电流大大降低。并联电容后减少了电源的无功输出,提高了电源设备的利用率,也减少了传输线路上的损耗。

6.5　最大功率传输定理

正弦稳态电路中,负载在什么条件下能够获得最大功率?正弦稳态电路的最大功率传输问题可以简化为一个含源一个端口网络 N_S 向无源一端网络输送功率的问题进行研究,如图 6-39(a)所示。根据戴维南定理,含源一端口网络 N_S 可以用电压源模型等效,如图 6-39(b)所示。

设 $Z_{eq} = R_{eq} + jX_{eq}$,$Z = R + jX$,则负载吸收的有功功率为

$$P = I^2 R = \frac{U_{OC}^2 R}{(R + R_{eq})^2 + (X + X_{eq})^2} \tag{6-56}$$

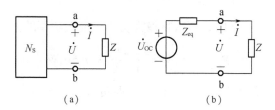

图 6-39　最大功率传输定理

从式(6-56)可以看出,负载获得的功率与一端口网络 N_S 的等效参数和负载的参数

有关，在一端口网络 N_S 的等效参数不变的情况下，负载 Z 必须根据 Z_{eq} 进行匹配才可能获得最大功率。匹配条件不同，所获得的对最大功率也不同。如果 R 和 X 可为任意值，而其他参数不变时，那么获得最大功率的条件为

$$X + X_{eq} = 0$$

$$\frac{d}{dR}\left[\frac{R}{(R + R_{eq})^2}\right] = 0$$

即得匹配条件为

$$X = -X_{eq}, R = R_{eq} \tag{6-57}$$

进一步地，有

$$Z = R_{eq} - jX_{eq} = Z_{eq}^* \tag{6-58}$$

式(6-58)表明，当负载阻抗等于电源内阻抗的共轭复数时，负载能够获得最大功率。这种情况下，负载与电源匹配称为共轭匹配，又称为最佳匹配。此时，最大功率为

$$P_{max} = \frac{U_{OC}^2}{4R_{eq}} \tag{6-59}$$

【例 6-27】 电路如图 6-40(a)所示，负载 Z_L 的实部、虚部均可变，若使 Z_L 获得最大功率，Z_L 应取何值？最大功率是多少？

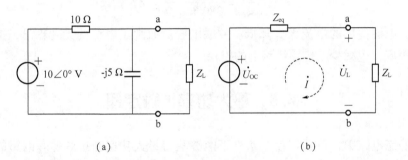

(a)　　　　　　　　　　(b)

图 6-40　例 6-27 图

解　首先求出 a、b 两点以左的戴维南等效电路，如图 6-40(b)所示。其中，有

$$\dot{U}_{OC} = \frac{-j5}{10 - j5} \times 10\angle 0° = \frac{50\angle -90°}{11.18\angle -26.57°} = 4.47\angle -63.43° \text{ V}$$

$$Z_{eq} = \frac{-10 \times j5}{10 - j5} = 4.47\angle 116.57° = (2 - j4)\ \Omega$$

当 $Z_L = Z_{eq}^* = (2 + j4)\ \Omega$ 时，可获得最大功率。最大功率的值为

$$P_{max} = \frac{U_{OC}^2}{4R_{eq}} = \frac{4.47^2}{4 \times 2} = 2.50 \text{ W}$$

在这种情况下，负载常常是电阻性设备，即负载为一电阻。此时负载电阻满足什么条件能获得最大功率呢？

设 $Z = R$，则负载吸收的有功功率为

$$P = I^2 R = \frac{U_{OC}^2 R}{(R + R_{eq})^2 + X_{eq}^2}$$

当改变 R 时，对功率 P 求导，可得获得最大值的条件为

$$R = \sqrt{R_{eq}^2 + X_{eq}^2} = |Z_{eq}| \qquad (6-60)$$

式(6-60)表明，当负载阻抗为纯电阻时，负载获得最大功率的条件是负载电阻与电源内阻抗的模相等。这种情况下负载与电源的匹配称为匹配模式，此时的最大功率要比共轭匹配时的小。

【例 6 - 28】 电路如图 6-41 所示，其中，R 和 L 为电源内部的电阻和电感。已知 $R =$ 5 Ω，$L = 50$ μH，$u_S = 10\sqrt{2}\cos10^5t$ （V）。（1）当 $R_L = 5$ Ω 时，试求其消耗的功率；（2）求当 R_L 等于多少时能获得最大功率，最大功率是多少；（3）若在 R_L 两端并联一电容 C，求 R_L 和 C 等于多少时能与内阻共轭匹配，并求负载吸收的最大功率。

解　电源内阻抗为

$$Z_{eq} = R_{eq} + jX_{eq} = (5 + j5)\ \Omega$$

（1）当 $R_L = 5$ Ω 时，电路中的电流为

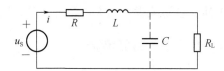

图 6-41　例 6-28 图

$$\dot{I} = \frac{\dot{U}_S}{Z_{eq} + R_L} = \frac{10\angle0°}{5 + j5 + 5} = 0.89\angle-26.6°\ \text{A}$$

负载 R_L 消耗的功率为

$$P = I^2R_L = 0.89^2 \times 5 = 4\ \text{W}$$

（2）当 $R_L = |Z_{eq}| = \sqrt{R_{eq}^2 + X_{eq}^2}$ 时能获得最大功率，即

$$R_L = \sqrt{5^2 + 5^2} = 7.07\ \Omega$$

此时，电路中的电流为

$$\dot{I} = \frac{\dot{U}_S}{Z_{eq} + R_L} = \frac{10\angle0°}{5 + j5 + 7.07} = 0.766\angle-22.5°\ \text{A}$$

R_L 消耗的功率为

$$P = I^2R_L = 0.766^2 \times 7.07 = 4.15\ \text{W}$$

（3）当负载与内阻抗共轭匹配时，能获得最大功率。在负载端并联一电容后，负载阻抗变为

$$Z_L = \frac{R_L \times \dfrac{1}{j\omega C}}{R_L + \dfrac{1}{j\omega C}} = \frac{R_L}{1 + j\omega CR_L} = \frac{R_L}{1 + (\omega CR_L)^2} - j\frac{\omega CR_L^2}{1 + (\omega CR_L)^2}$$

当 $Z_L = Z_{eq}^* = (5 - j5)\ \Omega$ 时，负载获得最大功率，即

$$\frac{R_L}{1 + (\omega CR_L)^2} = 5,\ \frac{\omega CR_L^2}{1 + (\omega CR_L)^2} = 5$$

求解上式得 $R_L = 10$ Ω，$C = 1$ μF。

此时，电路中电流为

$$\dot{I} = \frac{\dot{U}_S}{Z_{eq} + Z_L} = \frac{10\angle0°}{5 + 5} = 1\angle0°\ \text{A}$$

此电流相量为流过电容 C 和负载电阻并联电路的电流。负载获得的最大功率为

$$P = \frac{U_{\mathrm{S}}^2}{4R_{\mathrm{eq}}} = \frac{10^2}{4 \times 5} = 5 \text{ W}$$

6.6　电路的谐振状态

6.6.1　谐振

在 R、L、C 电路中，电源电压与总电压一般不同相，如调节电路参数或电源频率，若使它们同相，电路中就发生了谐振现象。谐振电路有良好的选频特性，所以在通信与电子技术中得到广泛应用。但由于发生谐振时电容和电感元件的端电压会远远高于电源电压，会造成设备损坏或系统故障，所以在电力系统中要尽量避免发生谐振。

6.6.2　串联谐振

电路如图 6 – 42 所示，有

$$Z = R + \mathrm{j}(X_{\mathrm{L}} - X_{\mathrm{C}}) = R + \mathrm{j}\left(\omega L - \frac{1}{\omega C}\right)$$

当 $X_{\mathrm{L}} = X_{\mathrm{C}}$ 时，电源电压与总电流同相，即发生谐振现象。因为发生在串联电路中，所以叫作串联谐振。发生串联谐振的条件是 $X_{\mathrm{L}} = X_{\mathrm{C}}$，即 $2\pi f L = \dfrac{1}{2\pi f C}$，此时，电路的频率称为谐振频率，用 f_0 表示。当电源频率与电路参数满足 $f = f_0 = \dfrac{1}{2\pi\sqrt{LC}}$ 关系时，发生串联谐振。由此可知，可通过改变电源频率和电路中的参数实现谐振。电路发生串联谐振时具有以下特征。

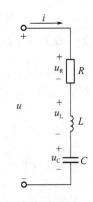

图 6 – 42　串联谐振电路

（1）电路的阻抗模 $|Z| = |Z_0| = \sqrt{R^2 + (X_{\mathrm{L}} - X_{\mathrm{C}})^2} = R$，其值最小，在电源电压 U 不变的情况下，电路中的电流将达到最大，即

$$I = I_0 = \frac{U}{|Z|} = R$$

图 6 – 43 为阻抗和电流随频率变化的曲线。

（2）因为 $X_{\mathrm{L}} = X_{\mathrm{C}}$ 时发生谐振，所以谐振时电路对电源呈现纯电阻性。电源供给的电能全被电阻消耗，电源与电路间没有能量交换，能量交换只发生在电感与电容之间。

（3）因为 $X_{\mathrm{L}} = X_{\mathrm{C}}$，所以 $U_{\mathrm{L}} = U_{\mathrm{C}}$，而 $\dot{U}_{\mathrm{L}}$ 和 $\dot{U}_{\mathrm{C}}$ 相位相反，所以互相抵消，对整个电路不起作用，因此，电源电压 $\dot{U} = \dot{U}_{\mathrm{R}}$，如图 6 – 44 所示，但 U_{L} 和 U_{C} 的单独作用不能忽略，当 $X_{\mathrm{L}} = X_{\mathrm{C}} > R$ 时，U_{L} 和 U_{C} 都高于电源电压，甚至可能超过许多倍，因此，串联谐振又称为高电压谐振，在电力系统中要尽量避免。

（4）品质因数 Q 为

$$Q = \frac{U_L}{U} = \frac{U_C}{U} = \frac{1}{\omega_0 CR} = \frac{\omega_0 L}{R}$$

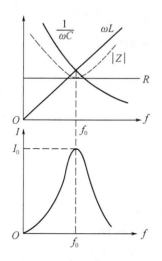

图 6-43　阻抗模与电流等随频率变化曲线

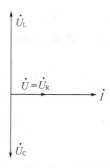

图 6-44　谐振时的相量图

品质因数 Q 是 U_L 或 U_C 与端电压的比值，表示在谐振时电感或电容元件上的电压是电源电压的 Q 倍。如 $Q = 40$，$U = 10$ V，则在谐振时电感或电容元件上的电压就高达 400 V。

【例 6-29】 如图 6-45 所示，在频率为 $f = 500$ Hz 时发生谐振，谐振时 $I = 0.2$ A，容抗 $X_C = 314$ Ω，品质因数 $Q = 20$。

（1）求 R、L、C 的值；

（2）若电源频率 $f = 250$ Hz，求此时的电流 I。

解　（1）当 $X_L = X_C$ 时，发生谐振，由题知 $X_C = 314$ Ω，所以 $X_L = 314$ Ω，可求得

$$L = \frac{X_L}{2\pi f} = \frac{314}{2 \times 3.14 \times 500} = 0.1 \text{ H}$$

$$C = \frac{1}{2\pi f X_C} = \frac{1}{2 \times 3.14 \times 500 \times 314} \approx 1 \text{ μF}$$

因为

$$Q = \frac{U_L}{U} = \frac{U_C}{U} = \frac{1}{\omega_0 CR} = \frac{\omega_0 L}{R}$$

所以

$$R = \frac{\omega_0 L}{Q} = \frac{314}{20} = 15.7 \text{ Ω}$$

电源电压为

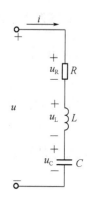

图 6-45　例 6-29 图

$$U = \frac{U_L}{Q} = \frac{X_L I}{Q} = \frac{314 \times 0.2}{20} = 3.14 \text{ V}$$

（2） $$X_L = \omega L = 2\pi f L = 2 \times 3.14 \times 250 \times 0.1 = 157 \ \Omega$$

$$X_C = \frac{1}{\omega C} = \frac{1}{2\pi f C} = \frac{1}{2 \times 3.14 \times 250 \times 10^{-6}} = 628 \ \Omega$$

$$Z = R + j(X_L - X_C) = 15.7 + j(157 - 628) = 471.3 \angle -88.1° \ \Omega$$

$$I = \frac{U}{|Z|} = \frac{3.14}{471.3} = 6.66 \text{ mA}$$

6.6.3 并联谐振

并联谐振电路如图 6 – 46 所示，则有

$$Z = \frac{(R + j\omega L)\dfrac{1}{j\omega C}}{(R + j\omega L) + \dfrac{1}{j\omega C}} = \frac{R + j\omega L}{1 + j\omega RC - \omega^2 LC}$$

通常 R 很小，一般在谐振时 $\omega L \gg R$，则

$$Z = \frac{R + j\omega L}{1 + j\omega RC - \omega^2 LC} \approx \frac{1}{\dfrac{RC}{L} + j\left(\omega C - \dfrac{1}{\omega L}\right)}$$

当 $\omega C = \dfrac{1}{\omega L}$ 时，即 $\omega = \omega_0 = \dfrac{1}{\sqrt{LC}}$，$f = f_0 =$

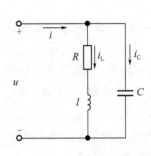

图 6 – 46　并联谐振电路

$\dfrac{1}{2\pi\sqrt{LC}}$，即发生了谐振，因发生在并联电路中，所以称为并联谐振。电路发生并联谐振时具有以下特征。

（1）电路的阻抗模为 $|Z| = |Z_0| = \dfrac{1}{\dfrac{RC}{L}} = \dfrac{L}{RC}$，其值最大，在电源电压 U 不变的情况下，电路中的总电流将达到最小值，即

$$I = I_0 = \frac{U}{|Z_0|} = \frac{U}{\dfrac{L}{RC}}$$

（2）因为 $\omega C = \dfrac{1}{\omega L}$ 时发生谐振，所以谐振时电路对电源呈现纯电阻性，$|Z_0|$ 相当于一个电阻。

（3）谐振时各并联支路的电流为

$$I_L = \frac{U}{\sqrt{R^2 + (\omega_0 L)^2}} \approx \frac{U}{\omega_0 L}$$

$$I_C = \frac{U}{\dfrac{1}{\omega_0 C}}$$

因为谐振时 $\omega_0 C = \dfrac{1}{\omega_0 L}$，所以 $I_{\mathrm{L}} = I_{\mathrm{C}} \gg I_0$，并联谐振时，电感支路和电容支路的电流比总电流大许多倍。

（4）品质因数 Q 为

$$Q = \frac{I_{\mathrm{L}}}{I} = \frac{I_{\mathrm{C}}}{I} = \frac{1}{\omega_0 C R} = \frac{\omega_0 L}{R}$$

品质因数 Q 是 I_{L} 或 I_{C} 与总电流的比值，表示在谐振时电感或电容元件支路上电流是总电流的 Q 倍。

习　题　6

6-1　已知正弦电压 $u = 5\sqrt{2}\cos(314t + 60°)$（V），电流 $i = 5\cos(314t - 30°)$（A）。分别画出波形图，并求出它们的有效值、频率及相位差。

6-2　在如图 6-47 所示向量图中，已知 $I_1 = 20$ A，$I_2 = 10$ A，$U = 220$ V，$f = 50$ Hz，试分别写出它们的相表达式和瞬时值表达式。

6-3　已知工频电流相量 $i_1 = (6 + \mathrm{j}8)$ A，$i_2 = (-6 + \mathrm{j}8)$ A，$i_3 = (-6 - \mathrm{j}8)$ A，$i_4 = (6 - \mathrm{j}8)$ A。试写出极坐标形式和对应的瞬时值表达式。

6-4　如图 6-48 所示为荧光灯电路示意图，已知灯管的等效电阻 $R = 300$ Ω，镇流器电感 $L = 1.274$ H，电阻 $R_0 = 100$ Ω，电源电压为 220 V。求电路的电流、镇流器两端的电压和灯管两端的电压。

6-5　在如图 6-49 所示电路中，已知输入 u_1 为正弦电压，频率为 1 000 Hz，电容 $C = 1$ μF。要求输出电压的相位滞后 u_1 60°，问电阻 R 的值应为多少？

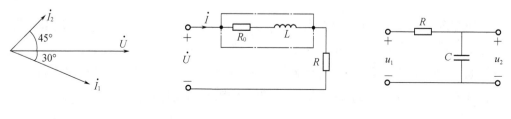

图 6-47　题 6-2 图　　　　图 6-48　题 6-4 图　　　　图 6-49　题 6-5 图

6-6　对 RC 并联电路作如下两次测量：（1）端口加工频正弦电压 100 V 时，输入电流有效值为 0.5 A；（2）端口加工频正弦电压 100 V 时，输入电流有效值为 1 A。求 R 和 C 的值。

6-7　实际电感线圈可以等效为 RL 串联电路。当将线圈接在 40 V 直流电源上时，电流为 0.5 A；当将它改接在工频 220 V 的交流电源上时，电流有效值为 0.5 A。试求线圈的电阻和电感。

6-8　已知如图 6-50（a）和图 6-50（b）所示电路中，电压表 V₁ 的读数为 30 V，电压表 V₂ 的读数为 40 V。如图 6-50（c）所示电路中，电压表 V₁、V₂ 和 V₃ 的读数分别为

15 V、80 V 和 100 V。（1）求三个电路端电压的有效值 U 各为多少（各表读数表示有效值）；（2）若外施电压为直流电压且等于 50 V，再求各表读数。

6–9 试求如图 6–51 所示各电路的输入阻抗 Z 和导纳 Y。

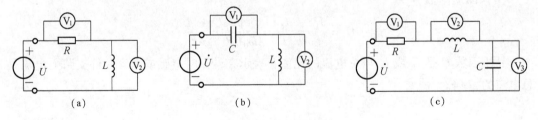

图 6–50　题 6–8 图

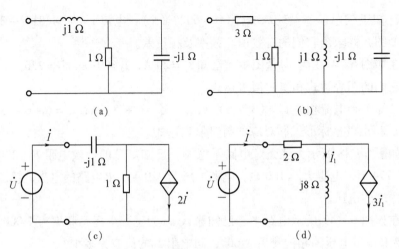

图 6–51　题 6–9 图

6–10 在如图 6–52 所示电路中，$u = 100\cos(\omega t + 60°)$（V），$Z_1 = (4 + j3)\,\Omega$，$Z_2 = (3 + j3)\,\Omega$，$Z_3 = (3 + j4)\,\Omega$。求 i、u_1、u_2 和 u_3 的瞬时值表达式。

6–11 在如图 6–53 所示电路中，已知 $i = 10\sqrt{2}\cos(\omega t - 30°)$（A），$Z_1 = (10 + j10)\,\Omega$，$Z_2 = (10 - j10)\,\Omega$。求 u、i_1 和 i_2 的瞬时值表达式。

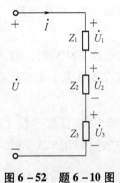

图 6–52　题 6–10 图

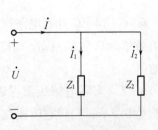

图 6–53　题 6–11 图

6－12　在如图 6－54 所示电路中，已知 $U = 100$ V，$I_1 = I_2 = 10$ A，$\dot U$ 与 $\dot I$ 同相，求 I、X_C、X_L 及 R_2。

6－13　在如图 6－55 所示电路中，已知 $u = 10\cos\omega t$（V），$R = \omega L = \dfrac{1}{\omega C}$，求电压表的读数。

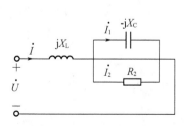

图 6－54　题 6－12 图

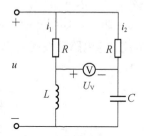

图 6－55　题 6－13 图

6－14　试列写如图 6－56 所示电路的回路电流方程和节点电压方程。已知 $u_S = 5\sqrt{2}\cos 2t$（V），$i_S = 2\sqrt{2}\cos(2t + 30°)$（A）。

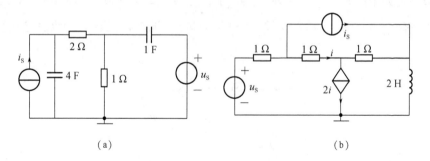

（a）　　　　　　　　　　　　（b）

图 6－56　6－14 图

6－15　求如图 6－57 所示电路的电流 $\dot I$。

6－16　在如图 6－58 所示电路中，求出 a、b 端的戴维南等效电路。

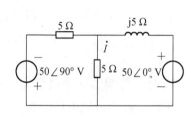

图 6－57　题 6－15 图

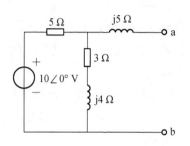

图 6－58　题 6－16 图

6－17　一个线圈接到 $U = 20$ V，$f = 50$ Hz 的电源上时，流过电流为 2 A，消耗的功率为 24 W。现将两个线圈串联接到 $U = 100$ V，$f = 50$ Hz 的电源上。试求：(1)电流 I；(2)总的有功功率 P；(3)电路的功率因数。

6 – 18　若将上题中的两个线圈并联接在 $U = 100$ V，$f = 50$ Hz 的电源上，试求：(1)总电流；(2)总的有功功率 P；(3)电路的功率因数。

6 – 19　在如图 6 – 59 所示电路中，已知 $\omega = 10$ rad/s，$U = 48$ V，$I = 10$ A，电路功率 $P = 384$ W，求 R 和 C。

6 – 20　在如图 6 – 60 所示电路中，已知 $u_{S1} = 5\cos t$ （V），$u_{S2} = 3\cos(t + 30°)$（V），求电流 i 和电路消耗的功率 P。

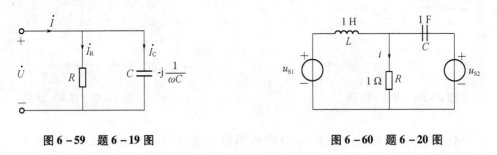

图 6 – 59　题 6 – 19 图　　　　　图 6 – 60　题 6 – 20 图

6 – 21　在如图 6 – 61 所示电路中，已知 $u = 220\sqrt{2}\cos 314t$ （V），$i_1 = 22\cos(314t - 45°)$（A），$i_2 = 11\sqrt{2}\cos(314t + 90°)$（A）。试求各仪表的读数及电路参数 R、L 和 C。

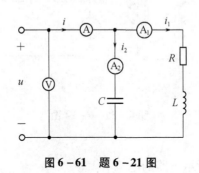

图 6 – 61　题 6 – 21 图

6 – 22　三个负载 Z_A、Z_B、Z_C 并连接在 $U = 100$ V 的交流电路上。已知负载 Z_A 的电流为 10 A，功率因数为 0.8（滞后）；负载 Z_B 的电流为 2 A，功率因数为 0.6（超前）；负载 Z_C 的电流为 4 A，功率因数为 1。试求整个电路的有功功率、无功功率、视在功率及电路的总电流。

6 – 23　一个负载由电压源供电，已知视在功率为 6 VA 时，负载的功率因数为 0.8（滞后）。现在并联一个电阻负载，其吸收功率为 4 W。求并联电阻后，电路的总视在功率和功率因数。

6 – 24　功率为 40 W 的白炽灯和荧光灯各 100 只并联在电压 220 V 的工频交流电源上，设荧光灯的功率因数为 0.5（感性）。(1) 求总电流以及总功率因数；(2) 如通过并联电容将功率因数提高到 0.9，问应并联多大的电容，并求这时电路的总电流。

6－25　一台功率 $P=1.1$ kW 的单相电动机接到 220 V 的工频电源上，其电流为 10 A，求电动机的功率因数。若在电动机两端并联 $C=80$ μF 的电容器，功率因数应为多少？

6－26　在如图 6－62 所示电路中，$u_S=2\cos\omega t(\text{V})$，$\omega=10^6$ rad/s。求负载阻抗 Z 为多少可获得最大功率并求出此最大功率。

6－27　在如图 6－63 所示电路中，设负载是两个元件的串联组合，求负载获得最大平均功率时其元件的参数值，并求此最大功率。

6－28　为使如图 6－64 所示电路中的 Z_L 获得最大功率，问 Z_L 的值为多少并求出此时的 $P_{\max}$。

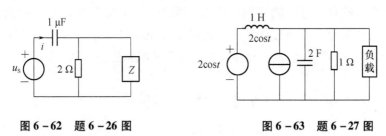

图 6－62　题 6－26 图　　　　　图 6－63　题 6－27 图

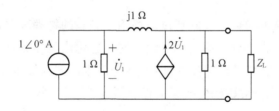

图 6－64　题 6－28 图

第7章 耦合电感电路的分析

在前面分析的电路中涉及了电阻、电感、电容三种基本二端无源元件，本章将介绍两种多端无源元件，即耦合电感和变压器。耦合电感和变压器都是依靠线圈间的电磁感应现象而工作的，它们在工程中有着广泛的应用。例如，收音机、电视机中的中周线圈、振荡线圈和整流电源里使用的变压器等都是耦合电感元件。

本章主要介绍耦合电感中的磁耦合现象、互感、同名端和互感电压的概念和确定以及含有耦合电感电路的方程和分析计算，还简单介绍了含有空心变压器和理想变压器的电路分析。对本章的学习，应重点掌握含有耦合电感电路的分析和计算。

7.1 互 感

7.1.1 互感现象

两个或多个彼此靠近的载流线圈通过磁场相互联系的物理现象称为磁耦合现象，产生磁组合现象的线圈称为耦合线圈，耦合线圈的理想化模型即为耦合电感。当一个线圈中的电流发生变化时，将在其他耦合线圈中产生感应电压的现象称为互感现象。

如图7-1所示。设一对磁耦合线圈1和磁耦合线圈2，线圈芯子及周围的磁介质为非铁磁性物质，两线圈的匝数分别为 N_1 和 N_2，并且每一线圈的各匝排列很紧密。当线圈1通过以施感电流 i_1 时，在线圈1中将产生自感磁通 Φ_{11}，形成自感磁链 Ψ_{11}，Φ_{11} 与 i_1 取关联参考方向，可定义线圈1的自感 $L_1 = \dfrac{\Psi_{11}}{i_1}$。由于两线圈相互邻近，因此，磁通 Φ_{11} 的一部分（或全部）将与线圈2相交链，这部分磁通称为互感 Ψ_{11} 的磁通 Φ_{21}，形成互感磁链 Ψ_{21}，显然有 $\Phi_{21} \leqslant \Phi_{11}$，$\Phi_{21}$ 的参考方向与 i_1 的参考方向也相关联，可定义

$$M_{21} = \frac{\Psi_{21}}{i_1} \tag{7-1}$$

M_{21} 称为线圈1对线圈2的互感系数，简称互感。

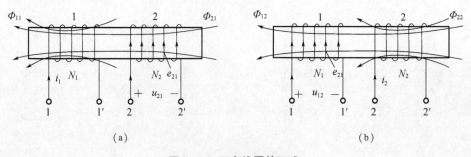

(a)   (b)

图7-1 两个线圈的互感

同理，当线圈 2 中通过施感电流 i_2 时，它在线圈 2 中也将产生自感磁通 Φ_{22}，其自感磁链为 Ψ_{22}，Φ_{22} 与 i_2 取关联参考方向，可定义线圈 2 的自感 $L_2 = \dfrac{\Psi_{22}}{i_2}$。$\Phi_{22}$ 的一部分(或全部)也将与线圈 1 相交链，这部分磁通成为互感磁通 Φ_{12}，也形成互感磁链 Ψ_{12}，显然有 $\Phi_{12} \leqslant \Phi_{22}$，$\Phi_{12}$ 的参考方向与 i_2 的参考方向也相关联，也可定义为

$$M_{12} = \frac{\Psi_{12}}{i_2} \tag{7-2}$$

M_{12} 称为线圈 2 对线圈 1 的互感系数，简称互感。

应该指出：在该定义式中，分子、分母两个量间必须符合关联参考方向，即各磁链及相应电流参考方向之间符合右手螺旋定则，因而电感 L_1、L_2 及互感 M_{21}、M_{12} 均为正值。

实践和理论均可证明 $M_{21} = M_{12} = M$，所以不必区分 M_{21} 和 M_{12}，可统一用 M 表示，称为互感，即

$$M = \frac{\Psi_{21}}{i_1} = \frac{\Psi_{12}}{i_2} \tag{7-3}$$

互感的单位与自感的单位相同，在国际单位制中也是亨利(H)。

两线圈间的互感在无铁芯的情况下是一个与各线圈所通过的电流及其变动率无关的常量，而只与两线圈的结构、几何尺寸、匝数、相互位置和周围介质的磁导率有关。当 M 为常量时，称为线性耦合电感元件。铁磁介质的磁导率不是常量，铁芯耦合电感的磁链是电流的非线性函数，其互感 M 不是常量，构成非线性耦合电感元件。本章只讨论线性耦合电感元件。

互感的量值反映了一个线圈在另一个线圈产生磁链的能力，通常两个耦合线圈的电流产生的磁通只有部分磁通相互交链，而彼此不交链的那一部分磁通称为漏磁通。为了表征两个线圈耦合的紧密程度，把两个线圈互感磁链与自感磁链的比值的几何平均值定义为耦合系数 k，即

$$k = \sqrt{\frac{\Psi_{21}}{\Psi_{11}} \cdot \frac{\Psi_{12}}{\Psi_{22}}} \tag{7-4}$$

将 $\Psi_{11} = L_1 i_1$，$\Psi_{21} = M i_1$，$\Psi_{22} = L_2 i_2$，$\Psi_{12} = M i_2$ 代入式(7-4)后，有

$$k = \frac{M}{\sqrt{L_1 L_2}} \tag{7-5}$$

将 $\Psi_{11} = N_1 \Phi_{11}$，$\Psi_{21} = N_2 \Phi_{21}$，$\Psi_{22} = N_2 \Phi_{22}$，$\Psi_{12} = N_1 \Phi_{12}$ 代入式(7-4)后，有

$$k = \sqrt{\frac{\Phi_{21}}{\Phi_{11}} \cdot \frac{\Phi_{12}}{\Phi_{22}}} \tag{7-6}$$

因为 $\Phi_{21} \leqslant \Phi_{11}$，$\Phi_{12} \leqslant \Phi_{22}$，所以有 $k \leqslant 1$。

一般情况下，$0 \leqslant k \leqslant 1$。$k$ 值越大，表示漏磁通越小，即两个线圈之间耦合得越紧密。当 $k = 1$ 时，无漏磁，两线圈全耦合。

当两线圈的几何尺寸已确定时，耦合系数 k 的大小主要与两线圈的相对位置有关。如果两个线圈靠得很近或紧密地绕在一起，如图 7-2(a)所示，其 k 值可能接近于 1；反之，

如果它们相隔很远，或者它们的轴线相互垂直，如图7-2(b)所示，则 k 值很小，甚至接近于0。由此可见，改变或调整线圈间的相对位置，可以改变耦合系数 k 的大小。当 L_1、L_2 一定时，也就相应地改变互感 M 的大小。

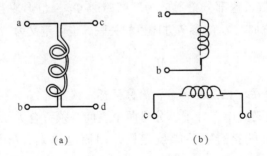

(a)　　　　　　(b)

图7-2　耦合线圈的耦合系数与相对位置的关系

在电力变压器和无线电技术中，为了更有效地传输功率或信号，总是采用极紧密的耦合，使 k 值尽可能接近于1。一般采用铁磁材料制成的芯子可以达到这一目的。在工程上，有时要尽量减小互感的作用，以避免线圈之间的相互干扰。除了采用屏蔽手段外，另一个有效的方法就是合理布置这些线圈的相对位置。

7.1.2　耦合线圈的同名端

耦合线圈的同名端如图7-3所示。

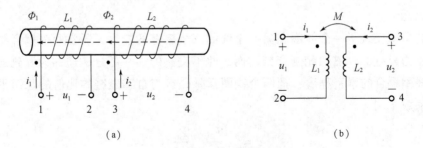

(a)　　　　　　　　　　(b)

图7-3　耦合线圈的同名端

在实际应用中，常利用耦合线圈传递电压信号，有时需要知道耦合线圈产生的互感电压的极性，才能正确设计电路。另外，实际使用时还经常在一个铁芯柱上绕制多个线圈，并将这些线圈串联或并联，以满足电路的输出电压和输出电流的要求，此时，如何将耦合线圈的端子正确连接起来，也需要知道耦合线圈产生的互感电压的极性。

由于互感电压的极性与耦合线圈的绕向及线圈间的相对位置有关，而实际的磁耦合器件绕制并封装好后，一般难以确定耦合线圈的绕向，这给电路分析带来许多不便。为了解决这一问题，引入了同名端的概念。

两个具有磁耦合的线圈，当电流分别从两个线圈的对应端钮同时流入或同时流出时，若产生的磁通相互增强，则这两个对应端钮称为两互感线圈的同名端（corresponding terminal），用小圆点"·"或星号"＊"等符号作标记。

如图 7-3 所示，当电流从线圈 L_1 和线圈 L_2 的 1、3 两个端钮同时流入或流出时，两个线圈产生的磁通相互增强，起相助作用，则 1、3 两个端钮为同名端，用小圆点表示。当然，2、4 两个端钮也为同名端，而 1、4 和 2、3 端钮称为异名端。

由图 7-3(a) 可见，无论何时，在同一个变化磁通的作用下，耦合线圈同名端产生的感应电压的极性总是相同的，即同名端有同极性，因此，同名端也称为同极性端。

在耦合线圈的端钮标出同名端后，以后表示两个线圈相互作用，就不再考虑实际绕向，可采用带有互感 M 和同名端标记的电感 L_1 和 L_2 表示耦合线圈，如图 7-3(b) 所示。

7.1.3　耦合线圈的互感电压

由图 7-3 可见，当通入线圈的电流为时变电流时，由其产生的磁通也将随时间变化，从而在线圈两端产生感应电压。对于已标定同名端的耦合电感，如果每个线圈的电压、电流为关联参考方向，且每个线圈的电流与该电流产生的磁通符合右手螺旋法则，则根据电磁感应定律和楞次定律，可得每个线圈两端的电压为

$$\begin{cases} u_1 = \dfrac{\mathrm{d}\varPsi_1}{\mathrm{d}t} = L_1 \dfrac{\mathrm{d}i_1}{\mathrm{d}t} \pm M \dfrac{\mathrm{d}i_2}{\mathrm{d}t} = u_{11} \pm u_{12} \\[2mm] u_2 = \dfrac{\mathrm{d}\varPsi_2}{\mathrm{d}t} = L_2 \dfrac{\mathrm{d}i_2}{\mathrm{d}t} \pm M \dfrac{\mathrm{d}i_1}{\mathrm{d}t} = u_{22} \pm u_{21} \end{cases} \tag{7-7}$$

式中　u_{11}、u_{22}——自感电压；

u_{12}、u_{21}——互感电压。

线圈两端的电压均包含自感电压和互感电压。

根据耦合线圈的同名端有同极性，可以方便地判断互感电压的极性。耦合线圈的互感电压如图 7-4 所示。当两个线圈电流均从同名端流入（或流出）时，互感电压与该线圈中的自感电压同极性，互感电压取正号；否则，当两线圈电流从异名端流入（或流出）时，互感电压与自感电压异极性，互感电压取负号。

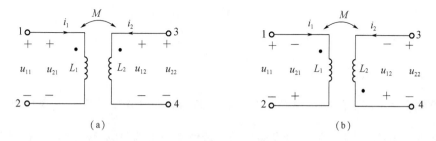

图 7-4　耦合线圈的互感电压

（a）互感电压与自感电压同极性；（b）互感电压与自感电压异极性

当通入线圈的电流为正弦量时，在稳态情况下，式(7-7)的电压方程可用相量形式表示，即

$$\begin{cases} \dot{U}_1 = j\omega L_1 \dot{I}_1 \pm j\omega M \dot{I}_2 \\ \dot{U}_2 = j\omega L_2 \dot{I}_2 \pm j\omega M \dot{I}_1 \end{cases} \qquad (7-8)$$

式中 Z_M——互感电抗，$Z_M = j\omega M$。

7.2   含有耦合电感电路的计算

在正弦稳态情况下，含有耦合电感（简称互感）电路的计算仍可采用前面介绍的相量法进行分析计算，但应注意耦合电感上的电压除了自感电压外，还应包含互感电压。在列写 KVL 方程时计入互感电压，要正确使用同名端的同极性。

7.2.1   互感电压的相量形式

在计算含有耦合电感的正弦电流电路时，仍可采用相量法，KCL 的形式仍然不变，但在 KVL 的表达式中，应正确计入由耦合电感引起的互感电压。

如果通过耦合线圈的两个电流为同频率的正弦电流，则由它们产生的互感电压也是同频率的正弦量。当线圈电流与由它引起的互感电压的参考方向对于同名端一致（即同名端有相同的参考电压极性）时，有

$$\begin{cases} \dot{U}_{21} = j\omega M \dot{I}_1 = jX_M \dot{I}_1 \\ \dot{U}_{12} = j\omega M \dot{I}_2 = jX_M \dot{I}_2 \end{cases} \qquad (7-9)$$

当线圈电流与由它引起的互感电压的参考方向对于同名端不一致（即同名端有相反的参考电压极性）时，有

$$\begin{cases} \dot{U}_{21} = -j\omega M \dot{I}_1 = -jX_M \dot{I}_1 \\ \dot{U}_{12} = -j\omega M \dot{I}_2 = -jX_M \dot{I}_2 \end{cases} \qquad (7-10)$$

以上各式中，$\omega M = X_M$，称为互感电抗，单位为 Ω。

7.2.2   耦合电感的串联

两个耦合电感线圈的串联有顺向串联和反向串联两种接法。顺向串联是把两线圈的异名端相连，电流 $\dot{I}$ 从两线圈的同名端流入，两线圈产生的磁场互相增强，如图 7-5(a) 所示，R_1、L_1 和 R_2、L_2 分别代表两个线圈的电阻和自感，M 为两个线圈的互感。图 7-5 中还标出了电流、电压和互感电压的参考方向和极性。根据 KVL，线圈的端电压分别为

$$\dot{U}_1 = R_1 \dot{I} + j\omega L_1 \dot{I} + \dot{U}_{12} = R_1 \dot{I} + j\omega L_1 \dot{I} + j\omega M \dot{I}$$

$$\dot{U}_2 = R_2 \dot{I} + j\omega L_2 \dot{I} + \dot{U}_{21} = R_2 \dot{I} + j\omega L_2 \dot{I} + j\omega M \dot{I} \qquad (7-11)$$

串联后的总电压为

$$\dot{U} = \dot{U}_1 + \dot{U}_2 = \left[(R_1 + R_2) + j\omega(L_1 + L_2 + 2M) \right] \dot{I} \qquad (7-12)$$

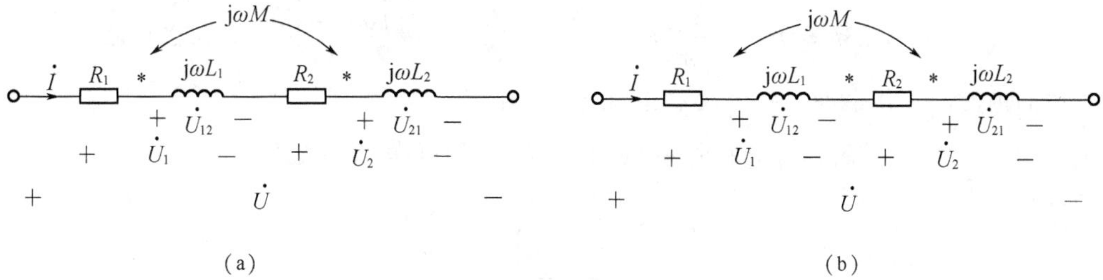

(a)　　　　　　　　　　　　　　　　　(b)

图 7-5　耦合电感的串联

反向串联是把两线圈的同名端相连，电流 $\dot{I}$ 从两线圈的异名端流入，两线圈产生的磁场互相削弱，按如图 7-5 所示的电流、电压和互感电压的参考方向和极性，根据 KVL 有

$$\dot{U}_1 = R_1\dot{I} + j\omega L_1\dot{I} + \dot{U}_{12} = R_1\dot{I} + j\omega L_1\dot{I} - j\omega M\dot{I}$$

$$\dot{U}_2 = R_2\dot{I} + j\omega L_2\dot{I} + \dot{U}_{21} = R_2\dot{I} + j\omega L_2\dot{I} - j\omega M\dot{I} \qquad (7-13)$$

$$\dot{U} = \dot{U}_1 + \dot{U}_2 = \left[(R_1 + R_2) + j\omega(L_1 + L_2 - 2M) \right]\dot{I} \qquad (7-14)$$

可见，耦合电感串联时两种情况下等效阻抗为

$$Z_{eq} = \frac{\dot{U}}{\dot{I}} = (R_1 + R_2) + j\omega(L_1 + L_2 \pm 2M) \qquad (7-15)$$

其中，等效电感为

$$L_{eq} = L_1 + L_2 \pm 2M \qquad (7-16)$$

式中，顺向串联时取正号，反向串联时取负号。显然，顺向串联时，等效电感增加；反向串联时，等效电感减少。利用这个结论，也可以用实验的方法判断耦合电感的同名端。式(7-16)还提供了测量耦合电感 M 的方法。应该注意，反向串联有削弱电感的作用，互感的这种作用称为互感的容性效应。在一定的条件下，可能有一个线圈的自感小于互感 M，则该线圈呈容性反应，即其端电压滞后于电流。但串联后的等效电感也必然大于或等于零，即

$$L_1 + L_2 - 2M \geqslant 0 \qquad (7-17)$$

【例 7-1】 两个耦合线圈相串接，接到 220 V 的工频正弦电压源上，测得顺向串联时的电流为 2.2 A，功率为 242 W，反向串联时电流为 4 A。求互感 M。

解　每个线圈用一个电阻串联电感的电路模型等效，设两个线圈的电阻分别为 R_1 和 R_2，根据交流电路中只有电阻元件吸收功率的特点，计算顺向串联时电路等效电感 L_{eq}，有

$$Z = R_1 + R_2 + j\omega(L_1 + L_2 + 2M) = R + j\omega L_{eq}$$

$$|Z| = \frac{U}{I} = \frac{220}{2.2} = 100 \ \Omega$$

$$R = \frac{P}{I^2} = \frac{242}{2.2^2} = 50 \ \Omega$$

$$L_1 + L_2 + 2M = L_{eq} = \frac{X_L}{\omega} = \frac{\sqrt{|Z|^2 - R^2}}{\omega} = \frac{\sqrt{100^2 - 50^2}}{2\pi \times 50} = 0.276 \ \mathrm{H}$$

反向串联时，R 不变，计算等效电感 L'_{eq}，有

$$Z' = R_1 + R_2 + j\omega(L_1 + L_2 - 2M) = R + j\omega L'_{eq}$$

$$|Z'| = \frac{U}{I} = \frac{220}{4} = 55 \ \Omega$$

$$L_1 + L_2 - 2M = L'_{eq} = \frac{X'_L}{\omega} = \frac{\sqrt{|Z'|^2 - R^2}}{\omega} = \frac{\sqrt{55^2 - 50^2}}{2\pi \times 50} = 0.073 \ \mathrm{H}$$

所以

$$M = \frac{L_{eq} - L'_{eq}}{4} = \frac{0.276 - 0.073}{4} = 0.05 \ \mathrm{H}$$

7.2.3 耦合电感的并联

两个耦合电感线圈的并联也有两种接法，如图 7-6 所示。如图 7-6(a)所示电路为同侧并联，即同名端在同一侧；如图 7-6(b)所示电路为异侧并联，即异名端在同一侧。

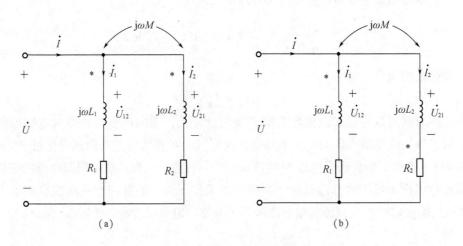

图 7-6 耦合电感的并联

在正弦电流的情况下，按照图中各电流电压的参考方向和极性可列写出 KVL 方程，即

$$\begin{cases} \dot{U} = (R_1 + j\omega L_1)\dot{I}_1 + \dot{U}_{12} = (R_1 + j\omega L_1)\dot{I}_1 \pm j\omega M\dot{I}_2 = Z_1\dot{I}_1 \pm Z_M\dot{I}_2 \\ \dot{U} = (R_2 + j\omega L_2)\dot{I}_2 + \dot{U}_{21} = (R_2 + j\omega L_2)\dot{I}_2 \pm j\omega M\dot{I}_1 = Z_1\dot{I}_2 \pm Z_M\dot{I}_1 \end{cases} \tag{7-18}$$

式中

$$Z_M = j\omega M$$

对于互感电压项前面的符号，上面的对应同侧并联，下面的对应异侧并联。可得

$$\dot{I}_1 = \frac{\dot{U}(Z_2 \mp Z_M)}{Z_1 Z_2 - Z_M^2}, \dot{I}_2 = \frac{\dot{U}(Z_1 \mp Z_M)}{Z_1 Z_2 - Z_M^2} \qquad (7-19)$$

由 KCL 有 $\dot{I} = \dot{I}_1 + \dot{I}_2$，所以

$$\dot{I} = \frac{\dot{U}(Z_1 + Z_2 \mp 2Z_M)}{Z_1 Z_2 - Z_M^2} \qquad (7-20)$$

根据式（7-20）可得两个耦合线圈并联后的等效阻抗为

$$Z_{eq} = \frac{\dot{U}}{\dot{I}} = \frac{Z_1 Z_2 - Z_M^2}{Z_1 + Z_2 + 2Z_M} \qquad (7-21)$$

在 $R_1 = R_2 = 0$ 的特殊情况下，有

$$Z_{eq} = j\omega \frac{L_1 L_2 - M^2}{L_1 + L_2 \mp 2M} \qquad (7-22)$$

则电路的等效电感为

$$L_{eq} = \frac{L_1 L_2 - M^2}{L_1 + L_2 \mp 2M} \qquad (7-23)$$

同侧并联时，磁场增强，等效电感增大，分母取负号；异侧并联时，磁场削弱，等效电感减小，分母取正号。

7.2.4　耦合电感的 T 形等效

两个耦合电感线圈有一端相连接，如图 7-7(a)所示，可以化为等效的无互感电路，即去耦等效电路。这种方法称为互感消去法（或去耦法）。按照如图 7-7(a)所示的电流参考方向，考虑到同名端在同侧和异侧两种不同的连接方式，将有下列方程

$$\dot{U}_{13} = j\omega L_1 \dot{I}_1 \pm j\omega M \dot{I}_2$$
$$\dot{U}_{23} = j\omega L_2 \dot{I}_2 \pm j\omega M \dot{I}_1 \qquad (7-24)$$

式中，含有 M 的项前面的符号，正号对应于同侧连接，负号对应于异侧连接。

将 $\dot{I}_2 = \dot{I} - \dot{I}_1$ 代入前一式，而将 $\dot{I}_1 = \dot{I} - \dot{I}_2$ 代入后一式，可将上两式改写为

$$\dot{U}_{13} = j\omega(L_1 \mp M)\dot{I}_1 \pm j\omega M \dot{I}$$
$$\dot{U}_{23} = j\omega(L_2 \mp M)\dot{I}_2 \pm j\omega M \dot{I} \qquad (7-25)$$

由此得出如图 7-7(b)所示的无互感等效电路（含有 M 项前面的符号，上面的对应于同侧连接，下面的对应于异侧连接），即有互感耦合的电路可用无互感的 T 形等效电路图 7-7(b)代替。在一般情况下，消去互感后的等效电路，节点数将增加，例如，图 7-7(b)中增加了节点 3′。但应注意：此时节点 3′不对应于图 7-7(a)中的节点 3，节点 3 与节点 0 为同一个节点。对于去耦等效电路的分析与无互感电路相同。

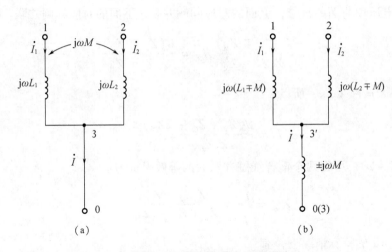

图7-7 耦合电感的 T 形等效

【例7-2】 在如图7-8(a)所示电路中，$R_1 = R_2 = 3\ \Omega$，$\omega L_1 = \omega L_2 = 4\ \Omega$，$\omega M = 2\ \Omega$，在11′端口加10 V正弦电压，求22′端口开路电压 $\dot U_2$ 并作相量图。

解 当22′端口开路时，线圈2中无电流，因此，线圈1中无互感电压。设 $\dot U_1 = 10\angle 0°$ V，则

$$\dot I_1 = \frac{\dot U_1}{R_1 + j\omega L_1} = \frac{10\angle 0°}{3 + j4} = 2\angle -53.1°\ A$$

线圈2有互感电压 $\dot U_{21}$，参考方向如图7-8(a)所示，则开路电压 $\dot U_2$ 为

$$\dot U_2 = \dot U_{21} + \dot U_1 = j\omega M\dot I_1 + \dot U_1 = (j2 \times 2\angle -53.1° + 10\angle 0°)\,V$$

相量图如图7-8(c)所示。

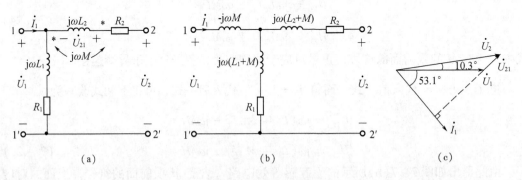

图7-8 例7-2图

本题两耦合电感线圈有一个公共端 1，且是异名端连接，故利用去耦法可作出如图7-8(a)所示电路的去耦等效电路，如图7-8(b)所示。根据分压公式即可求得

$$\dot U_2 = \frac{R_1 + j\omega(L_1 + M)}{R_1 + j\omega(L_1 + M) - j\omega M}\dot U_1 = \frac{3 + j6}{3 + j4} \times 10\angle 0° = 13.4\angle 10.3°\ V$$

可见，在含耦合电感的电路中，利用去耦法可以将含有耦合电感的电路化为无耦合关系的等效电感电路，简化了电路的分析。

7.3　变压器

变压器（transformer）是一种静止的电能转换装置，它利用电磁感应原理，根据需要可以将一种交流电压和电流等级转变成同频率的另一种电压和电流等级，它对电能的经济传输、灵活分配和安全使用具有重要的意义，它也是传输电信号的重要元件。

通常变压器由绕组和芯子组成，绕组绕在芯子上，分为一次绕组（俗称原绕组或初级绕组）和二次绕组（俗称副绕组或次级绕组），一次绕组接电源，二次绕组接负载。通过磁场的耦合，可实现从电源向负载的能量传递。

7.3.1　空心变压器

空心变压器是由绕在非铁磁材料制成的芯子上并且具有磁组合的绕组组成的，其耦合因数较小，属于松耦合，无铁芯损耗，常用于高频电路。

1. 空心变压器的等效电路

由于空心变压器是利用电磁感应原理而制成的，因此，可以用耦合电感构成它的模型。如图 7 - 9(a)所示为空心变压器的电路模型，如图 7 - 9(b)所示为空心变压器用受控源去耦的电路模型。其中，R_1 和 L_1 为一次绕组的电阻和电感，R_2 和 L_2 为二次绕组的电阻和电感，M 为两个绕组之间的互感，$Z_L = R_L + jX_L$ 为负载阻抗。

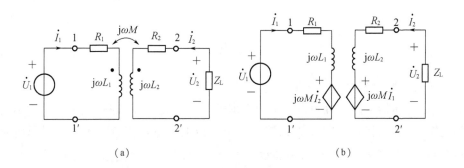

|(a)|(b)|

图 7 - 9　空心变压器的电路模型

由图 7 - 9 可知，在正弦稳态情况下，有

$$\begin{cases} (R_1 + j\omega L_1)\dot{I}_1 + j\omega M\dot{I}_2 = \dot{U}_1 \\ j\omega M\dot{I}_1 + (R_2 + j\omega L_2 + Z_L)\dot{I}_2 = 0 \end{cases} \tag{7 - 26}$$

式（7 - 26）又可写成

$$\begin{cases} Z_{11}\dot{I}_1 + jZ_M\dot{I}_2 = \dot{U}_1 \\ jZ_M\dot{I}_1 + Z_{22}\dot{I}_2 = 0 \end{cases} \tag{7 - 27}$$

式中　Z_{11}——一次回路阻抗，$Z_{11} = R_1 + j\omega L_1$；

　　　Z_{22}——二次回路阻抗，$Z_{22} = R_{22} + j\omega L_2 + Z_L$；

　　　Z_M——互感电抗，$Z_M = j\omega M$。

由式（7-27）可解得

$$\dot{I}_1 = \frac{\dot{U}_1}{Z_{11} - \dfrac{Z_M^2}{Z_{22}}} = \frac{\dot{U}_1}{Z_{11} + \dfrac{(\omega M)^2}{Z_{22}}} = \frac{\dot{U}_1}{Z_{11} + Z_{2f}} \tag{7-28}$$

式中

$$Z_{2f} = \frac{(\omega M)^2}{Z_{22}} = R_{2f} + jX_{2f} \tag{7-29}$$

根据式（7-28）可以得出空心变压器一次回路的等效电路，如图7-10所示，Z_{2f}为二次回路阻抗通过互感反映到一次回路的等效阻抗，称为反映阻抗（或引入阻抗），它体现了二次回路的存在对一次回路电流的影响。从物理意义上讲，虽然一次、二次回路没有电的联系，但由于互感作用使闭合的二次回路产生电流，反过来这个电流又影响一次回路的电流和电压。可以证明，反映阻抗吸收的有功功率等于二次回路的有功功率。

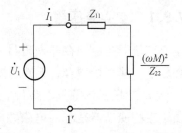

图7-10　空心变压器一次回路的等效电路

求得一次电流 $\dot{I}_1$ 后，由图7-9(b)可得二次电流为

$$\dot{I}_2 = -\frac{j\omega M \dot{I}_1}{Z_{22}} \tag{7-30}$$

2. 去耦等效法分析空心变压器

对于空心变压器电路的分析也可采用去耦等效法进行。在如图7-11(a)所示的空心变压器电路中，如果将端点1'和2'相连，由于连线上无电流流过，因此，对原电路无影响，此时空心变压器就变成了三端连接（T形）电路的耦合电感，则去耦等效电路如图7-11(b)所示，对该电路进行分析即可求解。

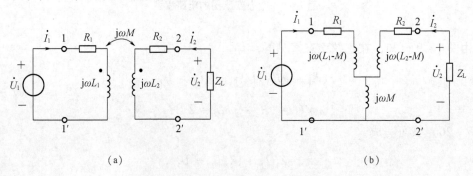

　　　　（a）　　　　　　　　　　　　　　　　（b）

图7-11　空心变压器的去耦等效电路

【**例 7 - 3**】如图 7 - 9(a)所示的空心变压器，已知 $\dot{U}_1 = 30 \angle 0° \text{ V}$，$R_1 = 5 \text{ Ω}$，$R_2 = 0 \text{ Ω}$，$j\omega L_1 = j10 \text{ Ω}$，$j\omega L_2 = j5 \text{ Ω}$，$j\omega M = j4 \text{ Ω}$。若二次侧对一次侧的反映阻抗 $Z_{2f} = (10 - j10) \text{ Ω}$，试求：(1) Z_L 的值；(2) 负载消耗的功率 P_L 为多少？

解 (1) 由题意

$$Z_{2f} = \frac{(\omega M)^2}{Z_{22}} = \frac{4^2}{Z_L} = (10 - j10) \text{ Ω}$$

解得

$$Z_L = (0.8 - j4.2) \text{ Ω}$$

(2) 反映阻抗消耗的有功功率即为二次回路消耗的有功功率，由于 $R_2 = 0$，所以即为负载消耗的有功功率。由

$$Z_{11} + Z_{2f} = (5 + j10 + 10 - j10) \text{ Ω} = 15 \text{ Ω}$$

则有

$$P_L = I_1^2 R_{2f} = \left(\frac{U_1}{Z_{11} + Z_{2f}}\right)^2 R_{2f} = \left(\frac{30}{15}\right)^2 \times 10 \text{ W} = 40 \text{ W}$$

【**例 7 - 4**】如图 7 - 12(a)所示的空心变压器，已知电压源电压 $\dot{U}_S = 100 \angle 0° \text{ V}$，$R_1 = R_2 = 100 \text{ Ω}$，$\omega L_1 = 60 \text{ Ω}$，$\omega L_2 = 40 \text{ Ω}$，$\omega M = 20 \text{ Ω}$。(1) 当 $Z_L = 30 \text{ Ω}$ 时，求一次、二次电流 $\dot{I}_1$ 和 $\dot{I}_2$；(2) 用戴维南定理求负载获得最大功率时的 Z_L 值，并求最大功率。

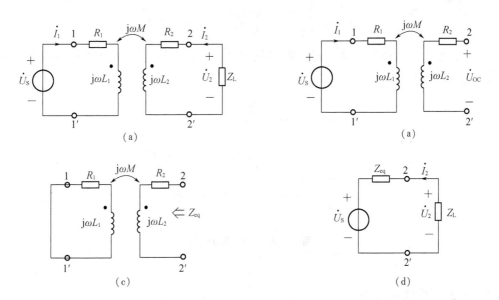

图 7 - 12 例 7 - 4 图

解 (1) 由题意，二次回路阻抗为

$$Z_{22} = R_2 + j\omega L_2 + Z_L = (10 + j40 + 30) \text{ Ω} = (40 + j40) \text{ Ω}$$

二次回路阻抗折算到一次回路的等效阻抗，即反映阻抗为

$$Z_{2f} = \frac{(\omega M)^2}{Z_{22}} = \frac{20^2}{40 + j40} = (5 - j5) \text{ Ω}$$

则由一次回路的等效电路得

$$\dot{I}_1 = \frac{\dot{U}_S}{Z_{11} + Z_{2f}} = \frac{100\angle 0°}{10 + j60 + 5 - j5} = 1.75\angle -74.7° \text{ A}$$

二次电流为

$$\dot{I}_2 = -\frac{j\omega M \dot{I}_1}{Z_{22}} = -\frac{j20 \times 1.75\angle -74.7°}{40 + j40} = 0.62\angle -29.7° \text{ A}$$

(2)用戴维南定理求解，先求 Z_L 开路时的电压，如图 7 – 12(b)。因为 $\dot{I}_2 = 0$，故

$$\dot{U}_{OC} = j\omega M \dot{I} = j\omega M \frac{\dot{U}_S}{Z_{11}} = \frac{j20 \times 100\angle 0°}{10 + j60} = 32.88\angle 9.46° \text{ A}$$

再求二次侧的入端等效阻抗，如图 7 – 12(c)所示的电路。利用反映阻抗的概念，将原来的二次侧当作一次侧，原来的一次侧当作二次侧，参照式(7 – 28)可得一次回路阻抗折算到二次回路的等效阻抗(即反映阻抗)，因此，二次侧的入端等效阻抗为

$$Z_{eq} = R_2 + j\omega L_2 + \frac{(\omega M)^2}{Z_{11}} = 10 + j40 + \frac{20^2}{10 + j60} = (11.05 + j33.51) \text{ }\Omega$$

等效电路如图 7 – 12(d)所示，当

$$Z_L = Z_{eq}^* = (11.05 - j33.51) \text{ }\Omega$$

时获得最大功率，其最大功率为

$$P_{max} = \frac{U_{OC}^2}{4R_{eq}} = \frac{33.28^2}{4 \times 11.05} = 25.06 \text{ W}$$

另外，该例也可以用如图 7 – 13 所示的去耦等效电路进行分析，读者将数据代入后即可求解有关待求量。

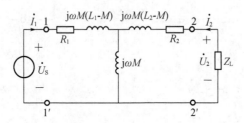

图 7 – 13　去耦等效电路

7.3.2　理想变压器

铁芯变压器主要是由铁芯和线组组成的。铁芯是由高导磁材料（如硅钢片）叠成的，它是变压器的主磁路，又作为绕组的支撑骨架。铁芯的基本结构形式有芯式和壳式两种，如图 7 – 14 所示。绕组是变压器的电路部分，常用绝缘铜线或铝线绕制而成，铁芯变压器的一次绕组和二次绕组之间的耦合很紧密，近似为全耦合。

在工程实际中，在误差允许的范围内，将铁芯变压器当作理想变压器对待，可使计算过程简化。

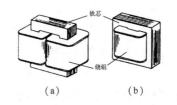

图 7 - 14　芯式变压器和壳式变压器

（a）芯式变压器；（b）壳式变压器

理想变压器是铁芯变压器的理想化模型，是极限情况下的耦合电感，它的唯一参数只是一个称之为电压比的常数 n，而不是 L_1、L_2 和 M 等参数。理想变压器满足以下三个理想条件：

①耦合因数 $k = 1$，即为全耦合；

②自感系数 L_1、L_2 为无穷大，但 L_1/L_2 为常数；

③无任何损耗，绕制线圈的金属导线无任何电阻，做铁芯的铁磁材料的磁导率 μ 无穷大。

对于理想变压器，一般采用如图 7 - 15 所示的电路模型表示。

1．理想变压器的电压变换

如图 7 - 16 所示，假设一次、二次绕组匝数分别为 N_1 和 N_2，电流 i_1 和 i_2 如分别从同名端流入，电压 u_1、u_2 与电流 i_1、i_2 为关联参考方向，由电流 i 产生的主磁通为 Φ，二者的正方向符合右手螺旋法则。

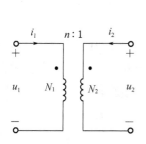

图 7 - 15　理想变压器的电路模型

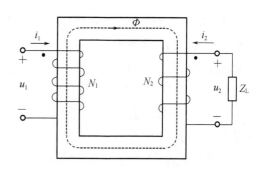

图 7 - 16　理想变压器的工作原理

当在一次绕组两端加上合适的交流电源时，在电源电压 u_1 的作用下，一次绕组中就有交流电流 i_1 流过，由于铁芯的磁导率很高，可认为磁通全部集中在铁芯中，并与全部绕组交链。铁芯中的主磁通 Φ 同时交链一次、二次绕组，根据电磁感应定律，则一次、二次电压为

$$u_1 = \frac{\mathrm{d}\Phi_1}{\mathrm{d}t} = N_1 \frac{\mathrm{d}\Phi}{\mathrm{d}t}$$

$$u_2 = \frac{\mathrm{d}\Phi_2}{\mathrm{d}t} = N_2 \frac{\mathrm{d}\Phi}{\mathrm{d}t}$$

$$(7 - 31)$$

因此有

$$\frac{u_1}{u_2} = \frac{N_1}{N_2} = n \qquad (7-32)$$

式中　n——匝数比或电压比。

式(7-32)表明，理想变压器的一次、二次电压比与一次、二次绕组匝数比成正比。只要改变匝数比 n，即可达到改变输出电压 u_2 的目的，即将一种电压等级的交流电源转换成同频率的另一种电压等级的交流电源。如果 $N_1 > N_2$，$n > 1$，则 $U_1 > U_2$，变压器起降压作用，为降压变压器；反之，$N_1 < N_2$，$n < 1$，则 $U < N_2$，为升压变压器。

2. 理想变压器的电流变换

变压器负载运行时，二次绕组接上负载阻抗 Z_L，二次绕组流过负载电流 i_2，一次绕组电流由空载电流 i_0 变为负载电流 i_1。因此，负载时的主磁通 Φ 由一次、二次绕组的磁动势共同建立。由安培环路定律，沿着主磁通 Φ 的闭合路径，有

$$i_1 N_1 + i_2 N_2 = Hl = \frac{B}{\mu} = \frac{\Phi}{\mu S} l \qquad (7-33)$$

由于理想变压器的磁导率 μ 为无穷大，主磁通 Φ 为有限值，因此

$$i_1 N_1 + i_2 N_2 = 0$$

$$\frac{i_1}{i_2} = -\frac{N_1}{N_2} = -\frac{1}{n} \qquad (7-34)$$

式(7-34)表明，理想变压器负载运行时，其一次、二次电流比与一次、二次绕组匝数比成反比。

综合式(7-32)和式(7-34)可以看出：理想变压器的绕组电压高的，其工作电流小；绕组电压低的，其工作电流大。

应该注意：对于式(7-32)的变压关系式，当 u_1、u_2 参考方向在同名端的极性相同时，则该式冠以"＋"号，反之，该式冠以"－"号；对于式(7-34)的变流关系式，当电流 i_1、i_2 分别从同名端同时流入（或同时流出）时，该式冠以"－"号，反之，该式冠以"＋"号。

理想变压器从端口吸收的瞬时功率为

$$p = u_1 i_1 + u_2 i_2 = n u_2 \left(-\frac{i_2}{n} \right) + u_2 i_2 = 0$$

上式说明，理想变压器不消耗能量也不储存能量，从一次侧输入的功率全部从二次侧输出到负载，是一个非动态无损耗的磁耦合元件，仅起到一个变换参数的作用。

根据式(7-32)和式(7-34)，可以得出理想变压器用受控源表示的电路模型，如图7-17所示。

3. 理想变压器的阻抗变换

如图7-18(a)所示，负载阻抗 Z_L 接在理想变压器的二次侧，是理想变压器的负载，而理想变压器和 Z_L 一起是电源的负载。根据等效变换原则，在保证端口特性不变的情况下，点划线框中的电路可用等效阻抗 Z_L' 代替，如图7-18(b)所示。则有

$$Z'_{L} = \frac{\dot{U}_1}{\dot{I}_1} = \frac{n\dot{U}_2}{-\frac{1}{n}\dot{I}_2} = n^2\frac{\dot{U}_2}{-\dot{I}_2} = n^2 Z_L \qquad (7-35)$$

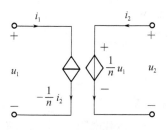

图 7-17　理想变压器用
受控源表示的电路模型

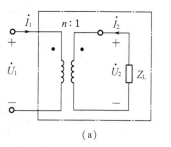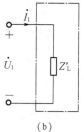

（a）　　　　　　（b）

图 7-18　理想变压器的阻抗变换

式(7-35)表明，当二次侧接负载阻抗 Z_L，对一次侧来说，相当于在一次侧接一个 $n^2 Z_L$ 的阻抗，即理想变压器有变换阻抗的作用。习惯上把 Z'_L 称为二次侧对一次侧的折算阻抗。实际应用中，通过改变理想变压器的电压比改变输入阻抗，实现与电源匹配，使负载获得最大功率。

注意，理想变压器的阻抗变换性质只改变阻抗的大小，不改变阻抗的性质。

【例 7-5】有一台变压器，已知额定容量 $S_N = 500$ VA，一次绕组匝数 $N_1 = 800$ 匝，二次绕组有两个，额定电压为 $U_{1N} = 220$ V、$U_{2N} = 110$ V、$U_{3N} = 36$ V，如图 7-19 所示。

（1）求二次绕组匝数 N_2、N_3 各为多少匝；

（2）如果两个二次绕组分别接阻性负载，绕组电流 $I_2 = 2$ A，$I_3 = 3$ A，求一次绕组电流及绕组的功率。

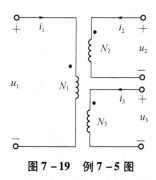

图 7-19　例 7-5 图

解（1）有两个二次绕组，仍按式(7-32)分别计算如下

$$N_2 = \frac{U_2}{U_1}N_1 = \frac{110}{220} \times 800 = 400 \text{ 匝}$$

$$N_3 = \frac{U_3}{U_1}N_1 = \frac{36}{220} \times 800 = 131 \text{ 匝}$$

（2）按式(7-33)有

$$N_1 I_1 = N_2 I_2 + N_3 I_3$$

则有

$$I_1 = \frac{N_2 I_2 + N_3 I_3}{N_1} = \frac{400 \times 2 + 131 \times 3}{800} = 1.491 \text{ A}$$

一次绕组的功率为

$$P_1 = U_1 I_1 = 220 \times 1.491 = 328 \text{ W}$$
$$P_2 = U_2 I_2 = 110 \times 2 = 220 \text{ W}$$
$$P_3 = U_3 I_3 = 36 \times 3 = 108 \text{ W}$$

则有

$$P_1 = P_2 + P_3 = 220 + 108 = 328 \text{ W}$$

【例7-6】已知信号源电压 $U_S = 12$ V，内阻 $R_0 = 600$ Ω，负载电阻 $R_L = 8$ Ω。（1）若将负载直接接在信号源上，如图7-20(a)所示，求负载获得的功率；（2）在信号源与负载之间接入变压器，如图7-20(b)所示，为使负载获得最大功率，求变压器的匝数比和负载获得的功率。

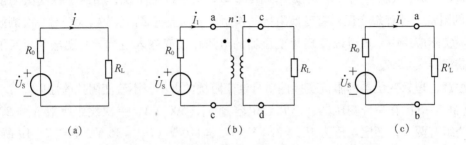

图7-20　例7-6图

解　（1）当负载直接接在信号源上时，负载获得的功率为

$$P = \left(\frac{U_S}{R_0 + R_L}\right)^2 R_L = \left(\frac{12}{600 + 8}\right)^2 \times 8 \text{ W} = 3.12 \text{ mW}$$

（2）为使负载电阻获得最大功率，其等效电阻 R'_L 应等于信号源内阻 R_0，如图7-20(c)所示，即

$$R'_L = n^2 R_L = R_0$$

则变压器的匝数比为

$$n = \sqrt{\frac{R_0}{R_L}} = \sqrt{\frac{600}{8}} = 8.66$$

等效电阻获得的功率即为负载电阻获得的功率，有

$$P = \left(\frac{U_S}{R_0 + R'_L}\right)^2 R'_L = \left(\frac{12}{600 + 600}\right)^2 \times 600 = 0.06 \text{ W} = 60 \text{ mW}$$

从此例可见，经过变压器的阻抗变换，可使负载电阻获得较大的功率。

习　题　7

7-1　电路如图7-21所示，不考虑互感影响时，线圈11′的阻抗 $Z_1 = (5 + j9)$ Ω，

线圈 $22'$ 的阻抗 $Z_2 = (3 + 4\mathrm{j})$ Ω。若耦合因数 $k = 0.5$，求考虑互感影响时的 Z_{ab}

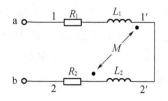

图 7-21　题 7-1 图

7-2　电路如图 7-22 所示，两耦合电路圈串联，接于 $U = 220$ V，$\omega = 100$ rad/s 的正弦电源，已知 $R_1 = 150$ Ω，$R_2 = 250$ Ω，$L_1 = 2$ H，$L_2 = 8$ H。当电路的 $\cos\varphi = 0.8$ 时，试求：(1)耦合因数 k 的值；(2)两线圈消耗的平均功率各为多少。

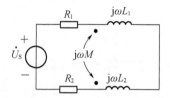

图 7-22　题 7-2 图

7-3　如图 7-23 所示两互感线圈串联后接到 220 V、50 Hz 的正弦交流电源上。当端钮 b、c 相连，端钮 a、b 接电源时，测得电流 $I = 2.5$ A，功率 $P = 62.5$ W，当端钮 b、d 相连，端钮 a、c 接电源时，测得功率 $P = 250$ W。(1)试在图上标出同名端；(2)求两线圈之间的互感 M。

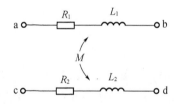

图 7-23　题 7-3 图

7-4　试确定如图 7-24 所示的各线圈的同名端。

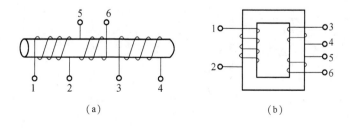

(a)　　　　　　　　　　(b)

图 7-24　题 7-4 图

7-5 如图 7-25 所示耦合电感电路中将端钮 B、b 相连，外加正弦电源。现测得端钮间的数据：$U_{AB}=60$ V，$U_{ab}=36$ V，$U_{Aa}=96$ V。试确定耦合电路电感的同名端。

7-6 电路如图 7-26 所示，已知 $u_S=220\sqrt{2}\cos(314t+36°)$（V），$R_1=R_2=100$ Ω，$L_1=3.6$ H，$L_2=10$ H，耦合因数 $k=0.48$，求端口的输入阻抗 Z_i 和电流 i。若将两个线圈改为顺接，再求解上面两个问题。

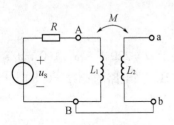

图 7-25 题 7-5 图

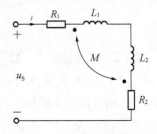

图 7-26 题 7-6 图

7-7 电路如图 7-27 所示，已知 $R_1=3$ Ω，$R_2=6$ Ω，$\omega L_1=6$ Ω，$\omega L_2=3$ Ω，$\omega M=3$ Ω，试求端口的输入阻抗 Z_i。

7-8 在如图 7-28 所示电路图中，已知 $R=100$ Ω，$L_1=1$ H，$L_2=2$ H，$M=1$ H，$C=100$ mF，电源角频率 $\omega=100$ rad/s，试求端口的输入阻抗 Z_i。

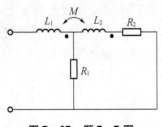

图 7-27 题 7-7 图

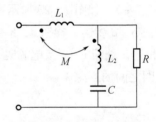

图 7-28 题 7-8 图

7-9 在如图 7-29 电路中，已知 $\dot{U}_S=120\angle0°$ V，$R_1=12$ Ω，$\omega L_1=12$ Ω，$R_2=6$ Ω，$\omega L_2=10$ Ω，$\omega M=6$ Ω，$R_3=8$ Ω，$\omega L_3=6$ Ω，求各支路电流。

7-10 电路如图 7-30 所示，已知 $\omega L_1=\omega L_2=6$ Ω，$\omega M=2$ Ω，$\dot{U}_S=8\angle0°$ V，试求 $\dot{U}_{ab}$。

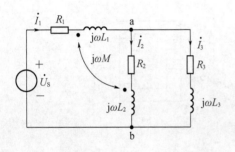

图 7-29 题 7-9 图

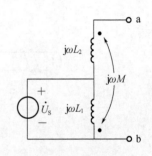

图 7-30 题 7-10 图

7 – 11 如图 7 – 31 所示电路，已知 $R_1 = R_2 = 6 \, \Omega$，$\omega L_1 = \omega L_2 = 10 \, \Omega$，$\omega M = 5 \, \Omega$，$\omega = 1\,000 \, \text{rad/s}$，如果 $\dot{U}_S$ 与 $\dot{I}$ 相同，C 应为何值？此时电路的输出阻值 Z_{ab} 为何值？

7 – 12 如图 7 – 32 所示电路，已知 $\dot{U} = 50 \angle 0° \, \text{V}$，$R_1 = 3 \, \Omega$，$R_2 = 5 \, \Omega$，$\omega L_1 = 7.5 \, \Omega$，$\omega L_2 = 12.5 \, \Omega$，$\omega M = 6 \, \Omega$，试求开关 S 断开和闭合时的电流 $\dot{I}_0$。

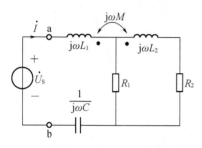

图 7 – 31 题 7 – 11 图

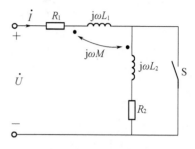

图 7 – 32 题 7 – 12 图

7 – 13 如图 7 – 33 所示电路，已知 $U_S = 10 \, \text{V}$，$\omega = 10^4 \, \text{rad/s}$，$L_1 = L_2 = 10 \, \text{mH}$，$M = 2 \, \text{mH}$，$C_1 = C_2 = 1 \, \mu\text{F}$，$R_1 = R_2 = 10 \, \Omega$，求 a、b 端的戴维南等效电阻。

7 – 14 如图 7 – 34 所示电路，已知 $\dot{U} = 20 \angle 0° \, \text{V}$，$\omega = 5\,000 \, \text{rad/s}$，$L_1 = L_2 = 1 \, \text{mH}$，$M = 0.4 \, \text{mH}$，$R_1 = 5 \, \Omega$，求负载获得最大功率时的 Z_L 及最大功率值。

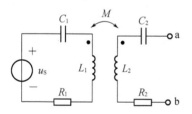

图 7 – 33 题 7 – 13 图

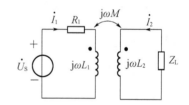

图 7 – 34 题 7 – 14 图

7 – 15 含理想变压器的电路如图 7 – 35 所示，$\dot{U}_S = 100 \angle 0° \, \text{V}$，$R_1 = 10 \, \Omega$，$R_2 = 60 \, \Omega$，$\omega L_1 = 20 \, \Omega$，$1/(\omega C) = 50 \, \Omega$。试求电路的电流 $\dot{I}_1$、$\dot{I}_2$ 以及电压 $\dot{U}_2$。

7 – 16 含理想变压器的电路如图 7 – 36 所示，已知 $\dot{I}_S = 3 \angle 0° \, \text{V}$，$R_1 = 10 \, \Omega$，$R_2 = 50 \, \Omega$，$R_3 = R_4 = 20 \, \Omega$，试求电压 $\dot{U}_2$。

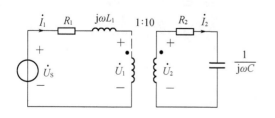

图 7 – 35 题 7 – 15 图

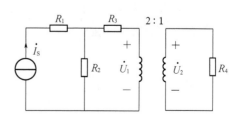

图 7 – 36 题 7 – 16 图

7-17 如图7-37所示电路中，已知 $\dot{U}_S = 90\angle30°$ V，$R_1 = 12$ kΩ，$R_2 = 6$ kΩ，$R_L = 10$ Ω。试求电压比 n 为多少时，R_L 可获得最大功率，并求出此最大功率值。

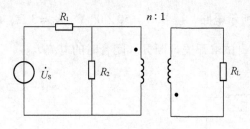

图7-37　题7-17图

第8章 三 相 电 路

前面研究的正弦交流电路，每个电源都只有两个输出端钮，输出一个电流或电压，习惯上称这种电路为单相交流电路。但实际上电路系统还有多相制交流电路的存在，多相制电路是由多相电源供电的电路，按相的数目分，有两相、三相、六相等。本章先介绍三相电路的概念以及三相电源和负载的连接方式，然后介绍对称三相电路、不对称三相电路、三相电路的功率计算，最后介绍三相电用电与供电和三相电用电安全。

8.1 三相电路的基本概念

世界上的电力系统几乎都采用三相制的供电方式，即三相发电机产生电能并用三相输电线输送电能。日常生活中所用的单相交流电也是取自三相交流电源的一相。三相电路是由三相电源、三相输电线和三相负载三个部分组成的，三相电路实际上是复杂正弦交流电路的一种特殊类形，相量法完全适用于三相电路。

8.1.1 对称三相电源

工程上把三个频率相同、振幅相等，但初相位不同的正弦电源与三组负载按特定方式连接组成的电路，称为三相电路。其中，三相发电机每个绕组称为三相电路的一相电源。采用三相制，从发电、输电、配电和用电各个方面来说，都比单相制具有明显的优越性。

①在尺寸相同的情况下，三相交流发电机比单相交流发电机输出的功率大；

②在输电电压、输送功率、线路损耗和输电距离相同的条件下，三相输电线路比单相输电线路更节省有色金属；

③三相变压器比单相变压器经济，并且便于接入三相及单相两类负载；

④三相异步电动机具有恒定转矩，比单相电动机性能好，结构简单，运行可靠，便于维护。

从电路理论角度看，三相电路不过是复杂的正弦稳态电路，可用正弦稳态电路的方法分析计算，但三相电路——特别是对称三相电路——有其本身的特点，因此，分析上也有不同之处。

三相交流电压是由三相发电机产生的。通常大中型发电机磁极是旋转的，绕组是静止的；而小型发电机绕组是旋转的，磁极是静止的。

如图 8-1(a)所示为发电机示意图，由定子和转子组成。定子是由空间相差 120° 的 AX、BY、CZ（A、B、C 为首端，X、Y、Z 为尾端）三相绕组构成，分别称为 A 相、B 相、C 相。当转子转动时，会在定子绕组中产生感应电动势 u_A、u_B、u_C，如图8-1(b)所示。它们是三个随时间按正弦规律变化的交流电压，其频率相同、振幅相同、相位彼此相差 120°。

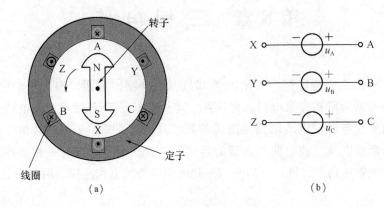

（a）   （b）

图 8 - 1 发电机示意图

若以 A 相为参考正弦量，则三相电压的瞬时值表达式如下，其波形图如图 8 - 2(b)
所示，有

$$u_A = U_m \sin\omega t$$
$$u_B = U_m \sin(\omega t - 120°)$$
$$u_C = U_m \sin(\omega t - 240) = U_m(\omega t + 120°)$$

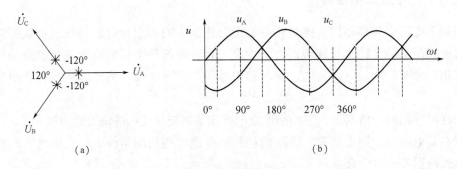

（a）   （b）

图 8 - 2 对称三相电源波形图和相量图

(a) 相量图；(b) 波形图

其相量图如图 8 - 2(a)所示，形式为

$$\dot{U}_A = U \angle 0°$$

$$\dot{U}_B = U \angle -120° = a^2 \dot{U}_A$$

$$\dot{U}_C = U \angle -240° = U \angle 120° = a \dot{U}_A$$

式中

$$a = 1 \angle 120° = e^{j120°} = -\frac{1}{2} + j\frac{\sqrt{3}}{2}$$

是表示 120°的旋转因子的符号，并且有

$$a^2 = 1\angle 240° = 1\angle -120° = e^{-j120°} = -\frac{1}{2} - j\frac{\sqrt{3}}{2}$$

其相量图如图 8 - 2(a)所示，由于

$$1 + a + a^2 = 1 + \left(-\frac{1}{2} + j\frac{\sqrt{3}}{2}\right) + \left(-\frac{1}{2} - j\frac{\sqrt{3}}{2}\right) = 0$$

得对称三相正弦电压相量和为

$$\dot{U}_A + \dot{U}_B + \dot{U}_C = \dot{U}_A + a^2\dot{U}_A + a\dot{U}_A = (1 + a^2 + a)\dot{U}_A = 0$$

这说明对称三相正弦电压的瞬时值之和恒等于零，即

$$u_A + u_B + u_C = 0$$

这是对称三相电源的重要特点。

上述三个电压分别达到最大值得先后次序称为相序。当图 8 - 1(a)中转子沿逆时针方向旋转时，其相序为 A—B—C；而转子沿顺时针方向旋转时，其相序为 A—C—B。本书以 A—B—C 为默认相序，称之为顺序或正序，则相序 A—C—B 为反序或倒序。

8.1.2　三相电源的连接

三相电源不是单独存在的，而是按照一定的方式，连接成一个整体向外输送电能。其基本连接方式有两种：星形（Y）连接和三角形（△）连接。

1. 三相电源的星形（Y）连接

如图 8 - 3 所示电路为三相电源星形连接方式，三相绕组的末端 X、Y、Z 接到一起的公共点 N 为中性点，引出线即为中线或零线。三相绕组的首端 A、B、C 分别作为三相电源输出，引出线称为相线或端线，俗称为火线。

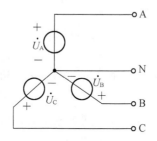

图 8 - 3　三相电源的星形连接

三相电源的星形连接中，每一相与中线之间的电压 $\dot{U}_2$（也可用 $\dot{U}_{AN}$、$\dot{U}_{BN}$、$\dot{U}_{CN}$ 表示）称为相电压。任意两个相线之间的电压 $\dot{U}_{AB}$、$\dot{U}_{BC}$、$\dot{U}_{CA}$ 称为线电压。相电压和线电压的相量关系为

$$\begin{cases} \dot{U}_{AB} = \dot{U}_A - \dot{U}_B \\ \dot{U}_{BC} = \dot{U}_B - \dot{U}_C \\ \dot{U}_{CA} = \dot{U}_C - \dot{U}_A \end{cases}$$

相电压和线电压的相量图如图 8 - 4 所示。可见,对称三相电源星形连接时,如果设 $\dot{U}_A = U_P\angle 0°$,则 $\dot{U}_B = U_P\angle 120°$,$\dot{U}_C = U_P\angle -120°$,代入上面的公式,可得

$$\dot{U}_{AB} = U_P\angle 0° - U_P\angle -120° = \sqrt{3}\,U_P\angle 30°$$

$$\dot{U}_{BC} = U_P\angle -120° - U_P\angle 120° = \sqrt{3}\,U_P\angle -90°$$

$$\dot{U}_{CA} = U_P\angle 120° - U_P\angle 0° = \sqrt{3}\,U_P\angle 150°$$

因此,上面的相电压和线电压的相量关系公式可写成

$$\begin{cases} \dot{U}_{AB} = \sqrt{3}\,\dot{U}_A\angle 30° \\ \dot{U}_{BC} = \sqrt{3}\,\dot{U}_B\angle 30° \\ \dot{U}_{CA} = \sqrt{3}\,\dot{U}_C\angle 30° \end{cases}$$

可见,线电压有效值是相应相电压有效值的 $\sqrt{3}$ 倍,若三相电源的相电压用 $\dot{U}_P$ 表示,线电压用 $\dot{U}_L$ 表示,则相电压和线电压可以表示为

$$\dot{U}_L = \sqrt{3}\,\dot{U}_P\angle 30°$$

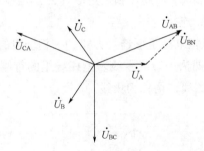

图 8 - 4 星形连接相电压和线电压相量图

星形连接方式中,若相电压为 220 V,则线电压为 $220\sqrt{3} = 380$ V。线电压的相位超前相应的相电压30°(例如,线电压 $\dot{U}_{AB}$ 由 $\dot{U}_A$ 和 $\dot{U}_B$ 构成,其中,$\dot{U}_A$ 超前于 $\dot{U}_B$,则 $\dot{U}_{AB}$ 超前 $\dot{U}_A$ 的角度为30°)。上述线电压与相电压之间的关系用相量图表示,如图 8 - 5 所示。

通过段线的电流称为线电流,而流过电源每一相的电流成为相电流。显然,三相电源作为星形连接时,每相的线电流等于相电流。

目前,在我国低压配电系统中,大多数采用三相四线制的星形连接,线电压的有效值大多数为 380 V,相电压的有效值为 220 V,线电压是相电压的 $\sqrt{3}$ 倍。工程上若无特殊说明,则所指三相电路的电压均指线电压。因为三相电源星形连接能同时提供两种电源,能满足动力和居民用电的需要,所以得到广泛应用。

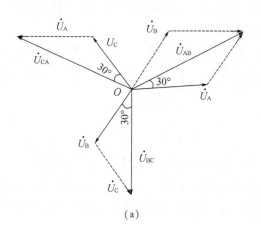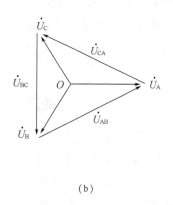

（a）　　　　　　　　　　　　　　　　　　　（b）

8－5　三相电源星形连接时相电压与线电压的相量图

2. 三相电源的三角形（△）连接

三相电源的三角形连接如图 8－6 所示，三相绕组的首尾相接，连成一个闭合三角形，再从三个连接点分别引出三根相线向外送电。当三相电源作三角形连接时，任意两条端线都是由发电机一相绕组的始端和末端节点引出的，因此，其相电压即为线电压，即

$$\dot{U}_{AB} = \dot{U}_A, \dot{U}_{BC} = \dot{U}_B, \dot{U}_{CA} = \dot{U}_C$$

对于对称的三相电源，一般表达为

$$\dot{U}_P = \dot{U}_L$$

但线电流不等于它的相电流。

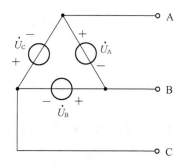

图 8－6　三相电源的三角形连接

三相电源按三角形连接时，构成一个闭合回路，三相电源瞬时值和相量的代数和均等于零，即

$$u_A = u_B + u_C = 0$$

$$\dot{U}_A + \dot{U}_B + \dot{U}_C = 0$$

由此可见，对称三相电源如果采用三角形连接方式，一定要依照顺序首尾相接。因

为三角形正确连接时，电源内部无环流，若有一项接反，则内部将形成极大的短路电流，由于实际电源的内阻抗很小，会导致发电机绕组烧毁。

实际上三相电源所产生的三相电压只能是近似正弦量，即使三角形接法正确，电源回路中也有环流，会引起电能损耗，降低电源寿命。因此，三相电源一般不采用三角形接法。

8.1.3　三相负载的连接

三相用电设备主要是工农业生产中大量使用的三相电动机以及其他三相负载，它们与三相电源连接成整体组成三相电路。因为单项电路也是取自三相电源，所以三相电路中既有三相负载，又有单项负载。在三相制中，通常把若干单相负载分成三组，组合成三相负载，再与三相电源相接。

在三相供电系统中，三相电路的负载也是由三个阻抗连接成星形（Y）连接或三角形（△）连接两种形式。

1. 三相负载的星形（Y）连接

（1）对称三相负载星形（Y）连接

如图 8-7 所示为三相负载 Z_A、Z_B、Z_C 做星形连接。其中，Z_A、Z_B、Z_C 依次称为 A 相、B 相、C 相负载。图 8-7 中，由 A'、B'、C'引出的三根线与电源连接，负载中点 N'与电源中点 N 相连的线称为中线。在有中线的情况下构成所谓三相四线制，没中线时称为三相三线制。

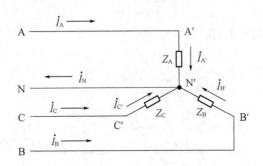

图 8-7　三相四线制负载星形（Y）连接

如果每相负载的复阻抗相等，那么这种负载称为对称三相负载。

如图 8-8 所示为现实生活中常见的三相四线制电路，其线电压通常为 380 V，负载连接要应视其额定电压而定。通常，电灯（单相负载）的额定电压为 220 V，因此，要接在火线与中线之间。电灯负载是大量使用的，不能集中接在一相中，从总的线路来说，它们应当比较均匀地分配在各相之中。电灯的这种连接法称为星形连接。至于其他单相负载，如单相电动机、电炉、继电器等，是接在火线之间或火线与中线之间的，要根据负载额定电压决定，如果负载的额定电压不等于电源电压，则需用变压器，例如，某设备照明灯的额定电压为 36 V，就要用一个 380 V/36 V 的降压变压器。三相电动机的三个接线端总是与电源的三根火线相连。

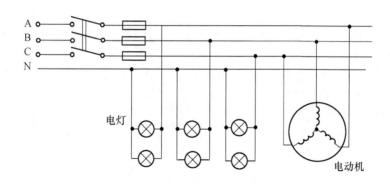

图 8 − 8　电灯与电动机的星形连接

三相电路中，流过每相负载的电流称为相电流；流过每根端线的电流称为线电流；流过中线的电流称为中线电流。习惯上选定线电流的参考方向是从电源流向负载，负载相电压、相电流的参考方向是由负载端头指向负载中性点，中线电流的方向为由负载中性点指向电源中性点。在如图 8 − 7 所示三相负载作星形连接的三相电路中，各相负载的相电流分别为 $\dot{I}_{A'}$、$\dot{I}_{B'}$、$\dot{I}_{C'}$，线电流为 $\dot{I}_A$、$\dot{I}_B$、$\dot{I}_C$，显然有

$$\begin{cases} \dot{I}_A = \dot{I}_{A'} \\ \dot{I}_B = \dot{I}_{B'} \\ \dot{I}_C = \dot{I}_{C'} \end{cases}$$

即线电流等于相电流。在三相四线制中，按如图 8 − 7 所示的参考方向，根据 KCL 得中线电流为

$$\dot{I}_N = \dot{I}_A + \dot{I}_B + \dot{I}_C$$

若三相负载对称，即 $Z_A = Z_B = Z_C = Z = |Z| \angle \varphi$，则有

$$\begin{cases} \dot{I}_{A'} = \dfrac{\dot{U}_A}{Z} = \dfrac{U_P \angle 0°}{Z} = I_P \angle -\varphi \\[2mm] \dot{I}_{B'} = \dfrac{\dot{U}_B}{Z} = \dfrac{U_P \angle -120°}{Z} = I_P \angle (-120° - \varphi) \\[2mm] \dot{I}_{C'} \dfrac{\dot{U}_C}{Z} = \dfrac{U_P \angle 120°}{Z} = I_P \angle (120° - \varphi) \end{cases}$$

由此可见，在星形连接的对称三相负载中，相电流与线电流对应相等，且相电流也是对称的。相电压与相电流的相量图如图 8 − 9 所示，故有

$$\dot{I}_N = \dot{I}_A + \dot{I}_B + \dot{I}_C = 0$$

即对称三相电路中，中线上的电流等于零，中线形同虚设，即使断开对电路也没有影响，中线断开后电源中点 N 与负载中点 N′ 仍是等位点。因此，可把中线省掉，简化为星形连

接的三相三线制，如图 8 – 10 所示。

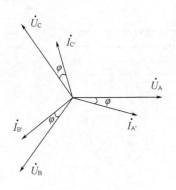

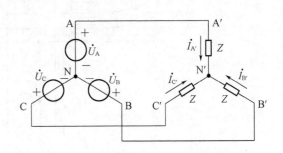

图 8 – 9　相电压与相电流的相量图　　　图 8 – 10　对称负载三相三线制供电电路

负载星形连接时，如果忽略输电线路上的阻抗压降，每相负载的电压等于相应电源的相电压，等于电源线电压的 $\dfrac{1}{\sqrt{3}}$ 倍，即

$$U_{\mathrm{P}} = \frac{1}{\sqrt{3}} U_{\mathrm{L}}$$

（2）不对称三相负载星形（Y）连接

如果每相负载的复阻抗不是相等的，那么这种负载称为不对称三相负载。这种情况主要发生在三相四线制作低压照明供电的线路中，通常居民住宅楼的配电是每单元引出一相照明电，三个单元为一组接成星形三相负载。众所周知，各家拥有的家用电器和照明灯具的数量有很大差异，不同的电器其阻抗的大小与性质不同，各家使用电器设备的时间又是随意的。因此，照明线路基本上是处于三相不对称负载运行状态。此时，各相电流不相等，中线电流也不为 0。由于中线的存在，即使三相负载不对称，负载的三个相电压仍然等于对称的电源相电压，因此，负载的相电压总是对称的，使负载工作正常。

当出现中线断开时，就会使其中一相或两相电压升高，造成负载的相电压不等于电源的相电压。其中，某些负载的相电压会超过额定值，从而引起损坏；某些负载的相电压会过低，从而不能正常工作。同时，负载中点（零线）会带电。三相负载越不对称，上述现象越严重，居民区出现的大范围烧毁家用电器的事故多数是中线断路引起的。

【例 8 – 1】　有 220 V、100 W 的电灯 30 个，应如何接入线电压为 380 V 的三相四线制电路？求负载在对称情况下的线电流。

解　由于负载的额定电压为 220V，电源的相电压为 $\dfrac{380}{\sqrt{3}} = 220$ V，故电灯应接成星形，负载对称情况，电路如图 8 – 11 所示，FU 是熔断器。

负载对称时，30 个灯泡应平均安装在三相，且全部接通，每相电灯数为 $N = 30/3 = 10$ 个，每个电灯电阻为

$$R = \frac{U^2}{P} = \frac{220^2}{100} = 484 \ \Omega$$

电灯全部接通时，每相负载电阻为

$$R_P = \frac{R}{N} = \frac{484}{10} = 48.4 \ \Omega$$

各相电流的有效值为

$$I_P = \frac{U}{R_P} = \frac{220}{48.4} = 4.55 \ \Omega$$

因负载为星形连接，故有

$$I_L = I_P = 4.55 \ A$$

因为电灯是纯电阻负载，故相电流与相电压相同，各相相位互差 120°，且中线电流为零。

本例所述的是由单相负载组成的三相对称负载电路。大多数情况下，低压供电系统中三相负载是不对称的，如本题中照明用户不一定任何时候都全部接通，即产生了负载的不对称。

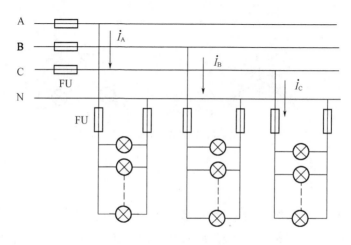

图 8 - 11 例 8 - 1 图

【例 8 - 2】 如图 8 - 12 所示三相供电线路，接入三相电灯负载，线电压为 380 V，每相负载电阻 R 为 500 Ω。求：（1）正常工作时，电灯两端的电压和通过电灯的电流；（2）如果A 断开，其他两相电灯的电压和电流。

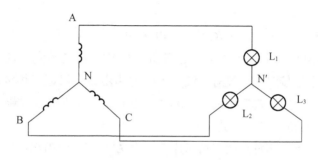

图 8 - 12 例 8 - 2 图

解 这是一个三相交流电路的三线星形接法，由于三相负载电路的阻值相同，所以电路的正常工作情况和三相四线制的星形接法一样。

（1）由于线电压为 380 V，故相电压应该为 220 V，所以每一相负载电灯的电压均为 220 V，电阻为 500 Ω，电流为 0.44 A。

（2）如果 A 相断开，则意味着在 BC 之间接入两路串联的负载电灯，负载两端的电压为 380 V 的线电压，电路的总电阻为 500 Ω ×2 =1 000 Ω，所以电流则为 0.38 A，而加在每一组负载电灯上的电压为 190 V。

由本例可知，对于对称负载星形连接，若没有中线，当断开一相时，加在另两相负载上的电压为线电压的一半（190 V）。

【例 8 – 3】 如图 8 – 13 所示三相供电线路，接入额定电压为 220 V 的灯泡 L_1、L_2、L_3，电源线电压为 380 V。三个灯泡的阻值分别为 $R_1 = 10$ Ω、$R_2 = 30$ Ω、$R_3 = 10$ Ω，求 A 相断开，中线因故也断开时，各相负载两端的电压。

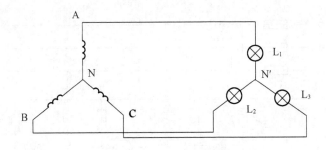

图 8 – 13　例 8 – 3 图

解　正常情况下，由于有中线，所以各灯泡两端的电压等于电源相电压，有效值为 220 V，灯泡工作正常。但是，当 A 相断开，中线因故也断开时，A 相灯泡 L_1 两端的电压为 0，B 相和 C 相串联起来接于线电压 U_{BC} 上。

这时，L_2 灯泡承受的电压为

$$U_2 = \frac{R_2}{R_2 + R_3} U_{BC} = \frac{30}{10 + 30} \times 380 = 285 \text{ V}$$

L_3 灯泡承受的电压为

$$U_3 = \frac{R_3}{R_2 + R_3} U_{BC} = \frac{30}{10 + 30} \times 380 = 95 \text{ V}$$

显然，L_2 灯泡两端的电压已大大超过其额定电压，这是不允许的。由此可以看到，不对称负载进行星形连接时必须要有中线。中线的作用在于保证三相负载的相电压对称，使负载能正常工作，为此，规定中线上不准装闸刀开关，也不准装熔断器。

2. 三相负载的三角形（△）连接

如图 8 – 14 所示为三相负载的三角形连接。由 A′、B′、C′引出的三根线与电源连接，Z_{AB}、Z_{BC}、Z_{CA} 依次称为 AB 相、BC 相、CA 相负载。负载作三角形连接时只能是三相三线制。

负载作三角形连接时，各相负载的相电压就是线电压，而流经各相负载的相电流分

别为 $\dot{I}_{A'B'}$、$\dot{I}_{B'C'}$、$\dot{I}_{C'A'}$，各相端线的电流为 $\dot{I}_A$、$\dot{I}_B$、$\dot{I}_C$，按照如图 8-14 所示的参考方向，根据 KCL 有相电流公式

$$\begin{cases} \dot{I}_A = \dot{I}_{A'B'} - \dot{I}_{C'A'} \\ \dot{I}_B = \dot{I}_{B'C'} - \dot{I}_{A'B'} \\ \dot{I}_C = \dot{I}_{C'A'} - \dot{I}_{B'C'} \end{cases}$$

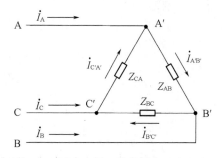

图 8-14　三相负载的三角形（△）连接

若三相负载对称，即 $Z_{AB} = Z_{BC} = Z_{CA} = Z = |Z| \angle \varphi$，则有

$$\begin{cases} \dot{I}_{A'B'} = \dfrac{\dot{U}_{AB}}{Z} = \dfrac{U_L \angle 0°}{Z} = I_P \angle -\varphi \\[2mm] \dot{I}_{B'C'} = \dfrac{\dot{U}_{BC}}{Z} = \dfrac{U_L \angle -120°}{Z} = I_P \angle(-120° - \varphi) \\[2mm] \dot{I}_{C'A'} \dfrac{\dot{U}_{CA}}{Z} = \dfrac{U_L \angle 120°}{Z} = I_P \angle(120° - \varphi) \end{cases}$$

可见 3 个相电流也是对称的。

将式上面的公式带入相电流公式，可以得到

$$\dot{I}_A = I_P \angle -\varphi - I_P \angle(120° - \varphi) = \sqrt{3} I_P \angle(-\varphi - 30°)$$

$$\dot{I}_B = I_P \angle(-\varphi - 120°) - I_P \angle -\varphi = \sqrt{3} I_P \angle(-\varphi - 150°)$$

$$\dot{I}_C = \angle(120° - \varphi) - I_P \angle(-120° - \varphi) = \sqrt{3} I_P \angle(-\varphi + 90°)$$

即有

$$\begin{cases} \dot{I}_A = \sqrt{3}\, \dot{I}_{A'B'} \angle -30° \\ \dot{I}_B = \sqrt{3}\, \dot{I}_{B'C'} \angle -30° \\ \dot{I}_C = \sqrt{3}\, \dot{I}_{C'A'} \angle -30° \end{cases}$$

因此，对称三相负载作三角形连接时，当负载上相电流对称时，其线电流也是对称的，并且线电流有效值等于相电流有效值的倍，即

$$\dot{I}_{\mathrm{L}} = \sqrt{3} I_{\mathrm{P}}$$

在相位上各线电流滞后各自对应的两个相电流中的滞后相30°。对称三相△连接负载的电流、电压相量图如图8－15所示。

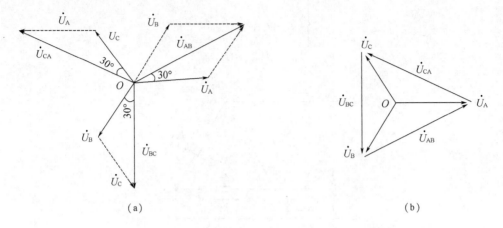

（a）   （b）

8－15　三相电源星形连接时相电压与线电压的相量图

应该指出，负载作三角形连接时，不论三相是否对称，总有线电流

$$\dot{I}_{\mathrm{A}} + \dot{I}_{\mathrm{B}} + \dot{I}_{\mathrm{C}} = 0$$

三相负载采用星形连接还是三角形连接，必须根据每相负载的额定电压与电源线电压的大小而定，与电源本身连接方式无关。当各相负载的额定电压等于电源线电压的 $1/\sqrt{3}$ 倍时，负载应作星形连接；当各相负载的额定电压等于电源的线电压时，负载必须作三角形连接。例如，我国低压三相配电系统中的线电压大多为380 V。如果三相异步电动机的铭牌上标明连接方式是220 V/380 V、△/Y，当电源的线电压为380 V时，电动机的三相绕组必须接成星形，当电源的线电压为220 V，电动机的三相绕组必须接成三角形（△），否则会使负载因电压过高而烧毁或因电压过低而不能正常工作。

【例8－4】 已知对称三相电源的线电压为380 V，对称三相负载每相阻抗为 $Z = 8 + \mathrm{j}6\Omega$，试求负载为 Y 连接和△连接时的相电流和线电流。

解　（1）当负载作 Y 连接时，电路如图8－16(a)所示。由于三相电压对称，每相负载电压有效值为

$$U_{\mathrm{P}} = \frac{U_{\mathrm{L}}}{\sqrt{3}} = \frac{380}{\sqrt{3}} = 220 \ \mathrm{V}$$

设 $\dot{U}_{\mathrm{A}} = U_{\mathrm{P}} \angle 0° = 220 \angle 0° \ \mathrm{V}$，则由公式可得 A 相负载电流为

$$\dot{I}_{\mathrm{A}} = \frac{\dot{U}_{\mathrm{A}}}{Z} = \frac{220 \angle 0°}{8 + \mathrm{j}6} = \frac{220 \angle 0°}{210 \angle 36.9°} = 22 \angle -36.9° \ \mathrm{A}$$

根据对称关系得出其他两相负载电流为

$$\dot{I}_{\mathrm{B}} = \dot{I}_{\mathrm{A}} \angle -120° = 22 \angle -156.9° \ \mathrm{A}$$

$$\dot{I}_C = \dot{I}_A \angle 120° = 22 \angle 83.1° \text{ A}$$

负载作 Y 连接时，线电流与相电流是相等的。

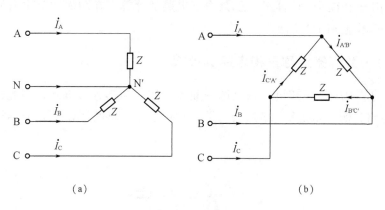

（a）　　　　　　　　　　　（b）

图 8 - 16　例 8 - 4 图

（2）负载作△连接时，电路如图 8 - 16（b）所示。此时，相电压与线电压相同，仍设 $\dot{U}_A = 220 \angle 0°$ V，由公式计算得

$$\dot{U}_{AB} = \sqrt{3} \dot{U}_A \angle 30° = 380 \angle 30° \text{ V}$$

A 相负载电流为

$$\dot{I}_{A'B'} = \frac{\dot{U}_{AB}}{Z} = \frac{380 \angle 30°}{8 + j6} = \frac{380 \angle 30°}{10 \angle 36.9°} = 38 \angle -6.9° \text{ A}$$

根据对称关系得出其他两相负载电流为

$$\dot{I}_{B'C'} = \dot{I}_{A'B'} \angle -120° = 38 \angle -126.9° \text{ A}$$

$$\dot{I}_{C'A'} = \dot{I}_{A'B'} \angle 120° = 38 \angle 113.1° \text{ A}$$

各线电流为

$$\dot{I}_A = \sqrt{3} \dot{I}_{A'B'} \angle -30° = 38\sqrt{3} \angle -36.9 = 65.82 \angle -36.9 \text{ A}$$

$$\dot{I}_B = \dot{I}_A \angle -120° = 65.82 \angle -156.9 \text{ A}$$

$$\dot{I}_C = \dot{I}_A \angle 120° = 65.82 \angle 83.1 \text{ A}$$

比较上述计算结果可见：电源电压不变时，对称负载由星形连接改为三角形连接后，相电压为星形连接时的 $\sqrt{3}$ 倍，相电流也为星形连接时的 $\sqrt{3}$ 倍，而线电流则为星形连接时的 $\sqrt{3} \times \sqrt{3} = 3$ 倍。

8.2　对称三相电路的分析与计算

三相电路就是由三相电源和三相负载连接组成的系统。三相电源和三相负载都有星形（Y）接法和三角形（△）接法两种连接方式。因此，三相电源与三相负载按不同的

193

组合连接方式，可以组成 Y—Y、Y—△、△—Y 和△—△四种三相电路。

当三相电路的三相电源对称、三相输电线阻抗相等、三相负载对称时，则称为对称三相电路。对称三相电路的计算属于正弦稳态电路的计算，在前面章节中所用的相量法也可用于对称三相电路的分析。

8.2.1　Y—Y 连接对称三相电路的计算

前面章节的学习中已经知道三相电源一般不采用三角形连接方式，因此，以典型的 Y—Y 型三相电路为例，如图 8 – 17 所示，学习对称三相电路的计算。Z_1 为端线阻抗，Z_N 为中性线阻抗。

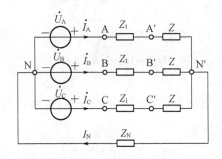

图 8 – 17　Y—Y 型三相电路

因为电路结构具有节点少的特点，应用节点电压法，设 N 为参考节点，可以写出节点电压方程为

$$\left(\frac{3}{Z+Z_1}+\frac{1}{Z_N}\right)\dot{U}_{N'N}=\frac{\dot{U}_A}{Z+Z_1}+\frac{\dot{U}_B}{Z+Z_1}+\frac{\dot{U}_C}{Z+Z_1}$$

对于对称三相电路，$\dot{U}_A+\dot{U}_B+\dot{U}_C=0$，所以可解得 $\dot{U}_{N'N}=0$，中性线电流 $\dot{I}_N=0$。

由此可见，Y—Y 型连接的对称三相电路中，无论中性线阻抗为何值（包括 $Z_N=0$ 或 $Z_N=\infty$），负载中性点 N′ 和电源中性点 N 之间的电压恒为零，因此，各相独立，彼此无关，并且相电流是对称的。根据这一特点，可将 Y—Y 型连接的对称三相电路简化成一相进行计算，如图 8 – 18 所示。

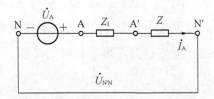

图 8 – 18　一相计算电路

此时，N 和 N′ 用短路线连接，与原三相电路中 Z_N 的取值无关。求出任一相的电流、电压后，其他两相的电流、电压可依次按对称顺序写出。各相电流等于线电流，分别为

$$\dot{I}_\text{A} = \frac{\dot{U}_\text{A}}{Z + Z_1}, \dot{I}_\text{B} = \frac{\dot{U}_\text{B}}{Z + Z_1} = a^2 \dot{I}_\text{A}$$

$$\dot{I}_\text{C} = \frac{\dot{U}_\text{C}}{Z + Z_1} = a\dot{I}_\text{A}, \dot{I}_\text{N} = \dot{I}_\text{A} + \dot{I}_\text{C} + \dot{I}_\text{C} = 0_+$$

【例 8 – 5】 对称三相电路如图 8 – 17 所示，已知线路阻抗 $Z_1 = (4 + \text{j}2)\,\Omega$，负载阻抗 $Z = (6 + \text{j}8)\,\Omega$，线电压为 380 V，求负载中各相电流和线电压。

解　因为线电压为 380 V，所以相电压为

$$U_\text{P} = U_\text{L}/\sqrt{3} = 380/\sqrt{3}\ \text{V} = 220\ \text{V}$$

设 $\dot{U}_\text{A} = 220\angle 0°$ V，则由图 8 – 18 可得线电流为

$$\dot{I}_\text{A} = \frac{\dot{U}_\text{A}}{Z_1 + Z} = \frac{220\angle 10°}{10 + \text{j}10} = 15.56\angle -45°\ \text{A}$$

$$\dot{I}_\text{B} = \dot{I}_\text{A}\angle -120° = 15.56\angle -165°\ \text{A}$$

$$\dot{I}_\text{C} = \dot{I}_\text{A}\angle 120° = 15.56\angle 75°\ \text{A}$$

由于负载为 Y 接法，负载的相电流等于线电流。

负载的相电压为

$$\dot{U}_\text{A'N'} = \dot{I}_\text{Z}Z = 15.56\angle -45° \times (6 + \text{j}8) = 155.6\angle 8.13°\ \text{V}$$

负载的线电压为

$$\dot{U}_\text{A'B'} = \sqrt{3}\dot{U}_\text{A'B'}\angle 30° = 269.5\angle 38.13°\ \text{V}$$

$$\dot{U}_\text{A'B'} = a^2\dot{U}_\text{A'B'} = 269.5\angle -81.87°\ \text{V}$$

$$\dot{U}_\text{C'A'} = a\dot{U}_\text{A'B'} = 269.5\angle 158.13°\ \text{V}$$

8.2.2　对称三相电路的主要分析步骤

对称三相电路中的负载可能有多组，而且有的还是 △ 连接，且输电线路的阻抗不为零。如图 8 – 19 所示为 Y—△ 连接三相电路，应该首先将三角形对称负载等效变换成星形，构成 Y—Y 连接电路，然后将电源的中性点与负载的中性点短接起来，再归为一相进行分析和计算。其具体步骤如下：

①将 △ 连接的对称三相负载，应用 △—Y 等效变换公式，变换成对称的 Y 连接三相负载，即

$$Z_\text{Y} = \frac{Z_\triangle}{3}$$

②将负载的中性点与电源中性点短接，取一相电路进行分析和计算，如图 8 – 18 所示；

③求出等效 Y 连接三相负载时的线电流（此即 △ 连接的线电流）；

④根据 △ 连接的相电流与线电流的关系求出相电流；

⑤求出△连接的对称三相负载的相电压(即线电压)以及原电路中的其他待求量,并可根据对称性求出其他两相的电压、电流。

对于任何一个不加说明的对称三相电源或负载,都可以把它看成是 Y 连接,方便电路分析。而对于△连接的对称三相电源,也可将电源等效变换为 Y 连接的电源。

综上所述,对称三相电路都可以采用一相计算电路进行分析和计算。

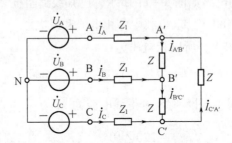

图 8 - 19　Y—△连接三相电路

【例 8 - 6】 对称三相电路如图 8 - 20 所示,已知 $Z_1 = (3 + j4)\,\Omega$,$Z = (19.2 + j14.4)\,\Omega$,对称线电压 $U_{AB} = 380$ V,求负载的相电流和线电压。

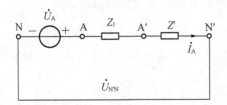

图 8 - 20　例 8 - 6 图

解　该电路可以变换成对称的 Y—Y 连接三相电路,变换后的负载 Z' 为

$$Z' = \frac{Z}{3} = (6.4 + j4.8)\,\Omega$$

令 $\dot{U}_A = 220\angle 0°$ V。根据如图 8 - 20 所示的一相计算电路有

$$\dot{I}_A = \frac{\dot{U}_A}{Z' + Z_1} = \frac{220\angle 0°}{6.4 + j4.8 + 3 + j4} = 17.1\angle -43.2° \text{ A}$$

此电流为等效 Y 连接的线电流,也是△连接负载的线电流。对于△连接负载的相电流,可根据公式计算得

$$\dot{I}_{A'B'} = \frac{\dot{I}_A}{\sqrt{3}} = 9.9\angle -13.2° \text{ A}$$

根据对称性可写出

$$\dot{I}_{B'C'} = a^2 \dot{I}_{A'B'} = 9.9\angle -133.2° \text{ A}$$

$$\dot{I}_{C'A'} = a\dot{I}_{A'B'} = 9.9\angle 106.8° \text{ A}$$

由如图 8 - 19 所示的△连接负载电路,线电压与相电压相等,有

$$\dot{U}_{\mathrm{A'B'}} = \dot{I}_{\mathrm{A'B'}}Z = [9.9\angle -13.2° \times (19.2 + j14.4)]\ \mathrm{V} = 237.6\angle 23.7°\ \mathrm{V}$$

根据对称性可写出

$$\dot{U}_{\mathrm{B'C'}} = a^2\dot{U}_{\mathrm{A'B'}} = 237.6\angle -96.3°\ \mathrm{V}$$

$$\dot{U}_{\mathrm{C'A'}} = a\dot{U}_{\mathrm{A'B'}} = 237.6\angle 143.7°\ \mathrm{V}$$

【例8-7】 如图8-21(a)所示对称三相电路，已知电源线电压为380 V，$|Z_1| = 10\Omega$，$\cos\varphi_1 = 0.6$（感性），$Z_2 = -j50\Omega$，$Z_N = (1 + j2)\Omega$。求线电流和相电流。

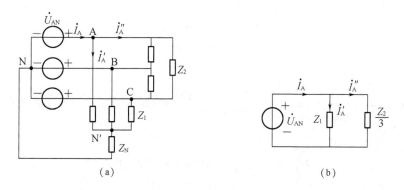

图8-21 例8-7图

解 该电路可以变换成对称的 Y—Y 连接三相电路，得到一相计算电路如图8-21(b)所示。

令 $\dot{U}_A = 220\angle 0°$ V，则三相负载为

$$\cos\varphi_1 = 0.6, \varphi_1 = 53.1°, Z_1 = 10\angle 53.1°\ \Omega, Z_2 = (6 + j8)\Omega, Z'_2 = \frac{Z_2}{3} = -j\frac{50}{3}\ \Omega$$

负载 Z_1 的线电流为

$$\dot{I}'_A = \frac{\dot{U}_{\mathrm{AN}}}{Z_1} = \frac{220\angle 0°}{10\angle 53.13°} = 22\angle -53.13°\ \mathrm{A} = (13.2 - j17.6)\ \mathrm{A}$$

该电流也是负载 Z_1 的相电流，而负载 Z_2 的线电流为

$$\dot{I}''_A = \frac{\dot{U}_{\mathrm{AN}}}{Z'_2} = \frac{220\angle 0°}{-j\dfrac{50}{3}}\ \mathrm{A} = j13.2\ \mathrm{A}$$

负载 Z_2 的相电流为

$$\dot{I}_{\mathrm{AB2}} = \frac{1}{\sqrt{3}}\dot{I}''_A\angle 30° = 7.6\angle 120°\ \mathrm{A}$$

总线电流为

$$\dot{U}_A = \dot{I}'_A + \dot{I}''_A = (13.2 - j4.4) = 13.9\angle -18.4°\ \mathrm{A}$$

【例8-8】 如图8-22(a)所示对称三相电路中，已知线路阻抗 $Z_1 = (2 + j2)\Omega$，负载阻抗 $Z = (150 + j150)\Omega$，负载线电压为380 V，求电源线电压。

解 该电路可以变换成对称的 Y—Y 连接三相电路，取一相进行计算，如图 8 – 22(b)所示，变换后负载 Z' 为

$$Z' = \frac{Z}{3} = (50 + j50)\ \Omega$$

因负载线电压为 380 V，故选负载相电压 $\dot{U}_{A'N'}$ 为参考相量，有

$$\dot{U}_{A'N'} = \frac{380}{\sqrt{3}} \angle 0° \text{ V} = 220 \angle 0° \text{ V}$$

根据分压公式有

$$\dot{U}_{A'N'} = \frac{Z'}{Z_1 + Z'}\dot{U}_{AN}$$

则有

$$\dot{U}_{AN} = \frac{Z_1 + Z'}{Z'}\dot{U}_{A'N'} = \frac{2 + j2 + 50 + j50}{50 + j50} \times 220 \angle 0° \text{ V} = 228.8 \angle 0° \text{ V}$$

电源线电压为

$$\dot{U}_{AB} = \sqrt{3}\dot{U}_{AN} \angle 30° = 396.3 \angle 30° \text{ V}$$

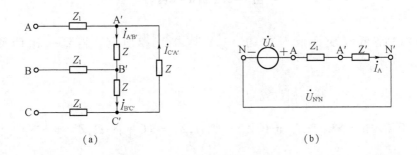

图 8 – 22　例 8 – 8 图

8.3　不对称三相电路的分析与计算

在三相电路中，只要三相电源或三相负载有一相不对称，则称此三相电路为不对称三相电路。一般情况下，三相电源都是对称的，所谓的不对称三相电路主要指三相负载不对称。实际工作中，不对称三相电路大量存在。例如，在低压配电网中有许多单相负载，如电灯、电风扇、电视机等，难以把它们配成对称情况；又如对称三相电路发生故障，如某一条输电线断线，或某一相负载发生短路或开路，它就失去了对称性，成为不对称三相电路；还有一些电气设备正是利用不对称三相电路的特性工作的。

对于不对称三相电路的分析计算，原则上与复杂正弦稳态电路的分析计算相同。在这种情况下，由于各组电压、电流不对称，上一节介绍的归结为一相的计算方法已不适用。本节只简要介绍由于负载不对称而引起的一些特点。

如图 8-23 所示为 Y—Y 连接三相电路,三相电源是对称的,其相电压分别为 $\dot{U}_\mathrm{A}$、$\dot{U}_\mathrm{B}$、$\dot{U}_\mathrm{C}$;三相负载是不对称的,其导纳分别为 Y_A、Y_B、Y_C。根据节点分析法可以求得两个中性点间的电压为

$$\dot{U}_{\mathrm{N'N}} = \frac{\dot{U}_\mathrm{A}Y_\mathrm{A} + \dot{U}_\mathrm{B}Y_\mathrm{B} + \dot{U}_\mathrm{C}Y_\mathrm{C}}{Y_\mathrm{A} + Y_\mathrm{B} + Y_\mathrm{C} + Y_\mathrm{N}}$$

由于负载不对称,$Y_\mathrm{A} \neq Y_\mathrm{B} \neq Y_\mathrm{C}$,显然 $\dot{U}_{\mathrm{N'N}} \neq 0$,即 N′ 和 N 点电位不同了,这种现象称为中性点位移。此时,负载各相电压为

$$\begin{cases} \dot{U}_{\mathrm{AN'}} = \dot{U}_\mathrm{A} - \dot{U}_{\mathrm{N'N}} \\ \dot{U}_{\mathrm{BN'}} = \dot{U}_\mathrm{B} - \dot{U}_{\mathrm{N'N}} \\ \dot{U}_{\mathrm{CN'}} = \dot{U}_\mathrm{C} - \dot{U}_{\mathrm{N'N}} \end{cases}$$

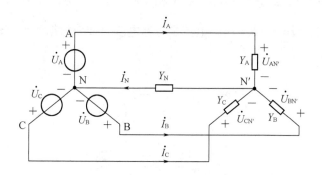

图 8-23　Y—Y 连接三相电路

根据电源电压对称及上面公式可定性地画出此电路的电压相量图,如图 8-24 所示,$\dot{U}_{\mathrm{N'N}}$ 是任意设定的。从这个相量图中可以看出,中性点位移越大,负载相电压的不对称情况越严重,从而造成负载不能正常工作,甚至损坏电气设备。另一方面,负载变化,中性点电压也要变化,各相负载电压也都跟着改变。

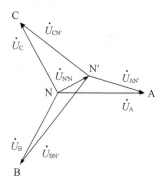

图 8-24　不对称星形连接负载的相量图

如果 $Z_N = 0$（即 $Y_N = \infty$），则可以强行使 $\dot{U}_{N'N} = 0$，尽管负载不对称，但在这个条件下，可使各相保持独立性，各相的工作互不影响，因而各相可以分别独立计算。这时，负载各相电流为

$$\dot{I}_A = Y_A \dot{U}_{AN'}$$

$$\dot{I}_A = Y_B \dot{U}_{BN'}$$

$$\dot{I}_C = Y_C \dot{U}_{CN'}$$

中线电流为

$$\dot{I}_N = Y_N \dot{U}_{N'N} = \dot{I}_A + \dot{I}_B + \dot{I}_C \neq 0$$

所以三相星形连接照明负载都装设中性线，中性线的作用就在于使星形连接的不对称负载的相电压对称。为了保证负载的相电压对称，就不应让中性线断开。因此，总中性线内不准接入熔断器和闸刀开关。

【例 8-9】 如图 8-25 所示电路是一个相序测定器，A 相接入电容器，B 相、C 相接入功率相同的灯泡。设 $\dfrac{1}{\omega C} = R = \dfrac{1}{G}$，电源是对称电压，如何根据两个灯泡承受的电压确定相序？

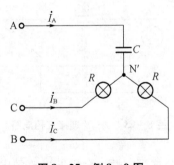

图 8-25　例 8-9 图

解　根据两个中性点间的电压公式，其中性点电压 $\dot{U}_{N'N}$ 为

$$\dot{U}_{N'N} = \frac{j\omega C \dot{U}_A + G\dot{U}_B + G\dot{U}_C}{j\omega C + 2G}$$

令 $\dot{U}_A = U_P \angle 0° \text{ V}$，代入给定的参数后，有

$$\dot{U}_{N'N} = \frac{U_P \angle 0° + U_P \angle -120° + U_P \angle 120°}{j + 2}$$

$$= (0.2 + j0.6)U_P = 0.63U_P \angle 108.4°$$

由负载各相电压公式得 B 相灯泡承受的电压力 $\dot{U}_{BN'}$ 为

$$\dot{U}_{BN'} = \dot{U}_B - \dot{U}_{N'N} = U_P \angle -120° - (-0.2 + j0.6)U_P$$

$$= 1.5U_P \angle -101.5°$$

所以

$$\dot{U}_{BN'} = 1.5U_P$$

类似的，得 C 相灯泡承受的电压为

$$\dot{U}_{CN'} = \dot{U}_C - \dot{U}_{N'N} = U_P\angle 120° - (-0.2 + j0.6)U_P$$
$$= 0.4U_P\angle 133.4°$$

所以

$$\dot{U}_{CN'} = 0.4U_P$$

根据上述结果可以判断：若电容器所在的那相设为 A 相，则灯泡较亮的一相为 B 相，较暗的一相为 C 相。

【例 8-10】 不对称三相电路如图 8-26 所示。三相电源对称，其相电压为 $\dot{U}_A = 220\angle 0°$，三相负载分别为 $R_1 = 10\ \Omega$，$R_2 = 10\ \Omega$，$R_3 = 20\ \Omega$，试求线电流 $\dot{I}_A$、$\dot{I}_B$、$\dot{I}_C$ 和中线电流 $\dot{I}_N$。

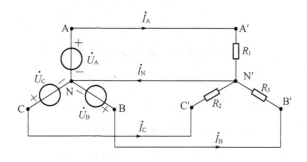

图 8-26 例 8-10 图

解 由于电源相电压即为负载相电压，因此

$$\dot{U}_{A'} = \dot{U}_A = 220\angle 0° \text{ V}$$

由于三相电源对称，因此，其他两相负载的相电压为

$$\dot{U}_{B'} = 220\angle -120° \text{ V}, \dot{U}_{C'} = 220\angle 120° \text{ V}$$

因此，负载线电流分别为

$$\dot{I}_A = \frac{\dot{U}_{A'}}{R_1} = \frac{220\angle 0°}{10} = 22\angle 0° \text{ A}$$

$$\dot{I}_B = \frac{\dot{U}_{B'}}{R_2} = \frac{220\angle -120°}{10} = 22\angle -120° \text{ A}$$

$$\dot{I}_C = \frac{\dot{U}_{C'}}{R_3} = \frac{220\angle 120°}{20} = 11\angle 120° \text{ A}$$

则中线电流为

$$\dot{I}_N = \dot{I}_A + \dot{I}_B + \dot{I}_C = 22\angle 0° + 22\angle -120° + 11\angle 120°$$

$$= 5.5 - 9.5j$$

$$= 11 \angle -60° \text{ A}$$

8.4 三相电路的功率

8.4.1 对称三相电路的瞬时功率

在三相电路中，三相负载所吸收的总有功功率等于各相有功功率之和，即

$$p = p_A + p_B + p_C = u_A i_A + u_B i_B + u_C i_C$$

当三相负载对称情况下，如 A 相电压为参考相量，则各相电压与相电流的瞬时值为

$$u_A = \sqrt{2} U_P \sin\omega t$$

$$u_B = \sqrt{2} U_P \sin(\omega t - 120°)$$

$$u_C = \sqrt{2} U_P \sin(\omega t + 120°)$$

$$i_A = \sqrt{2} I_P \sin(\omega t - \varphi)$$

$$i_B = \sqrt{2} I_P \sin(\omega t - \varphi - 120°)$$

$$i_C = \sqrt{2} I_P \sin(\omega t - \varphi + 120°)$$

将它们带入三相电路瞬时功率表达式，得

$$p = \sqrt{2} U_P \sin\omega t \times \sqrt{2} I_P(\omega t - \varphi) + \sqrt{2} U_P \sin(\omega t - 120°) \times \sqrt{2} I_P \sin(\omega t - \varphi - 120°)$$
$$+ \sqrt{2} U_P \sin(\omega t + 120°) \times \sqrt{2} I_P \sin(\omega t - \varphi + 120°)$$

利用三角函数关系式有

$$2\sin\alpha\sin\beta = \cos(\alpha - \beta) - \cos(\alpha + \beta)$$

将上面结果整理得

$$p = U_P I_P [\cos\varphi - \cos(2\omega t - \varphi)] + U_P I_P [\cos\varphi - \cos(2\omega t - \varphi - 240°)] +$$
$$U_P I_P [\cos\varphi - \cos(2\omega t - \varphi - 120°)]$$

根据三角函数性质，有

$$\cos(2\omega t - \varphi) + \cos(2\omega t - \varphi - 240°) + \cos(2\omega t - \varphi - 120°) = 0$$

所以，对称三相电路的瞬时功率为

$$p = p_A + p_B + p_C = 3U_P I_P \cos\varphi$$

由上面公式表明，对称三相电路的瞬时功率是一个与时间无关的常量，若负载时三相电动机，那么由于瞬时功率是恒定的，对应的瞬时转矩也是恒定的，不会引起机械振动，因此，其运行情况比单项电动机稳定，这是对称三相制的一大优点。

瞬时功率恒定的这种特性称为瞬时功率的平衡。瞬时功率平衡的电路称为平衡制动电路，对称三相电路都是平衡制电路。

8.4.2 三相电路的有功功率（平均功率）

三相电路中，无论三相负载是否对称或是以何种方式连接，三相负载吸收的有功功

率都是指各相负载吸收的有功功率之和，即

$$P = P_A + P_B + P_C = U_A I_A \cos\varphi_A + U_B I_B \cos\varphi_B + U_C I_C \cos\varphi_C = 3U_P I_P \cos\varphi$$

式中　U_P——相电压的有效值；

　　　I_P——相电流的有效值；

φ 是 U_P 与 I_P 的相位差角（相阻抗角），注意不要误以为是线电压与线电流的相位角，$\cos\varphi$ 是每相的功率因数，在对称三相制中，三相功率因数为

$$\cos\varphi = \cos\varphi_A = \cos\varphi_B = \cos\varphi_C$$

考虑到负载为星形连接时，有

$$U_P = \frac{U_L}{\sqrt{3}}, I_P = I_L$$

当负载为△连接时，有

$$I_P = \frac{I_L}{\sqrt{3}}, U_P = U_L$$

因此，可得

$$P = \sqrt{3} U_L I_L \cos\varphi$$

由此公式可以看出，在三相对称电路中，无论是 Y 连接还是△连接，三相电路的有功功率都是上面的公式。在实际工程中，就经常用此公式进行计算，例如，在设备上给出的电压、电流均是指额定线电压 U_N 和额定线电流 I_N，那么该设备的功率为

$$P_N = 3U_P I_P \cos\varphi = 3\frac{U_N I_N}{\sqrt{3}}\cos\varphi = \sqrt{3} U_N I_N \cos\varphi$$

8.4.3　三相电路的无功功率

三相电路的无功功率用于衡量三相电源与三相负载中的储能元件进行能量交换的规模。在三相电路中，无论三相负载为何种方式连接以及是否对称，三相负载的无功功率等于各相负载的无功功率之和，即

$$Q = Q_A + Q_B + Q_C = U_{AP} I_{AP} \sin\varphi_A + U_{BP} I_{CP} \sin\varphi_B + U_{CP} I_{CP} \sin\varphi_C$$

在负载对称时，有如下关系

$$Q = 3U_P I_P \sin\varphi_Z = U_L I_L \sin\varphi$$

无功功率不能被负载吸收，不能转换成人们所需的能量形式，只是在电路中反复传送，从电源传送给负载，或是从负载反送给电源。无功功率的传送不仅白白占用了电网的有限资源，加大线路的损耗，同时，还对电网和发电机组的运行带来不良影响。作为三相电路主要负载的三相异步交流电动机，其用电量占总动力电的 80% 以上。因此，三相负载以电感性为主。为了改善负载的功率因数，配电室中都备有大型电力电容柜以调整三相负载的阻抗角。

8.4.4　三相电路的视在功率

三相电路的视在功率是三相电路可提供的最大功率，也就是电力网的容量。三相负

载的视在功率定义为

$$S = \sqrt{P^2 + Q^2}$$

在对称情况下，有

$$S = 3U_P I_P = \sqrt{3} U_L I_L$$

由此可以得出三相负载的总功率因数为

$$\lambda = \frac{P}{S}$$

在三相电路对称情况下，$\lambda = \cos\varphi$，也就是一相负载的功率因数，φ 即为负载的阻抗角。

【例 8 - 11】一台三相电动机，每相绕组的等效阻抗为 $Z = 30 + j40\ \Omega$，对称三相电源的线电压为 $U_L = 380\ V$，求：

（1）当电动机做 Y 连接时的有功功率；

（2）当电动机做 △ 连接时的有功功率。

解 （1）当电动机做 Y 连接时，有

$$U_P = \frac{U_L}{\sqrt{3}} = 220\ V$$

$$I_L = I_P = \frac{U_P}{|Z|} = \frac{220}{\sqrt{30^2 + 40^2}} = 4.4\ A$$

$$P = \sqrt{3}\, U_L I_L \cos\varphi_Z = \sqrt{3} \times 380 \times 4.4 \times \cos\left(\arctan\frac{40}{30}\right)$$

$$= \sqrt{3} \times 380 \times 4.4 \times 0.6 \approx 1.738\ kW$$

（2）当电动机做 △ 连接时，有

$$U_P = U_L = 380\ V$$

$$I_L = \sqrt{3} I_P = \sqrt{3} \times \frac{U_P}{|Z|} = \sqrt{3} \times \frac{380}{\sqrt{30^2 + 40^2}} = 13.2\ A$$

$$P = \sqrt{3}\, U_L I_L \cos\varphi_Z = \sqrt{3} \times 380 \times 13.2 \times \cos\left(\arctan\frac{40}{30}\right)$$

$$= \sqrt{3} \times 380 \times 13.2 \times 0.6 \approx 5.2\ kW$$

可以看出负载不同连接时消耗的功率是不同的，△ 连接时消耗的功率等于做星形连接时消耗的功率的 3 倍。在例 8 - 11 中，电源电压为线电压，电动机做 Y 连接时消耗的功率较小。因此，当电源电压为线电压时，电动机应做 Y 连接；而当电源电压为相电压时，电动机应做 △ 连接。

【例 8 - 12】两组对称三相负载接到三相 380 V 电源上，已知星形连接负载 $R_1 = 10\ \Omega$，$X_{C1} = 15\ \Omega$，三角形连接负载 $R_2 = 10\ \Omega$，$X_{L2} = 20\ \Omega$。试求三相负载吸收的有功功率 P、无功功率 Q、视在功率 S 及功率因数 $\cos\varphi$。

解 （1）对称三相负载作星形连接时，其每项阻抗为

$$Z_Y = R_1 - jX_{C1} = 10 - j15 = 18.03 \angle 56.3°\ \Omega$$

若设 $\dot{U}_{\mathrm{A}} = U_{\mathrm{YP}} \angle 0° = 220 \angle 0°$ V，由于 Y 连接负载相电流和线电流相等，则有

$$\dot{I}_{\mathrm{YL}} = \dot{I}_{\mathrm{YP}} = \frac{U_{\mathrm{YP}} \angle 0°}{Z_{\mathrm{Y}}} = \frac{220 \angle 0°}{18.03 \angle -56.3°} = 12.20 \angle 56.3° \text{ A}$$

于是

$$P_{\mathrm{Y}} = \sqrt{3} U_{\mathrm{YL}} I_{\mathrm{YL}} \cos\varphi = \sqrt{3} \times 380 \times 12.20 \cos(-56.3°) \approx 4.44 \text{ kW}$$

$$Q_{\mathrm{Y}} = \sqrt{3} U_{\mathrm{YL}} I_{\mathrm{YL}} \sin\varphi = \sqrt{3} \times 380 \times 12.20 \sin(-56.3°) \approx -6.66 \text{ kvar}$$

式中，负号表示电容向外发出无功功率。

（2）对称三相负载作三角形连接时，其每项阻抗为

$$Z_{\triangle} = R_2 + \mathrm{j} X_{\mathrm{I2}} = 10 + \mathrm{j}20 = 22.36 \angle 63.4° \ \Omega$$

对于三角形连接负载线电压等于相电压，应为

$$\dot{U}_{\mathrm{AB}} = \sqrt{3} \dot{U}_{\mathrm{A}} \angle 30° = \dot{U}_{\triangle \mathrm{L}} = 380 \angle 30° \text{ V}$$

则相电流为

$$\dot{I}_{\triangle \mathrm{P}} = \frac{\dot{U}_{\triangle \mathrm{L}}}{Z_{\triangle}} = \frac{380 \angle 30°}{22.36 \angle 63.4°} = 16.99 \angle -33.4° \text{ A}$$

而线电流为

$$\dot{I}_{\triangle \mathrm{L}} = \sqrt{3} \dot{I}_{\triangle \mathrm{P}} \angle -30° = \frac{\dot{U}_{\triangle \mathrm{L}}}{Z_{\triangle}} = \sqrt{3} \times 16.99 \angle (-33.4° - 30°) = 29.43 \angle -63.4° \text{ A}$$

于是

$$Q_{\triangle} = \sqrt{3} U_{\triangle \mathrm{L}} I_{\triangle \mathrm{L}} \sin\varphi = \sqrt{3} \times 380 \times 29.43 \sin 63.4° \approx 17.33 \text{ kvar}$$

$$P_{\triangle} = \sqrt{3} U_{\triangle \mathrm{L}} I_{\triangle \mathrm{L}} \cos\varphi = \sqrt{3} \times 380 \times 29.43 \cos 63.4° \approx 8.66 \text{ kW}$$

三相负载总功率及功率因数分别是

$$P = P_{\mathrm{Y}} + P_{\triangle} = 4.44 + 8.66 = 13.10 \text{ kW}$$

$$Q = Q_{\mathrm{Y}} + Q_{\triangle} = -6.66 + 17.33 = 10.67 \text{ kvar}$$

$$S = \sqrt{P^2 + Q^2} = \sqrt{13.10^2 + 10.67^2} \approx 16.90 \text{ kVA}$$

$$\lambda = \cos\varphi = \frac{P}{S} = \frac{13.10}{16.90} = 0.775$$

8.4.5　三相电路功率的测量

以三相三线制电路为例说明三相电路功率的测量。对三相三线制电路，无论是否对称，都可以使用两个功率表测量三相功率，称为二表法，其测量方式如图 8 − 27 所示。按照参考方向，使电流从 * 端分别流入两个功率表的电流线圈，而电压线圈的非 * 端都接到非电流线圈所在的第三条端线（C 端线）上。这种测量方法的功率表的接线只涉及端线，而与电源和负载的连接方式无关。

可以证明，两个功率表读数的代数和等于三相三线制电路中负载吸收的平均功率。设两个功率表的读数分别为 P_1 和 P_2，则

$$P_1 = \mathrm{Re}[\dot{U}_{\mathrm{AC}} \dot{I}_{\mathrm{A}}^*], P_2 = \mathrm{Re}[\dot{U}_{\mathrm{BC}} \dot{I}_{\mathrm{B}}^*]$$

因此

$$P_2 + P_1 = \text{Re}[\dot{U}_{BC}\dot{I}_B^* + \dot{U}_{AC}\dot{I}_A^*]$$

$$\dot{U}_{AC} = \dot{U}_A - \dot{U}_C, \dot{U}_{BC} = \dot{U}_B - \dot{U}_C, \dot{I}_A + \dot{I}_B = -\dot{I}_C$$

$$P_1 + P_2 = \text{Re}[\dot{U}_A\dot{I}_A^* + \dot{U}_B\dot{I}_B^* + \dot{U}_C\dot{I}_C^*] = \text{Re}[\bar{S}_A + \bar{S}_B + \bar{S}_C] = \text{Re}[\bar{S}]$$

式中，$\text{Re}[\bar{S}]$——右侧三相负载吸收的有功功率。

在对称三相电路中，设 $\dot{U}_A = U_A\angle 0°$，$\dot{I}_A = I_A\angle -\varphi$，则

$$P_1 = \text{Re}[\dot{U}_{AC}\dot{I}_A^*] = U_{AC}I_A\cos(\varphi - 30°)$$

$$P_2 = \text{Re}[\dot{U}_{BC}\dot{I}_B^*] = U_{BC}I_B\cos(\varphi + 30°)$$

式中　φ——为负载的阻抗角。

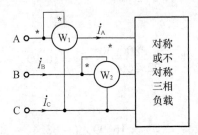

图 8－27　功率二表法测量三相三线制功率的连接

应该注意，当 $\varphi > 60°$ 时，两个功率表之一可能出现功率为负的情况，求两个功率表读数的代数和时，该读数应取负值。因此，一般来说，单独一个功率表的读数是没有意义的。

在三相四线制电路中，因为一般情况下不满足 $\dot{I}_A + \dot{I}_B + \dot{I}_C = 0$，所以用三表法代替二表法测量三相功率。这里不再赘述。

8.5　三相电供电与用电

8.5.1　电力系统组成

电力是现代工业主要动力，电力系统是由电压不等的电力线路将一些发电厂和电力用户联系起来的一个发电、输电、变电、配电和用电的整体。

1. 发电厂

发电厂种类很多，有火力发电厂、水力发电厂、原子能发电厂、风力发电厂等。目前，各国都以火力发电和水力发电为主。各类发电厂中的发电机几乎都是三相同步发电机。

2. 电力网

电力网由变电所和各种不同的电压等级的线路组成，其任务是将电能输送、变换和分配到电能用户。

电力网分为输电网(35 kV 及以上的电力网是电力系统的主干网)和配电网(10 kV 及以下的电力网,其作用是将电能分配给各类不同的用户)。为加强供电的可靠性、稳定性,通常电力网形成环网。

3. 电力用户

电力用户也称为电力负荷,或称为电力负载。根据其重要程度,可分为一级负荷、二级负荷和三级负荷。

一级负荷是指中断供电将造成人身伤亡或带来大的经济损失,或在政治上造成重大影响的电力负荷,主要包括火车站、大会堂、炼钢炉、重点医院的手术室等,对一级负荷,应双电源供电,且设应急电源。

二级负荷主要是指中断供电将在政治经济上造成较大损失的电力负荷,对二级负荷应由双回路供电。

三级负荷是一般的电力负荷,属于不重要负荷,对供电无特殊要求。

8.5.2　能源的利用

电能是由其他非电能源经过转换产生的,如水力、火力、风力、核能、太阳能等。目前世界上建造得最多的是火力发电厂和水力发电厂,近几年核电站也发展很快。

1. 水力发电

水力发电是利用河流中蕴藏着的水能生产电能,其基本原理是:在河流上建筑拦河坝,将分散的水能资源集中起来,然后靠引水管道等引取水流推动水轮发电机组(水轮机和发电机的组合)转动,在机组转动的过程中,将水能转变为电能。

水能资源是不会枯竭的再生能源,其发电成本比较低廉。水力发电不污染环境,是一种清洁能源,但其建成投产时间很长。

2. 火力发电

火力发电是将燃料(如煤炭)产生的热能转变为电能,其基本原理是:矿物燃料(煤炭、石油、天然气等)燃烧放出热能,锅炉里水吸收热能产生一定温度和压力的水蒸气,然后推动蒸汽轮机转动,将热能转变为电能。

火力发电对环境和生态的污染较为严重,燃料燃烧排放出的 CO_2、SO_2 等酸性气体会形成酸雨,危害动植物,大气中过量的 CO_2 会加剧"温室效应",破坏生态平衡。

3. 核能发电

核能发电是将核裂变或核聚变产生的能量转变为电能,其基本原理是:在核电站中,核反应产生的热量将水加热为蒸汽,然后像火力发电一样,用蒸汽推动蒸汽轮机转动,带动发电机发电。

核燃料能量高度集中,且极为丰富,1 kg 铀 235 核燃料全部裂变放出的热能,相当于 2 600 t 左右标准煤的热量。核聚变燃料氘和氚可以从海水中提取,核变燃料可以说是取之不尽的。核电站的放射性废气与废液的排放量很少,仅为火力发电放射物质排放量的 1/3。因此,核电站对环境的污染较小。

核电站的安全性是最敏感的问题,1979 年美国宾州三里岛核电站事故和 1986 年苏联切尔诺贝利核电站事故加剧了人们对核电站的恐惧心理。但核能发电 30 多年来,仍然得到了快速的发展，技术上已达成熟。能源资源相对缺乏的工业化国家，如法国、德国，核电建设速度较快。1991 年，我国第一座核电站——秦山核电站发电成功，随后，在广东省大亚湾建立了核电站。到 21 世纪中叶，核电将可能成为我国的主要能源之一。

4. 其他发电方式

（1）磁流体发电

磁流体发电的基本原理是利用燃料燃烧生成的高温（约 2 500 K）等离子气体（即热电离产生的电离气体）以一定的速度穿过磁场切割磁力线。根据电磁感应原理，流体中的带电离子受到电磁力的作用，正负电荷朝着等离子气体运动方向和磁力线方向相互垂直的两侧偏转，两侧便出现了感应电动势。磁流体发电的特点在于热能直接转换为电能，其装置中没有旋转部件且环境污染小。

（2）燃料电池

燃料电池由燃料电极（负极）、氧化剂电极（正极）和电解质构成。

在负极上燃料燃烧，进行氧化反应，释放电子；在正极上同时进行还原反应，产生的负离子通过电解质到达负极，负极释放的电子通过内部负载后进入正极，因而负载得到了电能。

燃料电池可以将能量直接变换为电能，能量转换率高，不污染环境，几乎没有噪声，有其特殊的发展前景。

8.5.3 电能的输送

发电是为用电服务的。从发电站到用电设备总有一段距离，水电站只能建在河流上，火电站有时要建在煤矿附近，与城市以及分布很广的农村都有距离，即使建筑在城市里的发电站，与城市里的用电设备也有距离，这样就产生了电能输送的问题。

电能便于输送，用导线把电源和用电设备连接起来，就可以实现电能的输送。但是，导线有电阻，电流通过时要发热，这个热量毫无用处，是一种浪费。在电能的输送中要研究如何减少这种能量损耗，以便有效地利用电能。

实际输送电能时，要综合考虑各种因素，依照不同情况选择适合的输电电压。如果输送功率比较大，输电距离比较远，就要采用较高的电压输电。电压低了，势必要加大导线的横截面积。如果输送功率不太大，距离也不太长，就不必用太高的电压输电。这时，能量损耗不会太大，电压高了反而增加了花在绝缘上的费用，而且导线因机械强度的限制又不能太细。例如，输送功率为 100 kW 以内，距离为几百米以内，一般采用 220 V 的电压送电，这就是通常用的低压线路；输送功率为几千千瓦到几万千瓦，距离为几十千米到上百千米，一般采用 35 kV 或 110 kV 的电压送电，这就是所谓高压输电；如果输送功率为 10 万千伏以上，距离为几百千米，就必须采用 220 kV 甚至更高的电压送电，这就是所谓超高压输电。

我国远距离输电采用的电压有 110 kV、220 kV 和 330 kV，在少数地区已开始采用 500 kV 的电压送电。目前，世界上正在试验的最高输电电压是 1 150 kV。

发电厂中的大型发电机，机端电压最高超过 26 kV，但这样高的电压还不符合远距离输电的要求，所以还必须通过升压变压器，把电压升高到所要求的数值（如 220 kV 或

330 kV）再进行输送，输送后的用电设备不能直接应用，因此，要在一次区域变电所把电压降到 6 kV ~ 10 kV，其中，一部分送到需要高压电的工厂，另一部分送到低压变电所，使电压降到 220 V/380 V 后再送给一般用户，如图 8 − 28 所示。

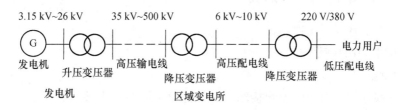

图 8 − 28　电能输送示意图

8.6　三相电用电安全

安全用电包括人身安全和设备安全，人身安全是指从事电气工作和电气设备操作使用过程中人员的安全，设备安全是指电气设备及其附属设备的安全。电气事故有其特殊的严重性，当发生事故时，不仅损坏用电设备，而且还可能引起人员触电伤亡、火灾或爆炸等严重事故，因此，必须十分重视安全用电问题。

8.6.1　什么是触电

所谓触电，就是人体直接或间接触及电气线路或电气设备的带电部分时有电流通过人体构成回路，使人身受到不同程度伤害的电气事故。

在多种类形的触电事故中，最为严重的是电击。电击就是电流通过人的身体内部，使组织细胞受到破坏，引起心脏、呼吸系统以及神经系统麻痹。严重的电击将会直接危及人的生命。

除了电击之外，还有电伤。电伤一般发生在带电拉闸和负载短路的情况。当负载电流很大且为感性负载时，带载切断电源会使闸刀触头产生很大的电弧，若未加灭弧装置或灭弧装置的性能不好，会使触头熔化形成金属蒸气，喷到操作人员的手上或脸上造成电伤。

8.6.2　触电的危险

触电可分为电击和电伤两种。电击是指电流通过人体，使体内器官和神经系统受到损害，肌肉收缩、呼吸停止以致死亡，其危险性极大，应预防；电伤是指由于电弧或保险丝熔断时飞溅起的金属沫等对人体外部的伤害，其危险虽不及电击严重，但也不可忽视。

研究表明，50 ~ 60 Hz 的工频电流对人体危害最严重，致命电流为 0.05 A。当人体通电时间越长，体重越小，则致命电流越小。根据 0.05 A 的致命电流和 800 ~ 1 000 Ω 的人体电阻计算出的致命危险电压为 40 ~ 50 V，因此，我国规定工频安全电压的上限值为50 V（有效值）。根据不同的场合，工频安全电压一般分为 42 V、36 V、24 V 和 6 V。直流安全电压的上限值为 120 V。

触电总是威胁着触电者的生命安全。影响其危险程度的因素主要有：通过人体的电流、通过人体的电压、电流的作用时间、频率的高低、电流通过人体的途径。人体的电阻以及触电者的体质状况和皮肤的干湿程度有关。

8.6.3 人体触电的几种形式

人体触电主要有以下几种形式。

1. 单相触电和两相触电

（1）单相触电

人体的一部分与一根带电相线接触，另一部分又同时与大地（或零线）接触而造成的触电称为单相触电，单相触电是最多的一种触电事故。以下几种情况都是单相触电：

①火线的绝缘皮破坏，其裸露处直接接触了人体，或接触了其他导体，间接接触了人体；

②潮湿的空气导电、不纯的水导电，如湿手触开关或浴室触电；

③家用电器外壳未按要求接地，其内部火线外皮破损接触了外壳，或家用电器漏电，使外壳带电；

④人站在绝缘物体上，一只手触摸火线，却用另一只手扶墙或其他接地导体，或站在地上的人扶他；

⑤人站在木桌、木椅上触摸火线，而木桌、木椅却因潮湿等原因转化成为导体。

（2）两相触电

人体的不同部位同时接触两根带电相线时的触电称为两相触电。这种触电的电压高、危险性大。

单相和两相触电如图 8 - 29 所示。

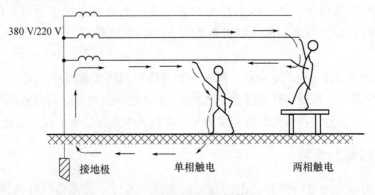

图 8 - 29 单相和两相触电

2. 高压触电

高压带电体不但不能接触，而且不能靠近。

高压触电有以下两种。

（1）电弧触电

人与高压带电体相距一定距离，高压带电体与人体之间会发生放电现象，导致触电。

（2）跨步电压触电

电力线落地后会在导线周围形成一个电场，电位的分布是以接地点为圆心逐步降低。

当有人跨入这个区域时，两脚之间的电位差会使人触电，这个电压称为跨步电压，如图 8 - 30 所示。

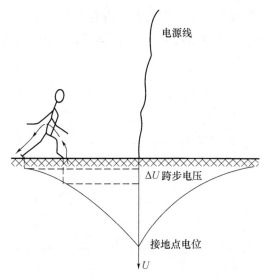

图 8 - 30　跨步电压触电

通常高压线形成的跨步电压对人有较大危险。如果误入接地点附近，应采取双脚并拢或单脚跳出危险区，一般在 20 m 以外，跨步电压就降为零了。

高压触电的危险比 220 V 电压的触电更危险，所以看到"高压危险"的标志时，一定不能靠近它，室外天线必须远离高压线，不能在高压线附近放风筝、钓鱼、爬电线杆等。

8.6.4　保护措施

防止人身触电最常用的技术措施为接地保护和接零保护。

接地保护就是把电动机等电力设备的金属外壳通过导线接到接地体（又称为接地装置）上，接地装置对四周土壤的接地电阻很小（规定应不大于 4 Ω），远远小于人体电阻，所以即使接触了带电的金属外壳，也几乎没有电流流过人体，从而保证了人身安全，如图 8 - 31 所示。

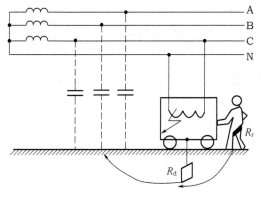

图 8 - 31　保护接地

接零保护的原理如图 8 – 32 所示，供电变压器副边的中线接到接地体，称为接零保护。其中，一根中线作为电源的零线，另一根中线作为保护零线 PE 与用电设备的外壳直接相接，供电变压器配有短路保护。当发生一相绝缘损坏与外壳相碰时，该相电源通过机壳和中线形成短路，保险丝能迅速熔断，切断电源，从而消除机壳带电的危险，起到保护的作用。

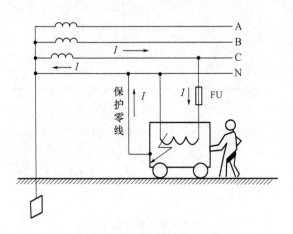

图 8 – 32　接零保护

在同一配电系统中，一般只采用同一种保护措施，因为若采用两种保护措施而设备距离很近，当保护接地的设备发生一相与外壳相碰时，接地保护设备与接零保护设备外壳之间有危险电压，容易造成触电事故。采取接地保护或接零保护之后，可避免和防止部分触电事故，但不可因此而麻痹大意，为防患于未然，还必须遵守电气安全操作规程，严格执行电气技术安全制度。

习 题 8

8 – 1　填空题

（1）三个电动势的_____相等，_____相同，_____互差 120°，就称为对称三相电动势。

（2）对称三相正弦量（包括对称三相电动势、对称三相电压、对称三相电流）的瞬时值之和等于_____。

（3）三相电压到达振幅值（或零值）的先后次序称为_____，三相电压的相序为 A—B—C 的称为_____序。

（4）三相电路中，对称三相电源一般连接成星形或_____两种特定的方式。

（5）三相四线制供电系统中可以获得两种电压，即_____和_____。

（6）三相电源端线间的电压叫作_____，电源每相绕组两端的电压称为电源的_____。

（7）对于三相负载来说，流过端线的电流称为_____，流过每相负载的电流称为_____。

（8）如果三相负载的每相负载的复阻抗都相同，则称为_____，三相电路中若电源对称，负载也对称，则称为_____电路。

（9）在三相交流电路中，负载的连接方法有_____和_____两种。

（10）有一对称三相负载成星形连接，每相阻抗均为 22 Ω，功率因数为 0.8，又测出负载中电流为 10 A，那么三相电路的有功功率为_____ W，无功功率为_____ var，视在功率为_____ VA。

8-2　选择题

（1）已知对称正序三相电源的相电压 $u_A = 10\sin(\omega t + 30°)$，当电源星形连接时，线电压 u_{AB} 为_____。

　　A. $17.32\sin(\omega t + 60°)$　　　　　　　　B. $10\sin(\omega t + 60°)$

　　C. $17.32\sin(\omega t + 0°)$　　　　　　　　D. $10\sin(\omega t + 0°)$

（2）若要求三相负载中各相电压均为电源相电压，则负载应接成_____。

　　A. 星形有中线　　　B. 星形无中线　　　C. 三角形连接　　　D. 无法确定

（3）对称三相交流电路，三相负载为连接，当电源线电压不变时，三相负载换为连接，三相负载的相电流应_____。

　　A. 减小　　　　　　B. 增大　　　　　　C. 不变　　　　　　D. 无法确定

（4）已知三相电源线电压 $U_L = 380$ V，三相对称负载 $Z = (6 + j8)\ \Omega$ 做三角形连接。则线电流 $I_L = $_____ A。

　　A. 38　　　　　　　B. 22　　　　　　　C. $38\sqrt{3}$　　　　　D. $22\sqrt{3}$

（5）已知三相电源线电压 $U_L = 380$ V，三相对称负载 $Z = (6 + j8)\ \Omega$ 做三角形连接。则相电流 $I_P = $_____ A。

　　A. 38　　　　　　　B. 22　　　　　　　C. $38\sqrt{3}$　　　　　D. $22\sqrt{3}$

（6）对称三相交流电路中，三相负载为 Y 连接，当电源电压不变，而负载变为 △ 连接时，对称三相负载所吸收的功率_____。

　　A. 增大　　　　　　B. 减小　　　　　　C. 不变　　　　　　D. 无法确定

（7）正序三相交流电源接有三相对称负载，设 A 相电流为 $i_A = I_m\sin\omega t$，则 i_B 为_____。

　　A. $i_B = I_m\sin(\omega t - 120°)$　　　　　　B. $i_B = I_m\sin\omega t$

　　C. $i_B = I_m\sin(\omega t - 240°)$　　　　　　D. $i_B = I_m\sin(\omega t + 120°)$

（8）对称三相电源，线电压 $\dot{U}_{AB}$ 和 $\dot{U}_{BC}$ 相位关系为_____。

　　A. $\dot{U}_{AB}$ 超前 $\dot{U}_{BC}$ 60°　　　　　　B. $\dot{U}_{AB}$ 滞后 $\dot{U}_{BC}$ 60°

　　C. $\dot{U}_{AB}$ 超前 $\dot{U}_{BC}$ 120°　　　　　　D. $\dot{U}_{AB}$ 滞后 $\dot{U}_{BC}$ 120°

（9）在负载为星形连接的对称三相电路中，各线电流与相应的相电流的关系是_____。

　　A. 大小、相位都相等

B. 大小相等，线电流超前相应的相电流

C. 线电流大小为相电流大小的 3 倍，线电流超前相应的相电流

D. 线电流大小为相电流大小的 3 倍，线电流滞后相应的相电流

（10）在三相交流电路中，下列结论中错误的是_____。

A. 当负载做 Y 连接时，必须有中线

B. 当三相负载越接近对称时，中线电流就越小

C. 当负载做 Y 连接时，线电流必等于相电流

D. 当负载做 △ 连接时，线电流为相电流的 $\sqrt{3}$ 倍

8-3 计算题

（1）一个对称三相电源 $u_A = 380\cos(314t + 30°)$（V），求 u_B 和 u_C，并做相量图。

（2）三相发电机绕组作星形连接时，相电压为 240 V，求电源的线电压。

（3）如图 8-33 所示的对称三相电路中，$Z = (3 + j6)\ \Omega$，$Z_1 = 1\ \Omega$，负载相电流 $I_p = 45$ A。求负载和电源相电压的有效值和线电流的有效值。

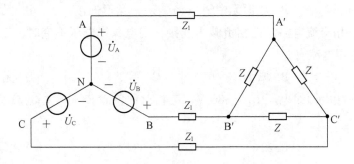

图 8-33 题 8-3（3）图

（4）某 Y-Y 连接的对称三相电路中，已知每相负载阻抗为 $Z = (10 + j15)\ \Omega$，负载线电压的有效值为 380 V，端线阻抗为零。求负载的线电流。

（5）如图 8-34 所示的三相电路中，三相电源对称，其相电压 $U_p = 220$ V，阻抗 $Z_1 = 15\angle 45°\ \Omega$，$Z_2 = 20\angle 30°\ \Omega$，$Z_3 = 10\sqrt{3}\angle 20°\ \Omega$。试求 $\dot{I}_1$、$\dot{I}_2$、$\dot{I}_3$、$\dot{I}_A$ 和 $\dot{I}_B$。

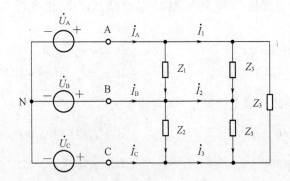

图 8-34 题 8-3（5）图

第9章　非正弦周期电路分析

在电力、电子与通信工程实践中，常常会遇到以非正弦形式周期变化的电压和电流激励信号。在高等教学中，利用傅里叶级数可以将非正弦周期函数分解为一系列不同频率的正弦分量。那么，原非正弦周期激励作用于电路，就等效为分解产生的一系列不同频率的正弦激励分别作用于该电路，再取这些正弦激励作用效果之和。这样，前面章节所讲的正弦稳态电路、谐振电路和互感电路等的分析方法就可以推广到非正弦周期电流电路了。

本章主要介绍应用傅里叶级数和叠加定理分析非正弦周期电路的方法，称为谐波分析法，进而给出非正弦周期电流、电压有效值和平均功率的计算方法，并简要介绍非正弦周期信号的概念。

9.1　非正弦周期电流和电压

前面课程先后研究了线性直流电路和正弦电流电路的性质和分析方法，工程中还存在非正弦周期电流电路，其中的电流和电压是时间的非正弦周期函数。

当一个电路中同时有直流电源和正弦电源作用时，在一般情况下，电路中的电流既不是直流也不是正弦电流，而是非正弦周期电流。如果电路是线性的，便可根据叠加定理分别计算出由直流电源和正弦电源单独作用所引起的响应，然后再把这些响应的瞬时表达式相加，得到由直流和正弦量合成的非正弦周期电流或电压。当一个电路中有几个不同频率的正弦电源同时作用时，所产生的电流也是这种情形。

另外，在某些电路中，电源电压或电流本身就是非正弦周期函数。例如，由方波或锯齿波电压源作用而产生的响应一般也是非正弦周期函数，如图 9-1 所示。为了求出这种响应，可以根据傅里叶级数（Fourier series）理论，将给定的非正弦周期电压或电流分解为傅里叶函数，其中，包含恒定分量和一系列不同频率的正弦分量，这就相当于有直流电源和多个不同频率的正弦电源同时作用于电路中，这便和上述第一种情况一样，可根据线性电路的叠加定理计算电路的响应。

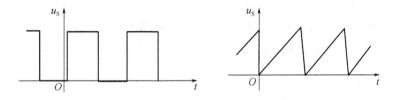

图 9-1　方波和锯齿波电压信号

再者，如果电路中包含非线性元件，即使是正弦量，其响应一般也是非正弦周期函数。例如，如图 9-2(a)所示是半波整流电路。其输入电压 u_i 是正弦量，如图 9-2(b)所示，由于半导体二极管具有正向导通性，其输出电压 u_o 则称为具有单一方向的非正弦周期电压，如图 9-2(c) 所示。

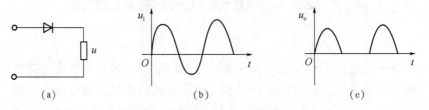

（a）　　　　　　　　（b）　　　　　　　　（c）

图 9-2　二极管平波整流电路及整流电压

（a）半波整流电路；（b）输入电压；（c）输出电压

最后还应该指出，前面几章所研究的直流电路和正弦交流电路指的都是电路模型，其中的直流电源和正弦交流电源都是理想的电路元件。而在工程实际中应用的某些直流电源和正弦交流电源，严格地讲，它们都是在一定准确度条件下近似的直流电源和正弦交流电源。例如，晶体管直流稳压电源，通过整流电路把正弦电压整流为直流电压，尽管采取某些方法使其波形平直，但是仍然不可避免地存在一些周期性的起伏，即存在纹波（ripple）。又如，电路系统中由发电机提供的正弦电压也难以达到理想的正弦波，也存在一定的畸变（distortion），严格地说应是非正弦周期电压。因此，在研究实际电路问题时，尽管电源是所谓的直流或正弦的，如果必须考虑其纹波或畸变的影响，则应该建立非正弦周期电流电路模型，将其作为非正弦周期电流电路分析。

9.2　周期函数分解为傅里叶级数

9.2.1　周期函数的傅里叶级数

在研究讨论非正弦周期电流电路时，为了便于利用前面直流电路和正弦稳态电路的分析方法去分析非正弦周期电流电路，很有必要对非正弦周期信号进行分解，即周期函数分解为傅里叶级数。

对于给定的周期函数 $f(t)$，当其满足狄里赫利条件时，都可以分解为傅里叶级数。电工中遇到的周期函数通常都满足狄里赫利条件。

周期为 T 的时间函数 $f(t)$ 可展开成

$$f(t) = a_0 + (a_1\cos\omega t + b_1\sin\omega t) + (a_2\cos2\omega t + b_2\sin2\omega t) + \cdots +$$
$$(a_k\cos k\omega t + b_k\sin k\omega t) + \cdots$$
$$= a_0 + \sum_{k=1}^{\infty}(a_k\cos k\omega t + b_k\sin k\omega t) \tag{9-1}$$

若把式（9-1）同频率的正弦项与余弦项合并，可得到另一种展开式为

$$f(t) = A_0 + A_{1m}\sin(\omega t + \varphi_1) + A_{2m}\sin(2\omega t + \varphi_2) + \cdots + A_{km}\sin(k\omega t + \varphi_2) + \cdots$$
$$= A_0 + \sum_{k=1}^{\infty}A_{km}\sin(k\omega t + \varphi_k) \tag{9-2}$$

式 (9-1) 中，$\omega = \dfrac{2\pi}{T}$，T 为 $f(t)$ 的周期，a_0、a_k、b_k 为傅里叶系数，可按如下公式计算

$$\begin{cases} a_0 = \dfrac{1}{T}\int_0^T f(t)\,\mathrm{d}t \\[2mm] a_k = \dfrac{2}{T}\int_0^T f(t)\cos k\omega t\mathrm{d}t \\[2mm] b_k = \dfrac{2}{T}\int_0^T f(t)\sin k\omega t\mathrm{d}t \end{cases} \tag{9-3}$$

不难得出式 (9-1) 和式 (9-2)，有

$$\begin{cases} A_0 = a_0 \\[1mm] a_k = A_{km}\cos\varphi_k \\[1mm] b_k = A_{km}\sin\varphi_k \\[1mm] A_{km} = \sqrt{a_k^2 + b_k^2} \\[1mm] \varphi_k = \arctan\dfrac{b_k}{a_k} \end{cases} \tag{9-4}$$

将式 (9-1) 和式 (9-2) 的无穷三角级数称为周期函数 $f(t)$ 的傅里叶级数。式 (9-2) 中，A_0 称为 $f(t)$ 的直流分量，它是非正弦周期函数一周期内的平均值；$A_{km}\sin(k\omega t + \varphi_k)$ 称为 $f(t)$ 的 k 次谐波分量；A_{km} 称为 k 次谐波分量的振幅；φ_k 称为 k 次谐波分量的初相角。特别地，当 $k=1$ 时，$A_{1m}\sin(\omega t + \varphi_1)$ 称为 $f(t)$ 的基波分量，其周期或频率与 $f(t)$ 相同；当 $k \geq 2$ 时，各项统称为高次谐波，高次谐波的频率是基波的整数倍。

将周期函数 $f(t)$ 分解为直流分量、基波分量和一系列不同频率的各次谐波分量之和，称为谐波分析。它可以利用式 (9-1) ~ 式 (9-4) 进行，但工程上更多是利用查表法。表 9-1 给出了几种典型非正弦周期函数的傅里叶级数。

表 9-1　几种典型非正弦周期函数的傅里叶级数

名称	函数的波形	傅里叶级数	有效值	平均值
正弦波		$f(t) = A_m\sin\omega t$	$\dfrac{A_m}{\sqrt{2}}$	$\dfrac{2A_m}{\pi}$
半波整流波		$f(t) = \dfrac{2}{\pi}A_m\left(\dfrac{1}{2} + \dfrac{\pi}{4}\cos\omega t + \dfrac{1}{1\times3}\cos2\omega t - \dfrac{1}{3\times5}\cos4\omega t + \dfrac{1}{5\times7}\cos6\omega t - \cdots\right)$	$\dfrac{A_m}{2}$	$\dfrac{A_m}{\pi}$
全波整流波		$f(t) = \dfrac{4}{\pi}A_m\left(\dfrac{1}{2} + \dfrac{1}{1\times3}\cos2\omega t - \dfrac{1}{3\times5}\cos4\omega t + \dfrac{1}{5\times7}\cos6\omega t - \cdots\right)$	$\dfrac{A_m}{\sqrt{2}}$	$\dfrac{2A_m}{\pi}$

表 9 – 1（续）

名称	函数的波形	傅里叶级数	有效值	平均值
矩形波	$f(t)$ 波形	$f(t) = \dfrac{4}{\pi}A_{\mathrm{m}}\left(\sin\omega t + \dfrac{1}{3} + \sin3\omega t + \dfrac{1}{5}\sin5\omega t + \dfrac{1}{k}\sin k\omega t + \cdots\right)$，$k$ 为奇数	A_{m}	A_{m}
锯齿波	$f(t)$ 波形	$f(t) = A_{\mathrm{m}}\left[\dfrac{1}{2} - \dfrac{1}{\pi}\left(\sin\omega t + \dfrac{1}{2}\sin2\omega t + \dfrac{1}{3}\sin3\omega t + \cdots\right)\right]$	$\dfrac{A_{\mathrm{m}}}{\sqrt{3}}$	$\dfrac{A_{\mathrm{m}}}{2}$
梯形波	$f(t)$ 波形	$f(t) = \dfrac{4A_{\mathrm{m}}}{\omega t_0 \pi}\left(\sin\omega t_0 \sin\omega t + \dfrac{1}{9}\sin3\omega t_0 \times \sin3\omega t + \dfrac{1}{25}\sin5\omega t_0 \sin5\omega t + \dfrac{1}{k^2}\sin k\omega t_0 \sin k\omega t + \cdots\right)$，$k$ 为奇数	$A_{\mathrm{m}}\sqrt{1 - \dfrac{4\omega t_0}{3\pi}}$	$A_{\mathrm{m}}\left(1 - \dfrac{\omega t_0}{\pi}\right)$
三角波	$f(t)$ 波形	$f(t) = \dfrac{8A_{\mathrm{m}}}{\pi^2}\left[\sin\omega t - \dfrac{1}{9}\sin3\omega t + \dfrac{1}{25}\sin\omega t - \cdots + \dfrac{(-1)^{\frac{k-1}{2}}}{k^2}\sin\omega t + \cdots\right]$，$k$ 为奇数	$\dfrac{A_{\mathrm{m}}}{\sqrt{3}}$	$\dfrac{A_{\mathrm{m}}}{2}$

　　傅里叶级数虽然是一个无穷三角级数，但一般收敛很快，较高次谐波的振幅很小，实用中一般只需计算前几项就足够准确了。

　　为了直观地表示一个周期函数分解为各次谐波后包含哪些频率分量及各分量占有多大比例，可画出频谱图。以表 9 – 1 中的锯齿波电压为例，设其幅值 $U_{\mathrm{m}} = 10$ V，则其傅里叶级数的展开式为

$$u(t) = 5 - \frac{10}{\pi}\sin\omega t - \frac{10}{2\pi}\sin2\omega t - \frac{10}{3\pi}\sin3\omega t - \frac{10}{4\pi}\sin4\omega t - \cdots \qquad (9-5)$$

　　上式中若用横坐标表示各次谐波的频率，用纵坐标方向的线段长度表示直流分量和各次谐波振幅的大小，就得到了如图 9 – 3 所示锯齿波电压的振幅频谱图。

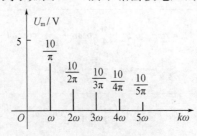

图 9 – 3　锯齿波电压的振幅频图

9.2.2　波形对称性与傅里叶级数系数的关系

在电工技术中，常见的非正弦周期函数往往具有某种对称性。傅里叶级数系数与这种对称性有着密切的关系。根据 $f(t)$ 的对称性，可以预见谐波分析中哪些谐波存在，哪些谐波不存在，从而可使计算过程简化。下面讨论几种常见的对称波形。

1. 周期函数的波形在横轴上下部分包围的面积相等

此时，函数的平均值等于零，傅里叶级数展开式中，$a_0 = 0$，即无直流分量。

2. 周期函数为奇函数

如图 9 - 4 所示的函数波形对称于原点，在数学上称为奇函数，其满足

$$f(-t) = -f(t) \tag{9-6}$$

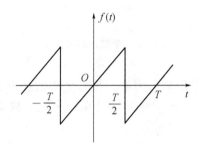

图 9 - 4　奇函数波形

表 9 - 1 中的矩形波、梯形波、三角波都是奇函数，它们的傅里叶级数展开式中，$a_0 = 0$，$a_k = 0$，即无直流分量和余弦谐波分量，可表示为

$$f(t) = \sum_{k=1}^{\infty} b_k \sin k\omega t \tag{9-7}$$

3. 周期函数为偶函数

如图 9 - 5 所示的函数波形对称于纵轴，在数学上称为偶函数，其满足

$$f(-t) = f(t) \tag{9-8}$$

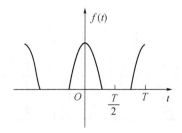

图 9 - 5　偶函数波形

表 9 - 1 中的全波整流波也是偶函数，它们的傅里叶级数展开式中，$b_k = 0$，即无正弦谐波分量，可表示为

$$f(t) = a_0 + \sum_{k=1}^{\infty} a_k \cos k\omega t \tag{9-9}$$

4. 周期函数为奇谐波函数

如图9-6所示的函数波形,两个相差半个周期的函数值大小相等,符号相反,在数学上称为奇谐波函数,其满足

$$f(t) = -f\left(t \pm \frac{T}{2}\right) \tag{9-10}$$

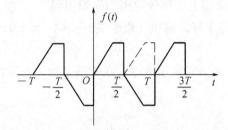

图9-6 奇谐波函数波形

这种函数前半周的波形后移半个周期,与后半周的波形互为镜像,即对称于横轴,所以也称为镜像对称于横轴的函数。表9-1中的矩形波、梯形波、三角波都是奇谐波函数,它们的傅里叶级数展开式表示为

$$f(t) = \sum_{k=1}^{\infty} (a_k \cos k\omega t + b_k \sin k\omega t), \quad k \text{ 为奇数} \tag{9-11}$$

展开式中无直流分量,无偶次谐波,因此,称为奇谐波函数。

综上所述,根据周期函数的对称性不仅可预先判断它包含的谐波分量的类型,定性地判定哪些谐波分量不存在(这在工程上常常用到),而且可使傅里叶级数系数的计算得到简化。傅里叶级数展开式中存在的谐波分量系数仍需用式(9-3)计算确定。

如果周期函数$f(t)$同时具有两种对称性,则在它的傅里叶级数展开式中也应兼有两种对称的特点。下面举例说明。

【例9-1】 周期函数$f(t)$如图9-7所示,求其傅里叶级数。

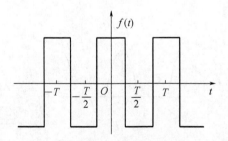

图9-7 例9-1图

解 由图9-7可知$f(t)$既是偶函数,又是奇谐波函数,所以$f(t)$中既不含正弦谐波分量($b_k=0$),也不含直流分量和偶次谐波分量($a_k=0$)($k=0,2,4,6,\cdots$)。只需计算系数a_k。由式(9-3)得

$$a_k = \frac{2}{T}\int_0^T f(t)\cos k\omega t\mathrm{d}t = \frac{4}{T}\int_0^{\frac{T}{2}} f(t)\cos k\omega t\mathrm{d}t$$

$$= \frac{4U_\mathrm{m}}{T}\Big(\int_0^{\frac{T}{4}}\cos k\omega t\mathrm{d}t - \int_{\frac{T}{4}}^{\frac{T}{2}}\cos k\omega t\mathrm{d}t\Big)$$

$$= \frac{4U_\mathrm{m}}{T}\frac{1}{k\omega}\Big(\sin k\omega t\,\Big|_0^{\frac{T}{4}} - \sin k\omega t\,\Big|_{\frac{T}{4}}^{\frac{T}{2}}\Big)$$

$$= \frac{4U_\mathrm{m}}{k\pi}\sin\frac{k\pi}{2}$$

故得

$$f(t) = \sum_{k=1}^{\infty}\frac{4U_\mathrm{m}}{k\pi}\sin\frac{k\pi}{2}\cos k\omega t$$

$$= \frac{4U_\mathrm{m}}{\pi}\Big(\cos\omega t - \frac{1}{3}\sin 3\omega t + \frac{1}{5}\cos 5\omega t - \cdots\Big)$$

实际应用中，常通过查表 9-1 直接写出周期函数的傅里叶级数形式。本例中可先查表 9-1 得到矩形波（奇函数、奇谐波函数）的傅里叶级数展开式为

$$f_1(t)\ \frac{4U_\mathrm{m}}{\pi}\Big(\sin\omega t + \frac{1}{3}\sin 3\omega t + \frac{1}{5}\sin 5\omega t + \cdots\Big)$$

将表 9-1 中的矩形波的纵轴向右平移 $\frac{T}{4}$，即得到如图 9-7 所示的矩形波。因此，将上式中的 t 用 $t+\frac{T}{4}$ 代入，即可得到图 9-7 中矩形波的傅里叶级数为

$$f(t) = f_1\Big(t+\frac{T}{4}\Big) = \frac{4U_\mathrm{m}}{\pi}\Big[\sin\omega\Big(t+\frac{T}{4}\Big) + \frac{1}{3}\sin 3\omega t\Big(t+\frac{T}{4}\Big) + \frac{1}{5}\sin 5\omega\Big(t+\frac{T}{4}\Big) + \cdots\Big]$$

$$= \frac{4U_\mathrm{m}}{\pi}\Big(\cos\omega t - \frac{1}{3}\sin 3\omega t + \frac{1}{5}\cos 5\omega t - \cdots\Big) \tag{9-12}$$

由以上分析可知，一个周期函数是奇函数还是偶函数，不仅与该函数的波形有关，还与计时起点的选择有关。因为计时起点选择不同，各次谐波的初相将随之改变。但是，一个周期函数是不是奇谐波函数，则仅与该函数的具体波形有关，而与计时起点的选择无关。所以，对某些奇谐波函数，适当选择计时起点可使它们只是奇函数或只是偶函数，而使分解结果简化。例如，表 9-1 中的矩形波、梯形波、三角波，它们本身都是奇谐波函数，它们的傅里时级数中不含直流分量和偶次谐波，但如表 9-1 中那样选择计时起点，它们又都成为奇函数，不含余弦项。综合起来，它们的傅里叶级数中就只含奇次正弦项了。

【例 9-2】 求如图 9-8 所示周期性三角波的傅里叶级数。

解 首先观察给定波形的对称性，由于函数 $f(t)$ 关于原点对称，是奇函数，即 $A_0 = 0$，$a_k = 0$，$b_k \neq 0$。进而 $f(t)$ 是镜像对称的，所以只含有奇次谐波，即 $k = 1$，3，5，$\cdots$。只需要计算奇次谐波正弦项的系数 b_k。由于同时存在两个对称条件，可在 $0 \sim T/4$ 内积分，即

$$b_k = 4\times\frac{2}{T}\int_0^{\frac{T}{4}} f(t)\sin k\omega_1 t\mathrm{d}t$$

由给定的波形知，当 $0 < t \leqslant T/4$ 时，$f(t) = \dfrac{4A_{\mathrm{m}}t}{T}$，代入上式得到

$$b_k = \frac{8}{T}\int_0^{\frac{T}{4}} \frac{4A_{\mathrm{m}}}{T}t\sin k\omega_1 t\mathrm{d}t = \frac{8A_{\mathrm{m}}}{k_2\pi^2}\sin\frac{k\pi}{2} = \begin{cases} \dfrac{8A}{k_2\pi^2}, & k = 1,5,9,\cdots \\[3mm] -\dfrac{8A}{k_2\pi^2}, & k = 3,7,11,\cdots \end{cases}$$

将 b_k 代入式(9-1)得

$$f(t) = \frac{8A}{\pi^2}\left(\sin\omega_1 t - \frac{1}{9}\sin3\omega_1 t + \frac{1}{25}\sin5\omega_1 t - \cdots\right)$$

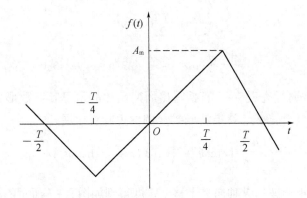

图 9-8　例 9-2 图

9.3　非正弦周期量的有效值、平均值和平均功率

9.3.1　非正弦周期量的有效值

一个非正弦周期量的有效值，根据周期量有效值的定义，应等于其方均根值。如果已知周期量的解析表达式，则可以直接求它的方均根值。如图 9-9 所示，半波整流电路在一个周期内的解析表达式为

$$i = \begin{cases} I_{\mathrm{m}}\sin\omega t, & 0 \leqslant t \leqslant \dfrac{T}{2} \\[3mm] 0, & \dfrac{T}{2} \leqslant t \leqslant T \end{cases}$$

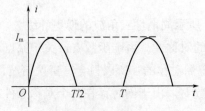

图 9-9　半波整流波

其有效值为

$$I = \sqrt{\frac{1}{T}\int_0^T i^2 \mathrm{d}t} = \sqrt{\frac{1}{T}\int_0^{\frac{T}{2}}(I_{\mathrm{m}}\sin\omega t)^2 \mathrm{d}t}$$

$$= \sqrt{\frac{1}{T}\int_0^{\frac{T}{2}}\frac{1}{2}I_{\mathrm{m}}^2(1 - \cos2\omega t)\mathrm{d}t} = \frac{I_{\mathrm{m}}}{2}$$

【例 9 – 3】 求如图 9 – 10 所示矩形波电压的有效值。

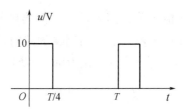

图 9 – 10　例 9 – 3 图

解　电压有效值为

$$U = \sqrt{\frac{1}{T}\int_0^{\frac{T}{4}}10^2 \mathrm{d}t} = \sqrt{\frac{100}{T}t\,\Big|_0^{\frac{T}{4}}} = \sqrt{\frac{100}{T}\times\frac{T}{4}} = 5\ \mathrm{V}$$

如果已知周期量的傅里叶级数，则可由各次谐波的有效值计算其有效值。以电流为例，设

$$i = I_0 + \sum_{k=1}^{\infty} I_{km}\sin(k\omega t + \varphi_k)$$

则其有效值为

$$I = \sqrt{\frac{1}{T}\int_0^T i^2 \mathrm{d}t} = \sqrt{\frac{1}{T}\int_0^T \Big[I_0 + \sum_{k=1}^{\infty} I_{km}\sin(k\omega t + \varphi_k)\Big]^2 \mathrm{d}t}$$

上式右边平方项展开后，分别计算如下

$$\frac{1}{T}\int_0^T I_0^2 \mathrm{d}t = I_0^2$$

$$\frac{1}{T}\int_0^T I_{km}^2\sin(k\omega t + \varphi k)\mathrm{d}t = \frac{I_{km}^2}{2} = I_k^2, \quad I_k^2 = \frac{I_{km}}{\sqrt{2}}\ \text{是}\ k\ \text{次谐波电流的有效值}$$

$$\frac{1}{T}\int_0^T 2I_0 I_{km}\sin(k\omega t + \varphi_k)\mathrm{d}t = 0$$

$$\frac{1}{T}\int_0^T 2I_{km}\sin(k\omega t + \varphi_k)I_{qm}\sin(q\omega t + \varphi_q)\mathrm{d}t = 0$$

根据三角函数的正交性可得后两项积分结果为零，所以

$$I = \sqrt{I_0^2 + I_1^2 + I_2^2 + I_3^2 + \cdots} \qquad (9 - 16)$$

同理有

$$U = \sqrt{U_0^2 + U_1^2 + U_2^2 + U_3^2 + \cdots} \qquad (9 - 17)$$

即非正弦周期量的有效值等于直流分量的平方与各次谐波有效值的平方之和的平方根。

周期量的有效值与各次谐波的初相无关，周期量的有效值不是等于而是小于它的各次谐波有效值之和。

9.3.2 非正弦周期量的平均值

在实际工程中，除用到有效值外，还要用到平均值。一个非正弦周期量的平均值为

$$A_0 = \frac{1}{T} \int_0^T f(t) \, \mathrm{d}t$$

A_0 就是非正弦周期量的直流分量，当 $f(t)$ 正负两半周与横轴包围的面积相等时，A_0 为零。为了对周期量进行测量和分析，常把周期量的绝对值在一个周期内的平均值定义为该周期量的平均值（也称为均绝值）。以电流为例，平均值 I_{av} 为

$$I_{\mathrm{av}} = \frac{1}{T} \int_0^T |i| \, \mathrm{d}t \tag{9 - 18}$$

例如，正弦电流的平均值为

$$I_{\mathrm{av}} = \frac{1}{T} \int_0^T |I_{\mathrm{m}} \sin\omega t| \, \mathrm{d}t = \frac{2}{T} \int_0^{\frac{T}{2}} I_{\mathrm{m}} \sin\omega t \, \mathrm{d}t$$

$$= \frac{2}{T} \cdot \frac{1}{\omega} \int_0^\pi I_{\mathrm{m}} \sin\omega t \, \mathrm{d}(\omega t) = \frac{1}{\pi} I_{\mathrm{m}} (-\cos\omega t) \Big|_0^\pi$$

$$= \frac{2}{\pi} I_{\mathrm{m}} = 0.637 I_{\mathrm{m}} = 0.9 I$$

它相当于正弦电流经全波整流后的平均值，如图 9-11 所示。

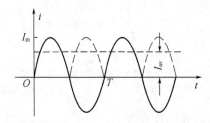

图 9-11 正弦电流的平均值

对于同一非正弦周期电流，当用不同类型的仪表进行测量时，得到的结果是不同的。例如，用磁电系仪表（直流仪表）测量时，所测得结果是电流的直流分量，这是因为磁电系仪表的偏转角正比于 $\frac{1}{T} \int_0^T i \, \mathrm{d}t$；用电磁式或电动式仪表测量时，所测得结果是电流的有效值，因为这两种仪表的偏转角正比于 $\frac{1}{T} \int_0^T i^2 \, \mathrm{d}t$；用全波整流磁电系仪表（也称万用表）测量时，所测得结果是电流的平均值，因为这种仪表的偏转角正比于电流的平均值（均绝值），但是由于在制造时已经把它的刻度校准为正弦电流（或电压）的有效值，即全部刻度都扩大了 1.11 倍，因此，全波整流磁电系仪表一般只用来测量正弦电流（或电压）的有效值。在测量非正弦周期电流或电压时，应注意选择合适的仪表，并注意不同类型仪表读数表示的含义。

9.3.3　非正弦周期电流电路的平均功率

非正弦周期电流电路的平均功率仍定义为其瞬时功率在一个周期内的平均值。设一个负载或一个二端网络的电压电流为

$$u = U_0 + \sum_{k=1}^{\infty} U_{km}\sin(k\omega t + \varphi_{ku})$$

$$i = I_0 + \sum_{k=1}^{\infty} I_{km}\sin(k\omega t + \varphi_{ki})$$

式中，u、i 取关联参考方向，则负载或二端网络吸收的瞬时功率为

$$p = ui = \left[U_0 + \sum_{k=1}^{\infty} U_{km}\sin(k\omega t + \varphi_{ku}) \right] \times \left[I_0 + \sum_{k=1}^{\infty} I_{km}\sin(k\omega t + \varphi_{ki}) \right]$$

代入平均功率的定义式，得平均功率为

$$P = \frac{1}{T}\int_0^T p\mathrm{d}t = \frac{1}{T}\int_0^T ui\mathrm{d}t$$

$$= \frac{1}{T}\int_0^T \left[U_0 + \sum_{k=1}^{\infty} U_{km}\sin(k\omega t + \varphi_{ku}) \right] \times \left[I_0 + \sum_{k=1}^{\infty} I_{km}\sin(k\omega t + \varphi_{ki}) \right]\mathrm{d}t$$

上式右边项展开后将包含有如下两种类型的积分项。

一种是同次谐波电压和电流的乘积，它们的平均值为

$$P_0 = \frac{1}{T}\int_0^T U_0 I_0 \mathrm{d}t = U_0 I_0$$

$$P_k = \frac{1}{T}\int_0^T U_{km}\sin(k\omega t + \varphi_{ku}) I_{km}\sin(k\omega t + \varphi_{ki})\mathrm{d}t$$

$$= \frac{1}{2}U_{km}I_{km}\cos(\varphi_{ku} - \varphi_{ki}) = U_k I_k\cos\varphi_k$$

式中　U_k、I_k——k 次谐波电压、电流的有效值，$U_k = \dfrac{U_{km}}{\sqrt{2}}$，$I_k = \dfrac{I_{km}}{\sqrt{2}}$；

　　　φ_k—— 第 k 次谐波电压与电流的相位差，$\varphi_k = \varphi_{ku} - \varphi_{ki}$。

另一种是不同次谐波电压和电流的乘积，根据三角函数的正交性，它们的平均值为零。于是得到

$$P = U_0 I_0 + \sum_{k=1}^{\infty} U_k I_k\cos\varphi_k = P_0 + P_1 + P_2 + \cdots + P_k + \cdots \tag{9-19}$$

综上所述，非正弦周期电流电路中，不同次（包括零次）谐波电压、电流虽然构成瞬时功率，但不构成平均功率，只有同次谐波电压、电流才构成平均功率，电路的平均功率等于各次谐波的平均功率之和（包括直流分量 $U_0 I_0$）。

若非正弦周期电流流过某一电阻 R，根据式(9-19)，其平均功率为

$$P = I_0^2 R + I_1^2 R + I_2^2 R + \cdots + I_k^2 R + \cdots = I^2 R \tag{9-20}$$

即可用非正弦电流有效值的平方乘电阻 R 求得。

在非正弦周期电流电路中有时也用到视在功率，定义为

$$S = UI$$

功率因数定义为

$$\lambda = \frac{P}{S}$$

【例 9-4】 设某无源二端网络端口电压、电流为关联参考方向，已知

$$u(t) = 100 + 100\sqrt{2}\sin t + 30\sqrt{2}\sin 3t + 15\sqrt{2}\sin 5t(\text{V})$$

$$i(t) = 10 + 50\sqrt{2}\sin(t - 45°) + 10\sqrt{2}\sin(3t - 60°)(\text{A})$$

试求电压、电流有效值及该网络吸收的平均功率。

解 由式(9-16)和式(9-17)可得电压、电流有效值为

$$U = \sqrt{U_0^2 + U_1^2 + U_3^2 + U_5^2} = \sqrt{100^2 + 100^2 + 30^2 + 15^2} \approx 145.3 \text{ V}$$

$$I = \sqrt{I_0^2 + I_1^2 + I_3^2} = \sqrt{10^2 + 50^2 + 10^2} \approx 51.96 \text{ A}$$

由式(9-19)得网络吸收的平均功率为

$$P = U_0 I_0 + U_1 I_1 \cos\varphi_1 + U_3 I_3 \cos\varphi_3$$
$$= 100 \times 10 + 100 \times 50\cos[0 - (-45°)] + 30 \times 10\cos[0 - (-60°)]$$
$$= 1\,000 + 5\,000\cos 45° + 300\cos 60° = 4\,685.5 \text{ W}$$

这里应注意：虽然电压的五次谐波分量不为零，但电流的五次谐波分量为零，所以五次谐波分量产生的功率为零。

9.4　非正弦周期电流的稳态分析

本节讨论线性电路在非正弦周期性电源激励下的稳态响应。一般来说，在已知非正弦周期性激励和电路参数的条件下，可以按照以下步骤分析和计算电路的非正弦周期响应：

①利用傅里叶级数，将给定的非正弦周期函数分解为恒定分量和各次谐振分量叠加的形式；

②分别计算电路在上述恒定分量和各次谐波分量单独作用下的响应；

③利用叠加原理，将恒定分量和各次谐波分量的响应进行叠加。

通常将以上分析过程称为谐波分析法。此外，在具体求解过程中还需注意以下几点：

①当恒定分量作用时，电感相当于短路，电容相当于开路，只需计算纯电阻电路；

②当谐波分量作用时，由于激励都是正弦形式，因此，可采用相量法求解各响应分量，特别需要强调的是，由于各次谐波频率不同，电容和电感对于不同频率将呈现出不同电抗，电感 L 对基波(角频率 ω_1)的感抗为 $X_{L1} = \omega_1 L$,对 k 次谐波的感抗则为 $X_{Lk} = k\omega_1 L = kX_{L1}$,电容 C 对基波的感抗为 $X_{C1} = -1/\omega_1 C$,对 k 次谐波的感抗则为 $X_{Ck} = -1/k\omega_1 C = -X_{C1}/k$;

③求出各次谐波分量相量形式的响应后，需要将求得的相量响应转化成瞬时表达式形，再将各个瞬时表达式叠加；

④由于傅里叶级数是收敛的，随谐波次数 k 的增大，k 次谐波在信号中的比例很快变小，因此，在工程上可根据计算精度不同，只取前面若干项响应分量叠加即可；

⑤在一些电路中对于不同次谐波可能会发生并联谐振或者串联谐振，这需要针对具

体问题进行具体分析。

【例 9 – 5】 如图 9 – 12（a）所示电路，$L = 5$ H，$C = 10\ \mu\text{F}$，$R = 2$ kΩ，设其输入为如图 9 – 12(b)所示的正弦全波整流电压，电压振幅 $U_m = 150$ V，整流前正弦交流电压角频率为 100π rad/s。求电感电流 i 和负载电压 u_{ab}。

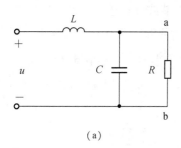

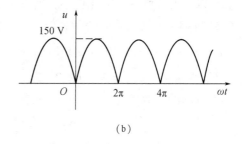

（a）　　　　　　　　　　　　　　　　　　　　（b）

图 9 – 12　LC 波形电路和正弦全波整形电流

解　（1）由表 9 – 1 可查正弦全波整流信号的傅里叶级数形式，并代入 $U_m = 150$ V，得

$$u = \frac{4 \times 150}{\pi}\left(\frac{1}{2} - \frac{1}{3}\cos\omega_1 t + \frac{1}{15}\cos 2\omega_1 t - \cdots\right)$$

$$= 95.5 + 45\sqrt{2}\cos(\omega_1 t + 180°) + 9\sqrt{2}\cos(2\omega_1 t + 180°) + \cdots$$

（2）分别计算电源电压的直流分量和各次谐波产生的响应。

直流电压作用时

$$I_0 = \frac{95.5}{2\ 000} = 0.047\ 8\ \text{A}, U_{ab0} = 95.5\ \text{V}$$

基波电压作时，全波整流的波形与整流前的正弦波相比，周期减半，频率加倍，故基波角频率 $\omega_1 = 200\pi$ rad/s，则 RC 并联电路的阻抗为

$$Z_{ab1} = \frac{R \times \dfrac{1}{j\omega_1 C}}{R + \dfrac{1}{j\omega_1 C}} = \frac{2\ 000}{1 + j4\pi} = 12.585 - j158.153 = 158.653\angle -85.45°\ \Omega$$

一端口输入阻抗为

$$Z_1 = j\omega_1 L + Z_{ab1} = j1\ 000\ \pi + 12.585 - j158.153 = 2\ 983.47\angle -89.76°\ \Omega$$

$$\dot{I}_1 = \frac{45\angle 180°}{2\ 983.47\angle 90°} = 15.08\angle 90°\ \text{mA}$$

$$\dot{U}_{ab1} = Z_{ab1}\dot{I}_1 = 158.653\angle -85.45° \times 15.08 \times 10^{-3}\angle 90° = 2.39\angle 4.6°\ \text{V}$$

二次谐波电压作用时，计算方法同上，注意角频率加倍，有

$$Z_{ab2} = \frac{R \times \dfrac{1}{j2\omega_1 C}}{R + \dfrac{1}{j2\omega_1 C}} = \frac{2\ 000}{1 + j8\pi} = 3.161 - j79.452 = 79.515\angle -87.72°\ \Omega$$

一端输入的阻抗为

$$Z_2 = j2\omega_1 L + Z_{ab2} = j2\ 000\pi + 3.161 - j79.452 = 6\ 203.734\angle 89.97°\ \Omega \approx j6\ 203.73\ \Omega$$

$$\dot{I}_2 = \frac{9\angle 180°}{6\,203.73\angle 90°} = 1.45\angle 90° \text{ mA}$$

$$\dot{U}_{ab2} = Z_{ab2}\dot{I}_2 = 79.515\angle -87.72° \times 1.45 \times 10^{-3}\angle 90° = 0.115\angle 3.2° \text{ V}$$

由此可见，负载电压中二次谐波有效值仅占直流电压的 0.12%（= 0.115/95.5），进而，二次以上谐波所占百分比更小，所以不必对更高次谐波分量进行计算。

（3）将相量转换为瞬时表达式形式，再把直流分量与各次谐波分量相叠加，有

$$i = I_0 + i_1 + i_2 = 47.8 + 15.1\sqrt{2}\cos(\omega_1 t + 90°) + 1.45\sqrt{2}(2\omega_1 t + 90°) \text{ (A)}$$

$$u_{ab} = U_{ab0} + u_{ab1} + u_{ab2} = 95.5 + 2.39\sqrt{2}\cos(\omega_1 t + 4.6°) + 0.115\cos(2\omega_1 t + 2.3°) \text{ (V)}$$

负载电压的有效值为

$$U_{ab} = \sqrt{95.5^2 + 2.39^2 + 0.115^2} \approx 95.53 \text{ V}$$

通过上面的计算可以看到，负载电压 u_{ab} 中基波有效值仅占直流分量有效值的 2.5%（2.39/95.5），这表明 LC 电路具有滤除基波及高次谐波分量的作用，能够让低频信号到达负载，故称 LC 电路为低通滤波器。其中，L 起抑制高频交流的作用，故常称为高频扼流圈（high-frequency choke）；并联电容 C 起减小负载电阻上交流电压的作用，称为旁路电容（bypass capacitor）。由于 L 和 C 两个参数对不同频率谐波会产生不同的电抗，所以可以利用此特性把 L 和 C 以不同形式的连接组成不同功能的滤波器。

【例 9-6】 如图 9-13(a)所示电路，$R_1 = R_2 = 8\ \Omega$，$\omega_1 L = 1\ \Omega$，$1/\omega_1 C = 9\ \Omega$，激励电压 $u(t) = 10 + 10\sqrt{2}\cos\omega_1 t + \sqrt{2}\cos(3\omega_1 t)$（V）。求两端电压 u_2。

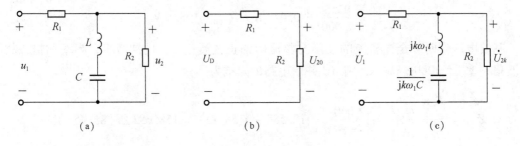

（a）　　　　　　　　（b）　　　　　　　　（c）

图 9-13　例 9-6 图

解　$u(t)$ 中直流分量 $U_0 = 10$ V，基波分量 $\dot{U}_1 = 10\angle 0°$ V，三次谐波分量 $\dot{U}_3 = 1\angle 0°$ V。

首先，直流作用于电路，等效电路如图 9-13(b)所示，故有

$$U_{20} = \frac{R_2}{R_1 + R_2}U_0 = 5 \text{ V}$$

然后，基波分量作用于电路，相应的相量电路模型如图 9-13(c)所示，则

$$\dot{U}_{21} = \frac{R_2 // \text{j}(\omega_1 L - 1/\omega_1 C)}{R_1 + R_2 // \text{j}(\omega_1 L - 1/\omega_1 C)}U_1 = \frac{10\angle 0°}{8 + \dfrac{8\times(-8\text{j})}{8-\text{j}8}} \times \frac{8\times(-8\text{j})}{8-\text{j}8} = 4.47\angle -26.6° \text{ V}$$

$$u_{21} = 4.47\sqrt{2}\cos(\omega_1 t - 26.5°) \text{ (V)}$$

最后，三次谐波分量作用于电路，注意到 $3\omega_1 L = 1/3\omega_1 C$，$L$ 和 C 发生串联谐振，故

$$\dot{U}_{23} = 0, u_{23} = 0$$

因此，R_2 两端电压 $u_2 = 5 + 4.47\sqrt{2}\cos(\omega_1 t - 26.5°)$（V）。显然，电源中三次谐波分量没有作用到电阻 R_2 上。

【例 9 – 7】如图 9 – 14 所示电路，$R = 6$ kΩ，$\omega_1 L = 2$ kΩ，$1/\omega_1 C = 18$ kΩ，激励 $u(t) = 100 + 80\sqrt{2}\cos(\omega_1 t + 30°) + 18\sqrt{2}\cos(3\omega_1 t)$（V）。求交流电流表、电压表和功率表的读数。

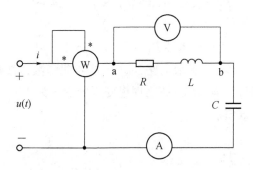

图 9 – 14　例 9 – 7 图

解　求交流电表的读数，实际上就是计算相应非正弦周期电流，电压的有效值和电路的平均功率。

对直流分量，电容设为开路，有

$$I_0 = 0 \text{ A}, U_{ab0} = 0 \text{ V}$$

对基波分量，有

$$\dot{U}_1 = 80\angle 30° \text{ V}$$

$$Z_1 = R + \text{j}(\omega_1 L - 1/\text{j}\omega_1 C) = 6 + \text{j}(2 - 18) = 17\angle -69.4° \text{ kΩ}$$

$$\dot{I}_1 = \frac{\dot{U}_1}{Z_1} = \frac{80\angle 30°}{17\angle -69.4°} = 4.7\angle 99.4° \text{ mA}, I_1 = 4.7\sqrt{2}\cos(\omega_1 t + 99.4°) \text{ （mA）}$$

$$\dot{U}_{ab1} = (R + \text{j}\omega_1 L)\dot{I}_1 = (6 + \text{j}2) \times 4.7\angle 99.4° = 29.6\angle 117.8° \text{ V}$$

对三次谐波分量，有

$$\dot{U}_3 = 80\angle 30° \text{ V}$$

$$Z_3 = R + \text{j}(3\omega_1 L - 1/3\text{j}\omega_1 C) = 6 \text{ kΩ}$$

$$\dot{I}_3 = \frac{\dot{U}_3}{Z_3} = \frac{18\angle 0°}{6} = 3\angle 0° \text{ mA}, i_3 = 3\sqrt{2}\cos 3\omega_1 t \text{ （mA）}$$

$$\dot{U}_{ab3} = (R + \text{j}3\omega_1 L)\dot{I}_3 = (6 + \text{j}6) \times 3\angle 0° = 25.5\angle 45° \text{ V}$$

由叠加定理可得

$$i = I_0 + i_1 + i_3 = 4.7\sqrt{2}\cos(\omega_1 t + 99.4°) + 3\sqrt{2}\cos 3\omega_1 t \text{ （mA）}$$

$$u_{ab} = U_{ab0} + u_{ab1} + u_{ab2} = 29.6\sqrt{2}\cos(\omega_1 t + 117.8°) + 25.5\sqrt{2}\cos(3\omega_1 t + 45°) \ (V)$$

则电流表和电压表读数分别为

$$I = \sqrt{I_0^2 + I_1^2 + I_3^2} = \sqrt{4.7^2 + 3^2} = 5.6 \ mA$$

$$U_{ab} = \sqrt{U_{ab0}^2 + U_{ab1}^2 + U_{ab2}^2} = \sqrt{29.6^2 + 25.5^2} = 39.1 \ V$$

由于

$$P_0 = U_0 I_0 = 0$$

$$P_0 = U_1 I_1 \cos(99.4° - 30°) = 4.7 \times 80 \times 0.35 = 132.3 \ mW$$

$$P_3 = U_3 I_3 \cos0° = 3 \times 18 = 54 \ mW$$

即功率表读数为

$$P = P_0 + P_1 + P_3 = 186.3 \ mW$$

【例9-8】 如图9-15(a)所示电路，$u(t)$ 是周期函数，波形如图9-15(b)所示。$R = 8 \ \Omega$，$L = 1/(2\pi) \ mH$，$C = 125\pi \ \mu F$，理想变压器变比为 2∶1。求理想变压器原边电流 $i_1(t)$ 和输出电压 u_2 的有效值。

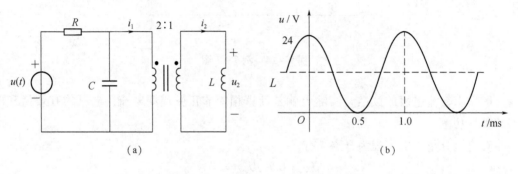

(a)　　　　　　　　　　　　(b)

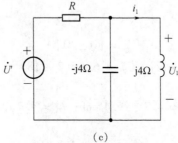

(c)

图 9-15　例 9-8 图

解 由图9-15(b)可知

$$\omega = 2\pi/T = 2\pi \times 10^3 \ rad/s, u(t) = 12 + 12\cos\omega t \ (V)$$

当 $U_0 = 12 \ V$ 作用时，电容开路、电感短路，有

$$i_1 = 12/8 = 1.5 \ A, u_{20} = 0 \ V$$

当 $u' = 12\cos\omega t$ 作用时，有

$$X_C = -\frac{1}{\omega C} = \frac{1}{2\pi \times 10^3 \times (125/\pi) \times 10^{-6}} = -4 \ \Omega$$

$$X_L = \omega L = 2\pi \times 10^3 \times \frac{1}{2\pi} \times 10^{-3} = 1 \ \Omega$$

利用理想变压器对阻抗变换的作用，副边 jX_L 变换到原边为 $n^2 jX_L = j4 \ \Omega$，故原电路可以等效为如图 9-15(c)所示的电路。注意到并联部分电容 C 和电感 L 发生并联谐振，故有

$$\dot{U}_{1m} = \dot{U}_m = 12\angle 0° \ \text{V}$$

$$\dot{I}_{1m} = \frac{\dot{U}_{1m}}{j4} = \frac{12}{j4} = 3\angle -90° \ \text{A}$$

$$\dot{U}_{2m} = \frac{1}{2}\dot{U}_{1m} = 6\angle 0° \ \text{V}$$

$$U_2 = \frac{6}{\sqrt{2}} = 4.243 \ \text{V}, \ i_1 = 1.5 + 3\cos(\omega t - 90°) \ \text{（A）}$$

【**例 9-9**】 如图 9-16(a)所示电路，已知 $i_S = 5 + 20\cos(1\,000t) + 10\cos(3\,000t)\,\text{（A）}$，$R_1 = 100 \ \Omega$，$R_2 = 200 \ \Omega$，$L = 0.1 \ \text{H}$，$C_3 = 1 \ \mu\text{F}$。其中，$C_1$ 中只有基波电流，C_3 中只有 3 次谐波电流。求 C_1、C_2 以及各支路电流 i_1、i_2 和 i_3。

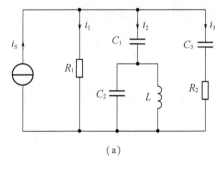

(a)

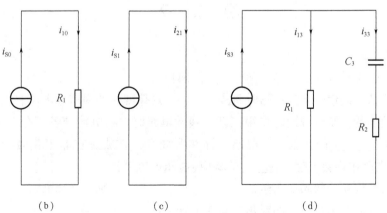

(b)　　　　　　(c)　　　　　　　(d)

图 9-16　例 9-9 图

解　C_1 中只有基波电流，说明 L 和 C_2 对三次谐波发生并联谐振，则有

$$C_2 = \frac{1}{\omega^2 L} = \frac{1}{9 \times 10^5} \text{ F}$$

C_3 中只有三次谐波电流，说明 C_1、L 和 C_2 对一次谐波发生串联谐振（电压谐振），则串联总电抗为

$$Z_1 = \frac{1}{j\omega C_1} + \frac{j\omega L \cdot 1/j\omega C_2}{j(\omega L - 1/\omega C_2)} = \frac{\omega L - 1/\omega C_2 + \omega L(C_1/C_2)}{j\omega C_1(\omega L - 1/\omega C_2)}$$

令分子 $\omega L - 1/\omega C_2 + \omega L \ (C_1/C_2) = 0$，则

$$C_1 = \frac{1}{\omega^2 L} - C_2 = \frac{8}{9 \times 10^5} \text{ F}$$

只有直流分量 $i_{s0} = 5$ A 作用时，所有电容均开路，电感短路，等效电路如图 9 - 16(b) 所示，则

$$i_{10} = i_S = 5 \text{ A}, i_{20} = i_{30} = 0 \text{ A}$$

只有基波分量 $i_{S1} = 20\cos(1\,000\,t)$（A）作用时，$C_1$、$L$ 和 C_2 组成的支路对一次谐振发生串联谐振，等效电路如图 9 - 16(c) 所示，则

$$i_{21} = i_{S1} = 20\cos 1\,000\,t \text{ (A)}, i_{11} = i_{31} = 0 \text{ A}$$

只有三次谐波分量 $i_{S1} = 10\cos(3\,000\,t)$（A）作用时，等效电路如图 9 - 19(d) 所示，则

$$\dot{I}_{33} = \frac{R_1}{R_1 + [R_2 - j3\,000 C_1]}\dot{I}_{S3} = \frac{100 \times 10}{100 + 200 - j10^3 \angle 3} = 2.23 \angle 48° \text{ A}$$

$$\dot{I}_{13} = \dot{I}_{S3} - \dot{I}_{33} = 10 - \frac{30}{9 - j10} = 8.67 \angle -11° \text{ A}, i_{23} = 0 \text{ A}$$

综上可得

$$i_1(t) = 5 + 8.67\cos(3\,000\,t - 11°) \text{ (A)}$$
$$i_2(t) = 2\cos(1\,000\,t) \text{ (A)}$$
$$i_3(t) = 2.23\cos(3\,000\,t + 48°) \text{ (A)}$$

习 题 9

9 - 1 填空题

（1）非正弦信号分为_____和_____两种。

（2）非正弦周期信号定义：随时间按_____规律变化的周期性电压和电流。

（3）同频率的正弦电源同时作用在某一线性电路时，在电路的各部分产生的稳态电压、电流都是_____的正弦量；电路中存在非线性元件或是在非正弦激励（电压或电流）作用下，电路中都会产生_____的响应（电压或电流）。

（4）非线性周期函数频谱图包括_____和_____，统称为频谱。

（5）非线性周期函数 $f(t)$ 的对称性与傅里叶系数 a_n、b_n 关系。

①偶函数关于纵轴对称，$f(t) = f(-t)$，_____。

②奇函数关于原点对称，$f(t) = -f(-t)$，_____。

③奇谐波函数镜对称，$f(t) = -f\left(t + \dfrac{T}{2}\right)$，_____。

（6）非正弦周期电流 $i(t)$ 的有效值计算公式为

$$I = \sqrt{I_0^2 + I_1^2 + I_2^2 + \cdots} = \sqrt{I_0^2 + \sum_{n=0}^{k} I_n^2} = \sqrt{I_0^2 + \sum_{n=0}^{k} \left(\frac{I_{nm}}{\sqrt{2}}\right)^2}$$

式中　I_{nm}——n 次谐波的振幅；

　　　I_n——其有效值，它们之间的关系为

_____○

（7）只有相同频率的电压谐波与电流谐波产生平均功率，不同频率的电压谐波、电流谐波只能形成_____，不产生平均功率。

（8）非正弦周期电路的谐波分析法，当各次谐波分量单独作用时电路成为正弦交流电路，应用计算正弦电流电路的相量法进行求解。注意，电感元件和电容元件对于不同频率的谐波呈现不同的电抗，即

_____○

式中　$n = 1,\ 2,\ 3,\ \cdots$；

　　　X_{L1}——基波感抗；

　　　X_{C1}——基波容抗；

　　　ω_n——n 次谐波的角频率；

　　　ω_1——基波频率。

（9）函数的波形越光滑和越接近正弦形，其傅里叶展开函数收敛得_____。

（10）已知有源二端网络的端口电压和电流分别为 $u = [50 + 85\sin(\omega t + 30°) + 56.6\sin(2\omega t + 10°)]$（V），$i = [1 + 0.707\sin(\omega t - 20°) + 0.424\sin(2\omega t + 50°)]$（A），电路所消耗的平均功率为_____。

9 - 2　选择题

（1）在如图 9 - 17 所示电路中，已知 $u_{S1} = [12 + 5\cos(\omega t)]$（V），$u_{S2} = 5\sqrt{2}\cos(\omega t + 240°)$（V）。设电压表指示有效值，则电压表的读数为_____V。

A. 12　　　　　　　　B. 3　　　　　　　　C. 13.93

（2）在如图 9 - 18 所示的电路中，已知 $U_S = \sqrt{2}\cos 100t$（V），$i_S = [3 + 4\sqrt{2}\cos(100t - 60°)]$（A），则 U_S 发出的平均功率为_____W。

A. 2　　　　　　　　B. 4　　　　　　　　C. 5

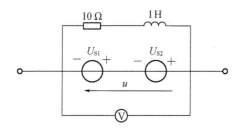

图 9 - 17　题 9 - 2（1）图

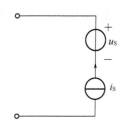

图 9 - 18　题 9 - 2（2）图

（3）预测一周期性非正弦量的有效值，应用_____仪表。

A. 电磁系　　　　　　B. 整流系　　　　　　C. 磁电系

（4）在如图 9 – 19 所示的电路中，$R = 20\ \Omega$，$\omega L = 5\ \Omega$，$1/\omega C = 45\ \Omega$，$U_S = [100 + 276\cos(\omega t) + 100\cos(3\omega t)]$（V），现欲使电流 i 中含有尽可能大的基波分量，Z 应是_____元件。

A. 电阻　　　　　　　B. 电感　　　　　　　C. 电容

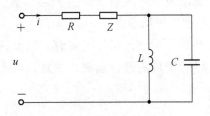

图 9 – 19　题 9 – 2（4）图

（5）如图 9 – 20 所示电路处于稳态。已知 $R = 50\ \Omega$，$\omega L = 5\ \Omega$，$1/\omega C = 45\ \Omega$，$U_S = [200 + 100\cos(3\omega t)]$（V），则电压表的读数及电流表的读数为_____。

A. 70.7 V；4 A　　　　　　　　　　　B. 7.07 V；4 A

C. 70.7 V；0.4 A　　　　　　　　　　D. 70.7 V；40 A

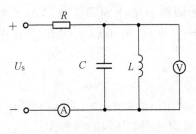

图 9 – 20　题 9 – 2（5）图

（6）如图 9 – 21 所示电路中，当 $U_S = 200\sqrt{2}\cos(\omega t + \varphi)$（V）时，测得 $I = 10$ A；当 $u = [\sqrt{2}\,U_1\cos(\omega t + \varphi_1) + \sqrt{2}\,U_2\cos(3\omega t + \varphi_2)]$（V）时，测得 $U = 200$ V，$I = 6$ A，则 $U_1 = $_____。

A. 105.83 V　　　　B. 200.6 V　　　　C. 194.6 V　　　　D. 206 V

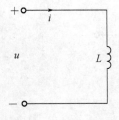

图 9 – 21　题 9 – 2（6）图

(7) 如图 9 - 22 所示电路为一滤波器，其输入电压为 $U_S = [U_{1m}\cos\omega t + U_{3m}\cos3\omega t]$，$\omega = 314\ \text{rad/s}$，现要使输出电压 $u_2 = U_{1m}\cos\omega t$，则 C_1 和 C_2 电容分别为_____。

A. 93.9 μF; 7.51 μF

B. 9.39 μF; 75.1 μF

C. 9.39 μF; 7.51 μF

D. 93.9 μF; 75.1 μF

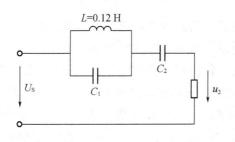

图 9 - 22　题 9 - 2 (7) 图

(8) 如图 9 - 23 所示电路中，$U_S = (10 + 20\cos\omega t)\ (\text{V})$，$R = \omega L = 10\ \Omega$，该电路吸收的平均功率为_____。

A. 200 W

B. 20 W

C. 100 W

D. 300 W

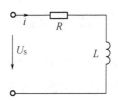

图 9 - 23　题 9 - 2 (8) 图

第 10 章　二端口网络

在之前的教学中，电路分析多数是在电路及其输入给定的情况下分析计算一条或多条支路的电压和电流。随着集成电路技术的发展，要分析这类网络内部各处的电压和电流几乎是不可能的。因此，往往并不需要对电路进行全面的计算。

当一个复杂的电路只有两个端钮与外电路连接，且仅需研究外电路的工作状态时，则可将该电路看作一个一端口（二端）网络，并用戴维南或诺顿等效电路替代，然后再计算外电路中有关的电压和电流。那么，当只需要研究网络的输入和输出之间的关系时，可以将网络看作是具有一个输入端口与一个输出端口的二端口网络。研究这类网络在通信、电气、控制系统、电源系统和电子学中是非常有用的。

本章介绍了二端口网络的基本概念、二端口网络的参数和方程、参数的计算、二端口网络的等效电路、二端口网络的连接、二端口网络的网络函数和滤波器等常见二端口器件。通过本章的学习，掌握含线性二端口网络的电路分析方法。

10.1　二端口网络的概念

具有多个端钮与外电路连接的网络（或元件）称为多端网络（或多端元件）。在这些端钮中，若在任一时刻，从某一端钮流入的电流等于从另一端钮流出的电流，这样的一对端钮称为一个端口。通过引出一对端钮与外电路连接的网络常称为二端网络，二端网络中电流从一个端钮流入，从另一个端钮流出，这样一对端钮形成了网络的一个端口，故二端网络也称为"单口网络"或"一端口网络"。根据二端网络内部是否含有电源，通常分为无源二端网络和有源二端网络两类。内部不含有电源的叫作无源二端网络，内部含有电源的叫作有源二端网络。通常用一个具有两个端子的方框表示二端网络，如图 10 - 1 所示。

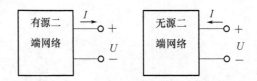

图 10 - 1　二端口网络

如果一个二端网络的伏安特性与另一个二端网络的伏安特性完全相同，即两个二端网络的端电压和端电流完全相同，则称这两个二端网络对外电路或端子是互相等效的。应用电路的等效概念可以进行电阻、电感和电容的等效计算以及电源的等效变换，使电路得到简化。

二端口网络在实际工程中有着广泛的应用。例如，当面对一个庞大的电气系统时，其电路模型可能十分复杂，若采用电路的基本分析方法进行分析将十分烦琐，甚至无法完成。这时，可以将系统分割成几个部分，搞清各部分的输入 – 输出关系，整个系统的工作状态便可以分析清楚了，这就突现了二端口网络理论在工程实际中的特殊价值和重要作用。又如，实际上，许多集成电路元件、自动化环节只能通过端口进行外部测试，因而也必须应用二端口网络理论研究。

在应用二端口时，输入端和输出端处电压和电流之间的相互关系可以由网络本身结构所决定的一些参数表示。一旦这些参数确定后，当一个端口的电压、电流发生变化，就可以很容易地求出另一个端口的电压和电流了。同时，还可以利用这些参数比较不同二端口在传递电能和信号方面的性能，从而评价它们的质量。另外，还可以将任意一个复杂的二端口网络拆分成由若干个简单的二端口通过一定的连接方式组合而成，若已知这些简单的二端口参数，则可根据它们的连接关系方便地求出复杂二端口的参数了，从而不再涉及原来复杂电路内部的任何计算，就可以找出复杂电路两个端口处的电压与电流的关系了。可见，研究二端口网络参数在分析电路时占有重要的地位。

网络的一个端口是由满足端口条件的一对端子构成的。端口条件是指这样的一对端子，从其中的一个端子流入的电流等于从另一端子流出的电流。如图 10 – 2(a) 所示二端网络的一对端子肯定满足端口条件即 $i = i'$，所以二端网络都是一端口网络，简称一端口。在图 10 – 2(b) 中，若满足 $i_1 = i_1'$ 和 $i_2 = i_2'$ 的条件，便是一个二端口网络(two – port network)，简称二端口。

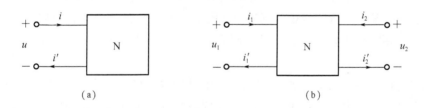

(a) (b)

图 10 – 2 一端口网络和二端口网络

(a) 一端口网络；(b) 二端口网络

最简单的二端口就是一个元件。例如，如图 10 – 3(a) 所示的互感元件和如图 10 – 3(b) 所示的受控源都是二端口元件，而如图 10 – 3(c) 所示的晶体管原本是三端元件，也可以用二端口等效代替。

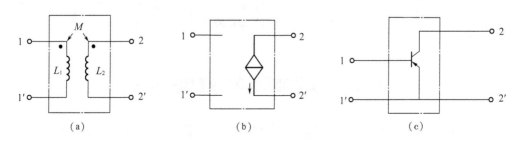

(a) (b) (c)

图 10 – 3 二端口网络举例

下面通过如图 10 – 4(a) 所示的三端网络论述如何用二端口等效。

如图 10 – 4(a) 所示，三端网络有三个端子电流 i_1、i_2、i_3 和三个端子间的电压 u_{12}、u_{23}、u_{13}，它们分别满足 KCL 和 KVL，即 $i_3 = i_1 + i_2$ 和 $u_{12} = u_{13} - u_{23}$。可见，三端网络只需用两个独立的端子电流（如 i_1 和 i_2）和两个独立的端子间电压（如 u_{13} 和 u_{23}）描述。如图 10 – 2(b) 所示的二端口也存在两个端口电流（i_1 和 i_2）和两个端口电压（u_1 和 u_2）。根据等效的概念，若令二端口的电压、电流关系与三端网络的电压、电流关系相同，便可用二端口等效代替三端网络，得到如图 10 – 4(b) 所示的等效二端口。因此，可将前面提到的晶体管视为二端口。

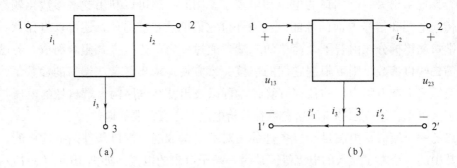

(a)   (b)

图 10 – 4　用二端口等效代替三端网络

综上所述，二端网络都是一端口，三端网络可用二端口等效代替。若将关于三端网络的论述推广到一般情况，可知一个 n 端网络可用 $n - 1$ 端口等效代替。而实际的 $n - 1$ 端口一般不能用 n 端网络等效代替。例如，如图 10 – 5 所示互感元件和受控源都是二端口，一般不能用三端元件等效代替，因此，研究多端口具有普遍意义，而无需再讨论多端网络问题。

本章只讨论线性无独立电源的二端口，即其中含有线性电阻、电容、互感、自感和线性受控电源，而不含独立电源。同时，还假设其中所有电感和电容都处于零状态，即在复频域模型中不含附加电源。

10 – 5　二端口电路

10.2　二端口网络的参数和方程

二端口网络方程反映了二端口网络的端口电压与电流之间的关系。在分析二端口网络问题时，可通过这些方程式进行分析计算。分析时，注意端口上电压、电流参考方向的规定，必须向内关联。如图 10 - 5 中二端口电路图所示，对于二端口网络，端口共有 u_1、i_1、u_2、i_2 四个物理量，要研究端口的电压和电流之间的关系，任选其中两个为自变量，而另外两个为因变量。根据不同的组合方式，可有 6 组不同的二端口网络特性方程，相应地有 6 组不同的参数，这里只介绍常用的 4 组特性方程及参数，即 Z、Y、H 和 $A(T)$ 参数。

10.2.1　开路阻抗参数 Z 和 Z 参数方程

1. Z 参数方程

分析二端口网络时按正弦稳态情况考虑，并采用相量法。如图 10 - 5 所示为二端口网络的相量模型。以端口电流 $\dot{I}_1$、$\dot{I}_2$ 作自变量，端口电压 $\dot{U}_1$、$\dot{U}_2$ 作因变量，应用叠加定理，将两个端口电流视作两个电流源，则端口电压可视为两个电流源单独作用时的响应之和，即

$$\begin{cases} \dot{U}_1 = Z_{11}\dot{I}_1 + Z_{12}\dot{I}_2 \\ \dot{U}_2 = Z_{21}\dot{I}_1 + Z_{22}\dot{I}_2 \end{cases} \tag{10-1}$$

写成矩阵形式，则是

$$\begin{bmatrix} \dot{U}_1 \\ \dot{U}_2 \end{bmatrix} = \begin{bmatrix} Z_{11} & Z_{12} \\ Z_{21} & Z_{22} \end{bmatrix} \begin{bmatrix} \dot{I}_1 \\ \dot{I}_2 \end{bmatrix} \tag{10-2}$$

亦可简写为

$$\dot{U} = Z\dot{I} \tag{10-3}$$

式中，有

$$Z = \begin{bmatrix} Z_{11} & Z_{12} \\ Z_{21} & Z_{22} \end{bmatrix} \tag{10-4}$$

Z_{11}、Z_{12}、Z_{21}、Z_{22} 具有阻抗的量纲，称为二端口的阻抗参数，简称 Z 参数。它们只与二端口内部结构、连接方式和元件参数有关，而与外加激励无关。式(10 - 1)、式(10 - 2)和式(10 - 3)均可称为二端口的阻抗参数方程或 Z 参数方程。矩阵 Z 称为二端口的阻抗参数矩阵或 Z 参数矩阵。

2. Z 参数计算

在开路的条件下，可在两个端口分别测得四个 Z 参数。在端口 2 开路，即 $\dot{I}_2 = 0$ 时，测量 $\dot{U}_1$、$\dot{U}_2$ 和 $\dot{I}_1$，代入 Z 参数方程(10 - 4)，得

$$Z_{11} = \left.\frac{\dot{U}_1}{\dot{I}_1}\right|_{\dot{I}_2=0}, Z_{21} = \left.\frac{\dot{U}_2}{\dot{I}_1}\right|_{\dot{I}_2=0} \tag{10-5}$$

同理，在 $\dot{I}_1 = 0$ 时，测量 $\dot{U}_1$、$\dot{U}_2$ 和 $\dot{I}_2$，代入 Z 参数方程式(10 - 4)，得

$$Z_{12} = \left.\frac{\dot{U}_1}{\dot{I}_2}\right|_{\dot{I}_1=0}, Z_{22} = \left.\frac{\dot{U}_2}{\dot{I}_2}\right|_{\dot{I}_1=0} \tag{10-6}$$

由于 Z 参数是在两个端口分别开路的条件下测得的，故 Z 参数又称为开路阻抗参数。Z_{11} 为输出面开路时，端口 1 的输入阻抗；Z_{12} 为输入面开路时，端口 2 至端口 1 的转移阻抗；Z_{21} 为输出面开路时，端口 1 至端口 2 的转移阻抗；Z_{22} 输入面开路时，端口 2 的输入阻抗。

当二端口内部的电路结构和元件参数确定时，一方面可通过式(10 - 5)和式(10 - 6)计算 Z 参数，另一方面也可通过列电路方程求此二端口 Z 参数。由于 Z 参数方程式(10 - 1)和式(10 - 2)与回路电流方程的形式相近，对复杂一些的二端口网络通过回路电流方程求 Z 参数是比较方便的。

【例 10 - 1】 求如图 10 - 6 (a)所示二端口网络的 Z 参数。

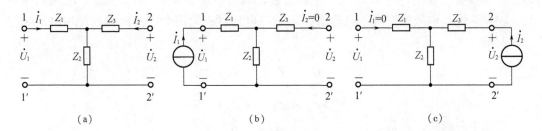

图 10 - 6　例 10 - 1 图

解 这个二端口是一个 T 形电路。根据 Z 参数定义，在求 Z_{11} 和 Z_{21} 时，把端口 2 - 2′ 开路，在端口 1 - 1′ 输入电流 $\dot{I}_1$，如图 10 - 6 (b)所示，这时可求得

$$Z_{11} = \left. \frac{\dot{U}_1}{\dot{I}_1} \right|_{\dot{I}_2 = 0} = Z_1 + Z_2$$

$$Z_{21} = \left. \frac{\dot{U}_2}{\dot{I}_1} \right|_{\dot{I}_2 = 0} = Z_2$$

同样，如果把端口 1 - 1′ 开路，在端口 2 - 2′ 输入电流 $\dot{I}_2$，如图 10 - 6 (c)所示，则可求得

$$Z_{12} = \left. \frac{\dot{U}_1}{\dot{I}_1} \right|_{\dot{I}_1 = 0} = Z_2$$

$$Z_{22} = \left. \frac{\dot{U}_2}{\dot{I}_2} \right|_{\dot{I}_1 = 0} = Z_2 + Z_3$$

本例中网络不含受控源，参数 $Z_{12} = Z_{21}$，为互易二端口网络。

【例 10 - 2】 求图 10 - 7 所示二端口网络的 Z 参数。

解 方法一：由 Z 参数的定义式（10 - 6）进行计算。当输出端口开路时，$\dot{I}_2 = 0$，有 $\dot{I} = \dot{I}_1$，则

$$Z_{11} = \left.\frac{\dot{U}_1}{\dot{I}_1}\right|_{\dot{I}_2=0} = \frac{-j2\dot{I}_1 + 2\dot{I} + j3\dot{I}}{\dot{I}_1} = \frac{-j2\dot{I}_1 + 2\dot{I}_1 + j3\dot{I}_1}{\dot{I}_1}$$

解得

$$Z_{11} = (2 + j)\,\Omega$$

$$Z_{21} = \left.\frac{\dot{U}_2}{\dot{I}_1}\right|_{\dot{I}_2=0} = \frac{j3\dot{I}}{\dot{I}_1} = \frac{j3\dot{I}_1}{\dot{I}_1}$$

解得

$$Z_{21} = j3\,\Omega$$

当输入端口开路时，$\dot{I}_1 = 0$，有 $\dot{I} = \dot{I}_2$，则

$$Z_{12} = \left.\frac{\dot{U}_1}{\dot{I}_2}\right|_{\dot{I}_1=0} = \frac{2\dot{I} + j3\dot{I}}{\dot{I}_2} = \frac{2\dot{I}_2 + j3\dot{I}_2}{\dot{I}_2}$$

解得

$$Z_{12} = (2 + j3)\,\Omega$$

$$Z_{22} = \left.\frac{\dot{U}_2}{\dot{I}_2}\right|_{\dot{I}_1=0} = \frac{4\dot{I}_2 + j3\dot{I}}{\dot{I}_2} = \frac{4\dot{I}_2 + j3\dot{I}_2}{\dot{I}_2}$$

解得

$$Z_{22} = (4 + j3)\,\Omega$$

其矩阵形式为

$$Z = \begin{pmatrix} 2 + j & 2 + j3 \\ j3 & 4 + j3 \end{pmatrix}\,\Omega$$

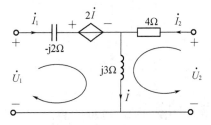

图 10 - 7　例 10 - 2 图

方法二：利用端口特性方程求 Z 参数，如图 10 - 7 所示，列写 KCL、端口 KVL 方程，得

$$\dot{I} = \dot{I}_1 + \dot{I}_2$$

$$\dot{U}_1 = -j2\dot{I}_1 + 2\dot{I} + j3\dot{I} = -j2\dot{I}_1 + (2 + j3)(\dot{I}_1 + \dot{I}_2) = (2 + j)\dot{I}_1 + (2 + j3)\dot{I}_2$$

$$\dot{U}_2 = 4\dot{I}_2 + j3\dot{I} = 4\dot{I}_2 + j3(\dot{I}_1 + \dot{I}_2) = j3\dot{I}_1 + (4 + j3)\dot{I}_2$$

比较式（10-1），即 $\dot{U}_1 = Z_{11}\dot{I}_1 + Z_{12}\dot{I}_2$ 和 $\dot{U}_2 = Z_{21}\dot{I}_1 + Z_{22}\dot{I}_2$，则有

$$Z_{11} = (2 + j)\ \Omega, Z_{12} = (2 + j3)\ \Omega, Z_{21} = j3\ \Omega, Z_{22} = (4 + j3)\ \Omega$$

由于 $Z_{12} \neq Z_{21}$，所以该二端口网络不是互易网络。

【例10-3】求如图10-8所示空心变压器的 Z 参数。

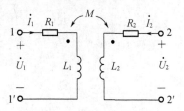

图10-8　例10-3图

解　写出空心变压器原边和副边回路的 KVL 方程

$$\dot{U}_1 = (R_1 + j\omega L_1)\dot{I}_1 + j\omega M\dot{I}_2$$

$$\dot{U}_2 = j\omega M\dot{I}_1 + (R_2 + j\omega L_2)M\dot{I}_2$$

与式(10-1)比较，得 Z 参数为

$$Z_{11} = R_1 + j\omega L_1$$

$$Z_{12} = Z_{21} = j\omega M$$

$$Z_{22} = R_2 + j\omega L_2$$

可见 $Z_{12} = Z_{21}$，为互易网络。

【例10-4】求如图10-9所示二端口网络的 Z 参数。

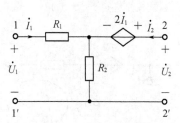

图10-9　例10-4图

解　将端口 2-2′开路，在端口 1-1′输入电流 $\dot{I}_1$，得

$$\dot{U}_1 = (R_1 + R_2)\dot{I}_1$$

$$\dot{U}_2 = 2\dot{I}_1 + R_2\dot{I}_1 = (2 + R_2)\dot{I}_1$$

于是有

$$Z_{11} = \left.\frac{\dot{U}_1}{\dot{I}_1}\right|_{\dot{I}_2=0} = R_1 + R_2$$

$$Z_{21} = \frac{\dot{U}_2}{\dot{I}_1} \bigg|_{\dot{I}_2 = 0} = 2 + R_2$$

同样，如果把端口 $1 - 1'$ 开路，在端口 $2 - 2'$ 输入电流 $\dot{I}_2$，由于 $\dot{I}_1 = 0$，则 $2\dot{I}_1 = 0$，该受控源短路，则可得

$$\dot{U}_2 = R_2 \dot{I}_2$$

$$\dot{U}_1 = R_2 \dot{I}_2$$

于是有

$$Z_{12} = \frac{\dot{U}_1}{\dot{I}_2} \bigg|_{\dot{I}_1 = 0} = R_2$$

$$Z_{22} = \frac{\dot{U}_2}{\dot{I}_2} \bigg|_{\dot{I}_1 = 0} = R_2$$

本例中网络含有受控源，$Z_{12} \neq Z_{21}$，所以该二端口网络不是互易网络。

【例 10 – 5】 求如图 10 – 10 所示二端口的阻抗参数矩阵。

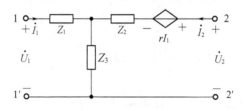

图 10 – 10 例 10 – 5 图

解
$$\dot{U}_1 = Z_1 \dot{I}_1 + Z_3 (\dot{I}_1 + \dot{I}_2) = (Z_1 + Z_3) \dot{I}_1 + Z_3 \dot{I}_2$$

$$\dot{U}_2 = r\dot{I}_1 + Z_2 \dot{I}_2 + Z_3 (\dot{I}_1 + \dot{I}_2) = r + Z_3 \dot{I}_1 + (Z_3 + Z_2) \dot{I}_2$$

$$Z_{11} = Z_1 + Z_3 , Z_{12} = Z_3 , Z_{21} = r + Z_3 , Z_{22} = Z_2 + Z_3$$

求得

$$Z = \begin{bmatrix} Z_1 + Z_3 & Z_3 \\ r + Z_3 & Z_2 + Z_3 \end{bmatrix}$$

10.2.2 短路导纳参数 Y 与 Y 参数方程

1. Y 参数方程

如图 10 – 5 所示二端口采用相量形式，将两个端口上加电压源 $\dot{U}_1$ 和 $\dot{U}_2$。根据叠加定理，$\dot{I}_1$、$\dot{I}_2$ 可表达为由 $\dot{U}_1$、$\dot{U}_2$ 的叠加作用产生，即

$$\begin{cases} \dot{I}_1 = Y_{11}\dot{U}_1 + Y_{12}\dot{U}_2 \\ \dot{I}_2 = Y_{21}\dot{U}_1 + Y_{22}\dot{U}_2 \end{cases} \tag{10-7}$$

式中 Y_{11}、Y_{12}、Y_{21}、Y_{22}——具有导纳的量纲，称为二端口的导纳参数，简称 Y 参数。

式(10-7)称为二端口的导纳参数方程或 Y 参数方程。其矩阵形式为

$$\begin{bmatrix} \dot{I}_1 \\ \dot{I}_2 \end{bmatrix} = \begin{bmatrix} Y_{11} & Y_{12} \\ Y_{21} & Y_{22} \end{bmatrix} \begin{bmatrix} \dot{U}_1 \\ \dot{U}_2 \end{bmatrix} \tag{10-8}$$

可简写成

$$\dot{I} = Y\dot{U} \tag{10-9}$$

式中

$$Y = \begin{bmatrix} Y_{11} & Y_{12} \\ Y_{21} & Y_{22} \end{bmatrix} \tag{10-10}$$

式(10-10)称为二端口的导纳参数矩阵或 Y 参数矩阵。

2. Y 参数计算

对于未给出其内部电路结构和元件参数的二端口网络，也可以通过实验的方法测定其等效的 Y 参数。假设在端口 1 外施加电压 $\dot{U}_1$，而把端口 2 短路，即 $\dot{U}_2 = 0$，由式(10-7)可得

$$Y_{11} = \left.\frac{\dot{I}_1}{\dot{U}_1}\right|_{\dot{U}_2=0}, Y_{21} = \left.\frac{\dot{I}_2}{\dot{U}_1}\right|_{\dot{U}_2=0} \tag{10-11}$$

同理，在端口 2 外施加电压 $\dot{U}_2$，而把端口 1 短路，即 $\dot{U}_1 = 0$，可得

$$Y_{12} = \left.\frac{\dot{I}_1}{\dot{U}_2}\right|_{\dot{U}_1=0}, Y_{22} = \left.\frac{\dot{I}_2}{\dot{U}_2}\right|_{\dot{U}_1=0} \tag{10-12}$$

这四个 Y 参数是在两个端口分别短路的条件下测得的，故 Y 参数也称为短路导纳参数。Y_{11}、Y_{22} 称为自导纳参数，Y_{12} 和 Y_{21} 分别称为从端口 2 到端口 1 和从端口 1 到端口 2 的短路转移导纳参数。

当已知二端口内部的电路结构和元件参数时，一方面可通过式(10-11)和式(10-12)计算 Y 参数，另一方面也可通过列电路方程求此二端口 Y 参数。由于 Y 参数方程式(10-5)与节点电压方程的形式相近，故通过节点电压法求 Y 参数是比较方便的。

【例10-6】求如图10-11所示二端口网络的 Y 参数。

解 这个二端口网络是一个 π 形电路。根据 Y 参数的定义，在求 Y_{11} 和 Y_{12} 时，把端口 2-2′短路，在端口 1-1′上外施电压，如图10-11(b)所示，设计可求得

$$\dot{I}_1 = \dot{U}_1(Y_1 + Y_2)$$

$$\dot{I}_2 = -\dot{U}_1 Y_2$$

于是有

$$Y_{11} = \frac{\dot{I}_1}{\dot{U}_1}\bigg|_{\dot{U}_2=0} = Y_1 + Y_2$$

$$Y_{21} = \frac{\dot{I}_2}{\dot{U}_1}\bigg|_{\dot{U}_2=0} = -Y_2$$

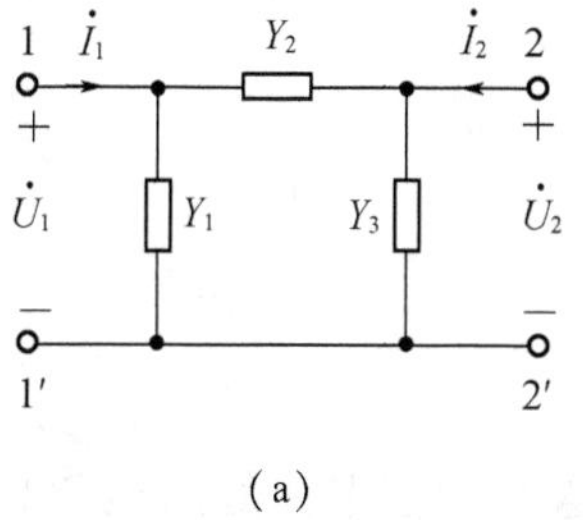

| (a) | (b) | (c) |

图 10 - 11   例 10 - 6 图

同样，如果把端口 1 - 1′短路，并在端口 2 - 2′上外施电压 $\dot{U}_2$，如图 10 - 11(c)所示，则可求得

$$Y_{12} = \frac{\dot{I}_2}{\dot{U}_1}\bigg|_{\dot{U}_1=0} = -Y_2$$

$$Y_{22} = \frac{\dot{I}_2}{\dot{U}_2}\bigg|_{\dot{U}_1=0} = Y_2 + Y_3$$

此题另一种接法是直接列出如图 10 - 11(a)所示电路节点 1 和节点 2 的节点方程，即

$$\dot{I}_1 = (Y_1 + Y_2)\dot{U}_1 - Y_2\dot{U}_2$$

$$\dot{I}_2 = -Y_2\dot{U}_1 + (Y_2 + Y_3)\dot{U}_2$$

与 Y 参数方程式(10 - 7)进行比较，得 Y 参数为

$$Y_{11} = Y_1 + Y_2$$

$$Y_{12} = Y_{21} = -Y_2$$

$$Y_{22} = Y_2 + Y_3$$

本例中网络不含受控源，参数 $Y_{12} = Y_{21}$，为互易二端口网络

【例 10 - 7】求如图 10 - 12 所示二端口网络的 Y 参数。

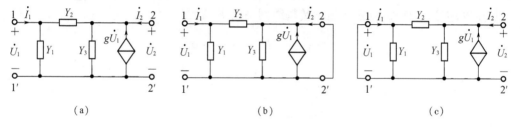

| (a) | (b) | (c) |

图 10 - 12   例 10 - 7 图

解 把端口 $2-2'$ 短路,在端口 $1-1'$ 外施电压 $\dot{U}_1$,如图 $10-12(b)$ 所示,可得

$$\dot{I}_1 = \dot{U}_1(Y_1 + Y_2)$$

$$\dot{I}_2 = -g\dot{U}_1 - \dot{U}_1 Y_2$$

于是有

$$Y_{11} = \frac{\dot{I}_1}{\dot{U}_1}\bigg|_{\dot{U}_2 = 0} = Y_1 + Y_2$$

$$Y_{21} = \frac{\dot{I}_2}{\dot{U}_1}\bigg|_{\dot{U}_2 = 0} = -Y_2 - g$$

同理,为求 Y_{12}、Y_{22},把端口 $1-1'$ 短路,即令 $\dot{U}_1 = 0$,这时受控电流源的电流也等于零,该受控源开路,在端口 $2-2'$ 外施加电压 $\dot{U}_2$,如图 $10-12(c)$ 所示,则可求得

$$Y_{12} = \frac{\dot{I}_1}{\dot{U}_2}\bigg|_{\dot{U}_1 = 0} = -Y_2$$

$$Y_{22} = \frac{\dot{I}_2}{\dot{U}_2}\bigg|_{\dot{U}_1 = 0} = Y_2 + Y_3$$

本例中网络内含有受控源,$Y_{12} \neq Y_{21}$,为非互易网络。

3. Y 参数与 Z 参数的关系

由 Y 参数方程式 $(10-5)$ 解出 $\dot{U}_1$ 和 $\dot{U}_2$,即

$$\begin{cases} \dot{U}_1 = \dfrac{Y_{22}}{\Delta Y}\dot{I}_1 + \dfrac{-Y_{12}}{\Delta Y}\dot{I}_2 = Z_{11}\dot{I}_1 + Z_{12}\dot{I}_2 \\[2mm] \dot{U}_2 = \dfrac{-Y_{21}}{\Delta Y}\dot{I}_1 + \dfrac{Y_{11}}{\Delta Y}\dot{I}_2 = Z_{21}\dot{I}_1 + Z_{22}\dot{I}_2 \end{cases} \tag{10-13}$$

得到 Z 参数方程,其中,$\Delta Y = Y_{11}Y_{22} - Y_{12}Y_{21}$,可见开路阻抗矩阵 Z 和短路导纳矩阵 Y 之间存在着互为逆矩阵的关系,即

$$Z = Y^{-1} = \frac{1}{\Delta Y} = \begin{bmatrix} Y_{22} & -Y_{12} \\ -Y_{21} & Y_{11} \end{bmatrix} = \begin{bmatrix} Z_{11} & Z_{12} \\ Z_{21} & Z_{11} \end{bmatrix} \tag{10-14}$$

但有些特殊的二端口并不同时存在阻抗参数矩阵和导纳参数矩阵。

【例 $10-8$】求如图 $10-13$ 所示传输线网络的 Y 参数。

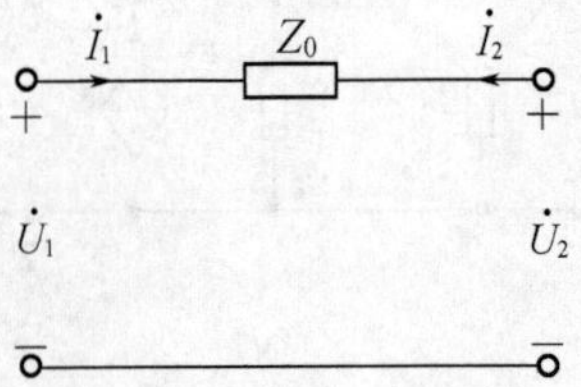

图 $10-13$　例 $10-8$ 图

解　由图 10 – 13 可得

$$\begin{cases} \dot{I}_1 = \dfrac{\dot{U}_1 - \dot{U}_2}{Z_0} = \dfrac{1}{Z_0}\dot{U}_1 = \dfrac{1}{Z_0}\dot{U}_2 \\[3mm] \dot{I}_2 = -\dot{I}_1 = -\dfrac{1}{Z_0}\dot{U}_1 + \dfrac{1}{Z_0}\dot{U}_2 \end{cases}$$

与 Y 参数方程式(10 – 7)比较可得

$$Y = \begin{bmatrix} \dfrac{1}{Z_0} & -\dfrac{1}{Z_0} \\[3mm] -\dfrac{1}{Z_0} & \dfrac{1}{Z_0} \end{bmatrix}$$

由 $Z = Y^{-1}$ 知,该传输网络的 Z 参数不存在。该例说明,对于大多数的二端口网络,既可用 Z 参数表示,也可用 Y 参数表示,但并非所有的二端口网络都存在 Z 参数或 Y 参数。对于如图 10 – 14 所示的理想变压器,端口电压和电流满足方程 $\dot{U}_1 = n\dot{U}_2$, $\dot{I}_1 = -\dot{I}_2/n$,显然,其 Z 参数和 Y 参数均不存在。

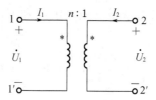

图 10 – 14　理想变压器

10.2.3　混合参数 H 与 H 参数方程

在晶体管电路中,常用端口 1 的电流和端口 2 的电压作为自变量,这时,就要用混合参数描述一个二端口。将自变量作为激励,因变量作为响应,得到如图 10 – 15 所示的电路。

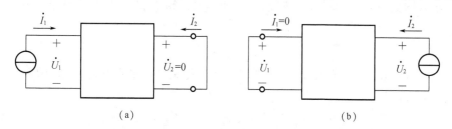

（a）　　　　　　　　　　　　　　（b）

图 10 – 15　混合参数的测定

在正弦稳态下,由线性电路的齐性定理和叠加定理可以写出响应和激励的一般关系,即

$$\begin{cases} \dot{U}_1 = H_{11}\dot{I}_1 + H_{12}\dot{U}_2 \\[2mm] \dot{I}_2 = H_{21}\dot{I}_1 + H_{22}\dot{U}_2 \end{cases} \tag{10 – 15}$$

式（10-15）称为二端口网络的混合参数方程。写成矩阵形式为

$$\begin{bmatrix} \dot{U}_1 \\ \dot{I}_2 \end{bmatrix} = \begin{bmatrix} H_{11} & H_{12} \\ H_{21} & H_{22} \end{bmatrix} \begin{bmatrix} \dot{I}_1 \\ \dot{U}_2 \end{bmatrix} \tag{10-16}$$

$$H = \begin{bmatrix} H_{11} & H_{12} \\ H_{21} & H_{22} \end{bmatrix} \tag{10-17}$$

式（10-17）称为混合参数矩阵或 H 参数矩阵。根据式（10-15）不难得到确定混合参数的一般方法，测定 H_{11}、H_{21} 的电路如图 10-15(a)所示，由此得

$$H_{11} = \frac{\dot{U}_1}{\dot{I}_1} \bigg|_{\dot{U}_2 = 0} , H_{21} = \frac{\dot{I}_2}{\dot{I}_1} \bigg|_{\dot{U}_2 = 0} \tag{10-18}$$

测定 H_{12}、H_{22} 的电路如图 10-15(b)所示，由此得

$$H_{12} = \frac{\dot{U}_1}{\dot{U}_2} \bigg|_{\dot{I}_1 = 0} , H_{22} = \frac{\dot{I}_2}{\dot{U}_2} \bigg|_{\dot{I}_1 = 0} \tag{10-19}$$

混合参数还可以通过导纳参数求得。如果用 $\dot{I}_1$ 和 $\dot{U}_2$ 表示 $\dot{U}_1$ 和 $\dot{I}_2$，则由式（10-5）可得

$$\dot{U}_1 = \frac{1}{Y_{11}}\dot{I}_1 - \frac{Y_{12}}{Y_{11}}\dot{U}_2 = H_{11}\dot{I}_1 + H_{12}\dot{U}_2$$

$$\dot{I}_2 = H_{21}\dot{I}_1 + H_{22}\dot{U}_2$$

所以混合参数和导纳参数的关系是

$$H_{11} = \frac{1}{Y_{11}}, H_{12} = -\frac{Y_{12}}{Y_{11}}$$

$$H_{21} = \frac{Y_{21}}{Y_{11}}, H_{22} = \frac{Y_{11}Y_{22} - Y_{21}Y_{12}}{Y_{11}} \tag{10-20}$$

对互易网络，有 $Y_{12} = Y_{21}$，所以从式（10-20）可以得到用 H 参数表示的互易性条件，即

$$H_{12} = -H_{21} \tag{10-21}$$

对于对称网络，由于存在 $Y_{12} = Y_{21}$ 和 $Y_{11} = Y_{22}$ 的关系，将它们代入式（10-20）中得矩阵 H 的行列式满足

$$\Delta H = H_{11}H_{22} - H_{12}H_{21} = H_{11}H_{22} + H_{12}^2 = 1 \tag{10-22}$$

【例 10-9】 如图 10-16 所示为晶体管工作在小信号条件下的简化等效电路，求该二段口网络的 H 参数。

解 根据图 10-16，可列写方程为

$$\dot{U}_1 = R_1\dot{I}_1$$

$$\dot{I}_2 = \beta\dot{I}_1 + \frac{1}{R_2}\dot{U}_2$$

比较 H 参数方程得 H 参数矩阵为

$$H = \begin{bmatrix} R_1 & 0 \\ \beta & 1/R_2 \end{bmatrix}$$

本例也可根据 H 参数定义进行分析。

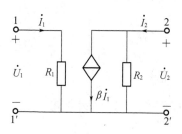

图 10 - 16 例 10 - 9 图

【**例 10 - 10**】 如图 10 - 17(b)所示电路为如图 10 - 17(a)所示晶体三极管在小信号工作条件下的简化微变等效电路。(1)试求它的混合参数；(2)若晶体三极管输入电阻 $r_{be} = 500\ \Omega$，电流放大倍数 $\beta = 100$，输出电导 $1/r_{ce} = 0.1\ S$，试求当 $I_1 = 0.1\ mA$，$U_2 = 0.5\ V$ 时，U_1、I_2 的值。

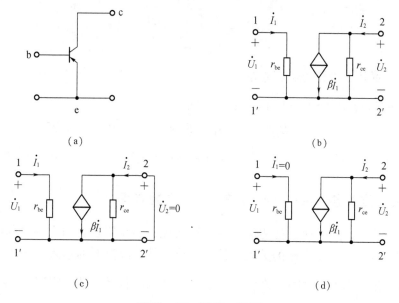

(a)

(b)

(c)

(d)

图 10 - 17 例 10 - 10 图

解 (1)把端口 2 - 2'短路，$\dot{U}_2 = 0$，在端口 1 - 1'外加电压 $\dot{U}_1$，如图 10 - 17(c)所示，求得

$$\dot{I}_1 = \frac{\dot{U}_1}{r_{be}}$$

$$\dot{I}_2 = \beta \dot{I}_1$$

于是有

$$H_{11} = \left. \frac{\dot{U}_1}{\dot{I}_1} \right|_{\dot{U}_2 = 0} = r_{be}$$

r_{be} 为晶体三极管的输入电阻。又有

$$H_{21} = \left. \frac{\dot{I}_2}{\dot{I}_1} \right|_{\dot{U}_2 = 0} = \beta$$

β 为晶体三极管的电流放大倍数。

将端口 1 – 1′开路，$\dot{I}_1 = 0$，在端口 2 – 2′外加电压 $\dot{U}_2$，如图 10 – 17(d)所示，可求得

$$\dot{U}_1 = 0$$

$$\dot{I}_2 = \frac{\dot{U}_2}{r_{ce}} + \beta \dot{I}_1 = \frac{\dot{U}_2}{r_{ce}}$$

于是有

$$H_{12} = \left. \frac{\dot{U}_1}{\dot{U}_2} \right|_{\dot{I}_1 = 0} = 0$$

$$H_{22} = \left. \frac{\dot{I}_2}{\dot{U}_2} \right|_{\dot{I}_1 = 0} = \frac{1}{r_{ce}}$$

式中 $\dfrac{1}{r_{ce}}$——晶体三极管的输出电导。

(2)根据混合参数方程，已知 I_1、U_2 为直流量，则

$$U_1 = H_{11}I_1 + H_{12}U_2 = r_{be}I_1 = 500 \times 0.1 \times 10^{-3} = 0.05 \text{ V}$$

$$I_2 = H_{21}I_1 + H_{22}U_2 = \beta I_1 + \frac{1}{r_{ce}}U_2 = 100 \times 0.1 \times 10^{-3} + 0.1 \times 0.5 = 60 \text{ mA}$$

10.2.4 传输参数 $A(T)$ 参数与 $A(T)$ 参数方程

在实际应用中，为了便于描述信号的传输情况，还需要建立输入端口的电压、电流与输出端口的电压、电流之间的关系。例如，放大器、滤波器的输入和输出之间的关系以及传输线的始端和终端之间的关系。针对如图 10 – 5 所示的二端口网络，将 $\dot{U}_2$、$(-\dot{I}_2)$ 作自变量，$\dot{U}_1$、$\dot{I}_1$ 作因变量，则有特征方程

$$\begin{cases} \dot{U}_1 = A\dot{U}_2 + B(-\dot{I}_2) \\ \dot{I}_1 = C\dot{U}_2 + D(-\dot{U}_2) \end{cases} \tag{10 – 23}$$

式中 A、B、C、D——二端口网络的 T 参数，T 参数也称为传输参数或 A 参数。

T 参数值仅由网络的内部结构和元件参数所决定。A 无量纲，B 具有阻抗的量纲，C 具有导纳的量纲，D 无量纲。T 参数矩阵形式为

$$T = \begin{bmatrix} A & B \\ C & D \end{bmatrix} \tag{10 – 24}$$

式(10-23)中，输出端口电流为 $-\dot{I}_2$，主要考虑输出端口接上负载后，负载上的电压、电流为关联参考方向。

T 参数的计算或测定：当输出端口开路（$\dot{I}_2=0$）时，可得转移电压比 A、转移导纳 C；当输出端口短路（$\dot{U}_2=0$）时，可得转移阻抗 B、转移电流比 D。T 参数定义式为

$$A = \left.\frac{\dot{U}_1}{\dot{U}_2}\right|_{\dot{I}_2=0}, \quad B = \left.\frac{\dot{U}_1}{-\dot{I}_2}\right|_{\dot{U}_2=0}$$

$$(10-25)$$

$$C = \left.\frac{\dot{I}_1}{\dot{U}_2}\right|_{\dot{I}_2=0}, \quad D = \left.\frac{\dot{I}_1}{-\dot{I}_2}\right|_{\dot{U}_2=0}$$

对于互易二端口网络，有

$$AD - BC = 1$$

对于对称二端口网络，有

$$AD - BC = 1, A = D$$

【例10-11】求如图10-18所示电路的传输参数。

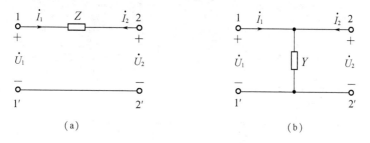

（a）　　　　　　　　（b）

图10-18　例10-11图

解　对图10-18(a)写出 KVL 和 KCL 方程得

$$\begin{cases} \dot{U}_1 = \dot{U}_2 - Z\dot{I}_2 \\ \dot{I}_1 = -\dot{I}_2 \end{cases}$$

与式(10-23)比较，得 T 参数为

$$A = 1, B = Z, C = 0\,\text{S}, D = 1$$

对图10-18(b)写出 KVL 和 KCL 方程得

$$\begin{cases} \dot{U}_1 = \dot{U}_2 \\ \dot{I}_1 = Y\dot{U}_2 - \dot{I}_2 \end{cases}$$

与式(10-23)比较，得 T 参数为

$$A = 1, B = 0\,\Omega, C = Y, D = 1$$

【例10-12】求如图10-19(a)所示电路的 T 参数。

解　根据 T 参数的定义，在求 A 和 C 时，把端口 2-2′开路，$\dot{I}_2=0$，在端口 2-2′施

加电压 $\dot{U}_2$，如图 10 − 19(a)所示，这时可求得

$$\dot{U}_1 = 10\dot{I}_1 + \dot{U}_2$$

$$\dot{I}_1 = \mu\dot{U}_1$$

于是有

$$A = \left.\frac{\dot{U}_1}{\dot{U}_2}\right|_{i_2 = 0} = \frac{1}{1 - 10\mu}, C = \left.\frac{\dot{I}_1}{\dot{U}_2}\right|_{i_2 = 0} = \frac{\mu}{1 - 10\mu}$$

同样，如果把端口 2 − 2′短路，$\dot{U}_2 = 0$，在端口 2 − 2′输入电流 $\dot{I}_2$，如图 10 − 19(b)所示，则可求得

$$\dot{U}_1 = 10\dot{I}_1 - 30\dot{I}_2$$

$$\dot{I}_1 + \dot{I}_2 = \mu\dot{U}_1$$

于是有

$$B = \left.\frac{\dot{U}_1}{-\dot{I}_2}\right|_{\dot{U}_2 = 0} = \frac{40}{1 - 10\mu}, D = \left.\frac{\dot{I}_1}{-\dot{I}_2}\right|_{\dot{U}_2 = 0} = \frac{1 + 30\mu}{1 - 10\mu}$$

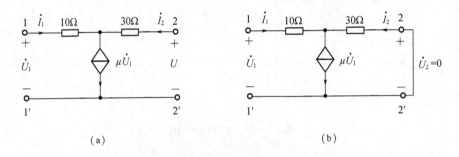

(a)   (b)

图 10 − 19 例 10 − 12 图

【**例 10 − 13**】求如图 10 − 20 所示的二端口网络，已知 $R_1 = 5$ Ω，$R_2 = 10$ Ω。当开关 S 断开时，$\dot{U}_1 = 6$ V，$\dot{U}_2 = 3$ V，$\dot{U}_3 = 12$ V，当开关 S 闭合时，$\dot{U}_1 = 5$ V，$\dot{U}_2 = 2$ V，$\dot{U}_3 = 10$ V，求 T 参数。

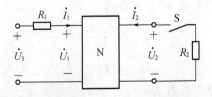

图 10 − 20 例 10 − 13 图

解 由 T 参数的定义得当开关 S 断开时，有

$$A = \left.\frac{\dot{U}_1}{\dot{U}_2}\right|_{\dot{I}_2=0} = \frac{6}{3} = 2$$

$$C = \left.\frac{\dot{I}_1}{\dot{U}_2}\right|_{\dot{I}_2=0} = \frac{\dot{U}_3 - \dot{U}_1}{R_1\dot{U}_2} = \frac{12-6}{5\times3}\,\mathrm{S} = 0.4\,\mathrm{S}$$

当开关 S 闭合时，有

$$\dot{I}_1 = \frac{\dot{U}_3 - \dot{U}_1}{R_1} = \frac{10-5}{5}\,\mathrm{A} = 1\,\mathrm{A}$$

$$\dot{I}_2 = -\frac{\dot{U}_2}{R_2} = -\frac{2}{10}\,\mathrm{A} = -0.2\,\mathrm{A}$$

则由 T 参数方程式(10-23)得

$$\begin{cases} \dot{U}_1 = A\dot{U}_2 + B(-\dot{I}_2) = 2\times2 + 0.2B = 5 \\ \dot{I}_1 = C\dot{U}_2 + D(-\dot{I}_2) = 0.4\times2 + 0.2D = 1 \end{cases}$$

解得

$$B = 5\,\Omega, D = 1$$

所以 T 参数矩阵为

$$T = \begin{bmatrix} 2 & 5\,\Omega \\ 0.4\,\mathrm{S} & 1 \end{bmatrix}$$

10.2.5　各参数的计算方法

前面学习了二端口网络的 Y、Z、T、$A(T)$ 四组参数和方程，下面将计算这四种参数的方法总结如下。

1. 由二端口网络参数的定义直接计算

【例 10-14】电路如图 10-21 所示，求其 Y 参数。

解　根据 Y 参数的定义有

$$Y_{11} = \left.\frac{\dot{I}_1}{\dot{U}_1}\right|_{\dot{U}_2=0},\quad Y_{21} = \left.\frac{\dot{I}_2}{\dot{U}_1}\right|_{\dot{U}_2=0}$$

由 $\dot{U}_2$ 短路得到图 10-21(b)。

由图 10-21(a)可得

$$I_1 = I - I' = \frac{U_1}{2} - I',\quad I_2 = 5I + I' = \frac{5U_1}{2} + I',\quad U_1 = -2I' - 2I_2$$

由上式得

$$I_2 = U_1 I_1 = 2U_1$$

$$Y_{11} = \left.\frac{\dot{I}_1}{\dot{U}_1}\right|_{\dot{U}_2=0} = 2,\quad Y_{21}\left.\frac{\dot{I}_2}{\dot{U}_1}\right|_{\dot{U}_2=0} = 1$$

又有

$$Y_{12} = \frac{\dot{I}_1}{\dot{U}_2}\bigg|_{\dot{U}_1=0} , Y_{22} = \frac{\dot{I}_2}{\dot{U}_2}\bigg|_{\dot{U}_2=0} = 1$$

计算电路如图 10 - 21(c)，其中

$$U_2 = -4I_1, I_2 = \frac{1}{4}U_2 + \frac{1}{2}U_2 = \frac{3}{4}U_2$$

$$Y_{12} = \frac{\dot{I}_1}{\dot{U}_2}\bigg|_{\dot{U}_1=0} = -\frac{1}{4}, Y_{22} = \frac{\dot{I}_2}{\dot{U}_2}\bigg|_{\dot{U}_2=0} = \frac{3}{4}$$

同样可以利用定义计算 Z、A、H 参数。但由例 10 - 14 可看出直接用定义求参数较烦琐，电路越复杂越难越容易出错，可以通过一种简单的求参数方法进行求解。

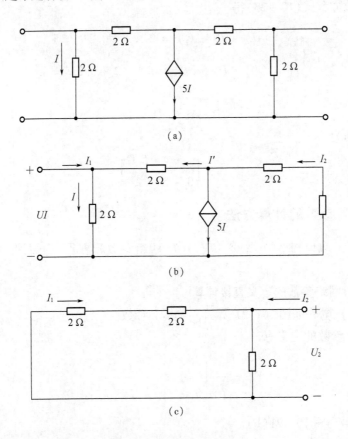

图 10 - 21   例 10 - 14 图

2. 通过列写电路方程求参数

由于 Y 参数方程与具有独立节点电路的节点电压方程有相同的形式，Z 参数方程与具有两个网孔的平面电路的网孔电流方程有相同的形式，因此，可以通过对所求电路列写节点电压方程、网孔电流方程求 Y、Z 参数。若电路的独立节点数、网孔数超过两个，同样可列写上述两种方程，再消去中间变量即可得 Y、Z 参数。

【例 10 – 15】求如图 10 – 22 所示电路的 Y 参数。

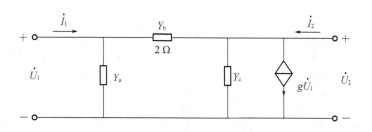

图 10 – 22　例 10 – 15 图

解　由于 Y 参数方程是以端口电压为自变量，可列写节点电压方程，电路可等效看成有两个独立节点，其节点电压方程为

$$\left(\frac{1}{Y_a} + \frac{1}{Y_b}\right)\dot{U}_1 - \frac{1}{Y_b}\dot{U}_2 = \dot{I}_1 \quad -\frac{1}{Y_b}\dot{U}_1 + \left(\frac{1}{Y_b} + \frac{1}{Y_a}\right)\dot{U}_2 = \dot{I}_2 - g\dot{U}_1$$

得到

$$\left(g - \frac{1}{Y_b}\right)\dot{U}_1 + \left(\frac{1}{Y_b} + \frac{1}{Y_a}\right)\dot{U}_2 = \dot{I}_2$$

$$Y = \begin{bmatrix} \dfrac{1}{Y_a} + \dfrac{1}{Y_b} & -\dfrac{1}{Y_b} \\[3mm] g - \dfrac{1}{Y_b} & \dfrac{1}{Y_b} + \dfrac{1}{Y_c} \end{bmatrix}$$

3. 利用二端口网络参数间的关系

通过上面的分析可知，Y、Z、T、$A(T)$ 四组参数都能表征二端口网络端口电压、电流关系，但有些二端口网络的某种参数可能不易算得或不易用实验测得，而另一种参数却可能容易得到。因此，有时需要在各种参数之间进行相互转换，这可以利用相关的参数方程进行推算，可以用参数方程由己知的一组参数求出其他 3 组参数。表 10 – 1 列出了它们之间的转换关系。但值得注意的是，对于一个二端口网络，并不一定同时存在 4 组参数，有的网络无 Y 参数，有的网络无 Z 参数，有的既无 Y 参数也无 Z 参数（如理想变压器），这是因为在某个端口短路或开路的情况下，某个自变量为零，故求不出相应的参数，使得某种参数不存在。另外，4 种参数的用途也不相同，在电力和电信传输系统的分析中常采用传输参数，在电子电路的分析中采用混合参数，而在高频电路分析中则采用导纳参数。

表 10 – 1　　二端口网络四种参数的转换关系

	Z 参数		Y 参数		T 参数		H 参数	
Z 参数	Z_{11}	Z_{12}	$\dfrac{Y_{22}}{\Delta Y}$	$-\dfrac{Y_{12}}{\Delta Y}$	$\dfrac{A}{C}$	$\dfrac{\Delta T}{C}$	$\dfrac{\Delta H}{H_{22}}$	$\dfrac{H_{12}}{H_{22}}$
	Z_{21}	Z_{22}	$-\dfrac{Y_{21}}{\Delta Y}$	$-\dfrac{Y_{11}}{\Delta Y}$	$\dfrac{1}{C}$	$\dfrac{D}{C}$	$-\dfrac{H_{21}}{H_{22}}$	$\dfrac{1}{H_{22}}$

表 10 – 1 （续）

	Z 参数		Y 参数		T 参数		H 参数	
Y 参数	$\dfrac{Z_{22}}{\Delta Z}$	$-\dfrac{Z_{12}}{\Delta Z}$	Y_{11}	Y_{12}	$\dfrac{D}{B}$	$-\dfrac{\Delta T}{B}$	$\dfrac{1}{H_{11}}$	$-\dfrac{H_{22}}{H_{11}}$
	$-\dfrac{Z_{21}}{\Delta Z}$	$\dfrac{Z_{11}}{\Delta Z}$	Y_{21}	Y_{22}	$-\dfrac{1}{B}$	$\dfrac{A}{B}$	$-\dfrac{H_{21}}{H_{11}}$	$\dfrac{\Delta H}{H_{11}}$
T 参数	$\dfrac{Z_{11}}{Z_{21}}$	$\dfrac{\Delta Z}{Z_{21}}$	$-\dfrac{Y_{22}}{Y_{21}}$	$-\dfrac{1}{Y_{21}}$	A	B	$-\dfrac{\Delta H}{H_{21}}$	$-\dfrac{H_{11}}{H_{21}}$
	$\dfrac{1}{Z_{21}}$	$\dfrac{Z_{22}}{Z_{21}}$	$-\dfrac{\Delta Y}{Y_{21}}$	$\dfrac{Y_{11}}{Y_{21}}$	C	D	$-\dfrac{H_{22}}{H_{21}}$	$-\dfrac{1}{H_{21}}$
H 参数	$-\dfrac{\Delta Z}{Z_{22}}$	$\dfrac{Z_{12}}{Z_{22}}$	$\dfrac{1}{Y_{11}}$	$-\dfrac{Y_{12}}{Y_{11}}$	$\dfrac{B}{D}$	$\dfrac{\Delta T}{D}$	H_{11}	H_{12}
	$-\dfrac{Z_{21}}{Z_{22}}$	$\dfrac{Z_{22}}{Z_{22}}$	$\dfrac{Y_{21}}{Y_{11}}$	$\dfrac{\Delta Y}{Y_{11}}$	$-\dfrac{1}{D}$	$\dfrac{C}{D}$	H_{21}	H_{22}

注：$\Delta Z = \begin{vmatrix} Z_{11} & Z_{12} \\ Z_{21} & Z_{22} \end{vmatrix}$，$\Delta Y = \begin{vmatrix} Y_{11} & Y_{12} \\ Y_{21} & Y_{22} \end{vmatrix}$，$\Delta T = \begin{vmatrix} A & B \\ C & D \end{vmatrix}$，$\Delta H = \begin{vmatrix} H_{11} & H_{12} \\ H_{21} & H_{22} \end{vmatrix}$。

4. 通过测量计算参数

如有一二端口网络，当端口 2 开路时，$u_1 = 150\sin 4\,000t$（V），$i_1 = 25\sin(4\,000t + 45°)$（A），$u_2 = 100\sin(4\,000t + 15°)$（V）；当端口 2 短路时，$u_1' = 30\sin 4\,000t$（V），$i_1' = 1.5\sin(4\,000t + 30°)$（A），$i_2' = 0.25\sin(4\,000t + 150°)$（A）。则描述该二端口网络特性的 T 参数如下。

由第一组测量结果为

$$\dot{U}_1 = 150\angle 0° \text{ V}, \dot{I}_1 = 25\angle 45° \text{ A}, \dot{U}_2 = 100\angle 15° \text{ V}, \dot{I}_2 = 0 \text{ A}$$

由 T 参数的定义得

$$A = \left.\frac{\dot{U}_1}{\dot{U}_2}\right|_{\dot{i}_2=0} = 1.5\angle -15°, C = \left.\frac{\dot{I}_1}{\dot{U}_2}\right|_{\dot{i}_2=0} = 0.25\angle 30°$$

由第二组测量结果为

$$\dot{U}_1' = 30\angle 0° \text{ V}, \dot{I}_1' = 1.5\angle 30° \text{ A}, \dot{U}_2' = 0 \text{ V}, \dot{I}_2' = 0.25\angle 150° \text{ A}$$

由 T 参数的定义得

$$A = \left.\frac{\dot{U}_1}{\dot{U}_2}\right|_{\dot{i}_2=0} = 1.5\angle -15°, C = \left.\frac{\dot{I}_1}{\dot{U}_2}\right|_{\dot{i}_2=0} = 0.25\angle 30°$$

若还需求其他参数，则可由参数间的关系求得。由以上讨论可得：在已知电路结构的条件下，列写节点电压方程、网孔电流方程求网络参数最简单；在电路结构未知或电路太复杂的情况下，可采用测量端口电压、电流的方法计算网络参数。

10.3　二端口网络的等效电路

等效变换是网络分析的主要方法之一。对外电路而言，只要保持端口的伏安特性相同，任何一个给定的线性二端口网络总可以用一个较为简单的二端口网络等效代替，达到简化分析的目的。如果二端口网络是线性且含有受控源的，由于这种网络一般来说是不可逆的，它有四个独立参数，因而它的等效电路不可能仅由 R、L、C 元件所组成的网络表示，因此，它必然是不可逆的。

下面给出用 Z 参数和 Y 参数表示的含有受控源的二端口网络的等效电路。

10.3.1　用 Z 参数表征的等效电路

用 Z 参数表征的等效电路的基本方程是

$$\begin{cases} \dot{U}_1 = Z_{11}\dot{I}_1 + Z_{12}\dot{I}_2 = (Z_{11} - Z_{12})\dot{I}_1 + Z_{12}(\dot{I}_1 + \dot{I}_2) \\ \dot{U}_2 = Z_{21}\dot{I}_1 + Z_{22}\dot{I}_2 = Z_{12}(\dot{I}_1 + \dot{I}_2) + (Z_{22} - Z_{12})\dot{I}_2 + (Z_{21} - Z_{12})\dot{I}_1 \end{cases}$$

或是

$$\begin{cases} \dot{U}_1 = Z_{11}\dot{I}_1 + Z_{12}\dot{I}_2 \\ \dot{U}_2 = Z_{12}\dot{I}_1 + Z_{22}\dot{I}_2 + (Z_{21} - Z_{12})\dot{I}_1 \end{cases}$$

根据方程组可以画出含有两个受控源的等效电路，如图 10-23(a) 所示，也可画成含有单个受控源的等效电路，如图 10-23(b) 所示。

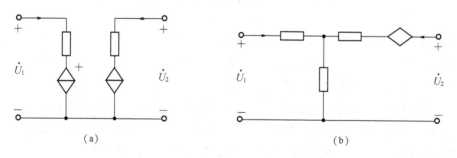

（a）　　　　　　　　　　　　　　　　（b）

图 10-23　用 Z 参数表征的含有两个受控源和单个受控源的等效电路图

10.3.2　用 Y 参数表征的等效电路

用 Y 参数表征的等效电路的基本方程是

$$\begin{cases} \dot{I}_1 = Y_{11}\dot{U}_1 + Y_{12}\dot{U}_2 = (Y_{11} + Y_{12})\dot{U}_1 - Y_{12}(\dot{U}_1 - \dot{U}_2) \\ \dot{I}_2 = Y_{21}\dot{U}_1 + Y_{22}\dot{U}_2 = Y_{12}(\dot{U}_2 - \dot{U}_1) + (Y_{22} + Y_{12})\dot{U}_2 + (Y_{21} - Y_{12})\dot{U}_1 \end{cases}$$

如图 10-24(a) 所示是含有两个受控源的等效电路，如图 10-24(b) 所示是含有单个受控源的等效电路，当 $Z_{21} = Z_{12}$ 及 $Y_{12} = Y_{21}$ 时，图 10-25 就是 T 形和 π 形等效电路。

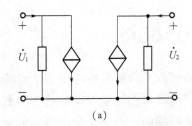 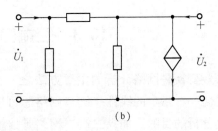

(a)　　　　　　　　　　　　　　(b)

图 10－24　用 Y 参数表征的含有两个受控源和单个受控源的等效电路

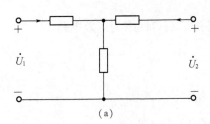 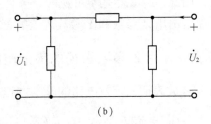

(a)　　　　　　　　　　　　　　(b)

图 10－25　T 形和 π 形等效电路

(a) T 形等效电路；(b) π 形等效电路

　　用不同的参数方程可以得到各种等效电路，而且它们之间可以互相转换。各种等效电路均可用于分析电路问题，具体如何选用应根据实际情况确定。例如，对晶体管，常选用 H 参数等效电路；而对场效应管，常选用 Y 参数等效电路。

10.4　二端口网络的连接

　　如果将一个复杂的二端口网络看作是由若干个简单的二端口网络按某种方式连接而成的，那么将使电路分析计算得到简化。另外，在实现和设计复杂二端口电路时，也可用搭积木的方法，用一些简单的二端口电路按某种方式连接组成满足所需特性的复杂二端口电路，但需要注意将复合电路看作是由子电路连接组成时，各个子电路必须同时满足端口条件，否则该子电路不能看作是二端口电路。二端口网络的连接方式很多，下面介绍二端口网络的连接方式最常用的级联、串联和并联三种连接方式。

10.4.1　二端口网路的级联

　　二端口网络的级联如图 10－26 所示。

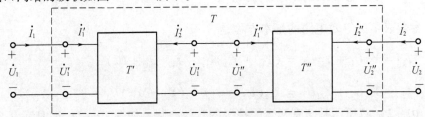

图 10－26　二端口网络的级联

设 $[T'] = \begin{bmatrix} T'_{11} & T'_{12} \\ T'_{21} & T'_{22} \end{bmatrix}$，$[T''] = \begin{bmatrix} T''_{11} & T''_{12} \\ T''_{21} & T''_{22} \end{bmatrix}$，有

$$\begin{bmatrix} \dot{U}'_1 \\ \dot{I}'_1 \end{bmatrix} = \begin{bmatrix} T'_{11} & T'_{12} \\ T'_{21} & T'_{22} \end{bmatrix} \begin{bmatrix} \dot{U}'_2 \\ -\dot{I}'_2 \end{bmatrix}, \quad \begin{bmatrix} \dot{U}''_1 \\ \dot{I}''_1 \end{bmatrix} = \begin{bmatrix} T''_{11} & T''_{12} \\ T''_{21} & T''_{22} \end{bmatrix} \begin{bmatrix} \dot{U}''_2 \\ -\dot{I}''_2 \end{bmatrix}$$

级联后，有

$$\begin{bmatrix} \dot{U}_1 \\ \dot{I}_1 \end{bmatrix} = \begin{bmatrix} T'_{11} & T'_{12} \\ T'_{21} & T'_{22} \end{bmatrix} \begin{bmatrix} \dot{U}'_2 \\ -\dot{I}'_2 \end{bmatrix} = \begin{bmatrix} T'_{11} & T'_{12} \\ T'_{21} & T'_{22} \end{bmatrix} \begin{bmatrix} T''_{11} & T''_{12} \\ T''_{21} & T''_{22} \end{bmatrix} \begin{bmatrix} \dot{U}_2 \\ -\dot{I}_2 \end{bmatrix}$$

则有

$$\begin{bmatrix} \dot{U}_1 \\ -\dot{I}_1 \end{bmatrix} = \begin{bmatrix} T'_{11} & T'_{12} \\ T'_{21} & T'_{22} \end{bmatrix} \begin{bmatrix} T''_{11} & T''_{12} \\ T''_{21} & T''_{22} \end{bmatrix} \begin{bmatrix} \dot{U}_2 \\ -\dot{I}_2 \end{bmatrix}$$

即 $T = T'T''$，级联后所得复合二端口 T 参数矩阵等于级联的二端口 T 参数矩阵相乘。

上述结论可推广到 n 个二端口级联的关系。

【**例 10 – 16**】 求如图 10 – 27 所示的传输参数。

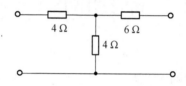

图 10 – 27　例 10 – 16 图

解
$$\begin{bmatrix} \dot{U}_1 \\ \dot{I}_1 \end{bmatrix} = \begin{bmatrix} T_{11} & T_{12} \\ T_{21} & T_{22} \end{bmatrix} \begin{bmatrix} \dot{U}_2 \\ -\dot{I}_2 \end{bmatrix}$$

电路等效图形如图 10 – 27 所示。易求出

$$T_1 = \begin{bmatrix} 1 & 4\ \Omega \\ 0 & 1 \end{bmatrix}, T_2 = \begin{bmatrix} 1 & 0 \\ 0.25\ \text{S} & 1 \end{bmatrix}, T_3 = \begin{bmatrix} 1 & 6\ \Omega \\ 0 & 1 \end{bmatrix}$$

得到

$$[T] = [T_1][T_2][T_3] = \begin{bmatrix} 1 & 4 \\ 0 & 1 \end{bmatrix} \begin{bmatrix} 1 & 0 \\ 0.25 & 1 \end{bmatrix} \begin{bmatrix} 1 & 6 \\ 0 & 1 \end{bmatrix} = \begin{bmatrix} 2 & 16\ \Omega \\ 0.25\ \text{S} & 2.5 \end{bmatrix}$$

10.4.2　二端口网路的并联

如图 10 – 28 所示即为输入端口并联，输出端口并联。

由参数方程得

$$\begin{bmatrix} \dot{I}'_1 \\ \dot{I}'_2 \end{bmatrix} = \begin{bmatrix} Y'_{11} & Y'_{12} \\ Y'_{21} & Y'_{22} \end{bmatrix} \begin{bmatrix} \dot{U}'_1 \\ \dot{U}'_2 \end{bmatrix}, \quad \begin{bmatrix} \dot{I}''_1 \\ \dot{I}''_2 \end{bmatrix} = \begin{bmatrix} Y''_{11} & Y''_{12} \\ Y''_{21} & Y''_{22} \end{bmatrix} \begin{bmatrix} \dot{U}''_1 \\ \dot{U}''_2 \end{bmatrix}$$

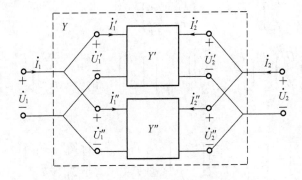

图 10-28　二端口网络的并联示意图

并联后得

$$\begin{bmatrix} \dot{I}_1 \\ \dot{I}_2 \end{bmatrix} = \begin{bmatrix} \dot{I}_1' \\ \dot{I}_2' \end{bmatrix} + \begin{bmatrix} \dot{I}_1'' \\ \dot{I}_2'' \end{bmatrix} = \begin{bmatrix} Y_{11}' & Y_{12}' \\ Y_{21}' & Y_{22}' \end{bmatrix} \begin{bmatrix} \dot{U}_1 \\ \dot{U}_2 \end{bmatrix} + \begin{bmatrix} Y_{11}'' & Y_{12}'' \\ Y_{21}'' & Y_{22}'' \end{bmatrix} \begin{bmatrix} \dot{U}_1 \\ \dot{U}_2 \end{bmatrix}$$

$$\begin{bmatrix} \dot{I}_1 \\ \dot{I}_2 \end{bmatrix} = \begin{bmatrix} Y_{11} & Y_{12} \\ Y_{21} & Y_{22} \end{bmatrix} \begin{bmatrix} \dot{U}_1 \\ \dot{U}_2 \end{bmatrix} = \begin{bmatrix} Y \end{bmatrix} \begin{bmatrix} \dot{U}_1 \\ \dot{U}_2 \end{bmatrix}$$

得出

$$Y = Y' + Y''$$

即二端口并联所得复合二端口的 Y 参数矩阵等于两个二端口 Y 参数矩阵相加。

10.4.3　二端口网络的串联

如图 10-29 所示为输入端口串联，输出端口串联采用 Z 参数。

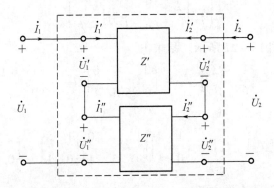

图 10-29　二端口网络的串联示意图

$$\begin{bmatrix} \dot{U}_1 \\ \dot{U}_2 \end{bmatrix} = \begin{bmatrix} \dot{U}_1' \\ \dot{U}_2' \end{bmatrix} + \begin{bmatrix} \dot{U}_1'' \\ \dot{U}_2'' \end{bmatrix} = \begin{bmatrix} Z' \end{bmatrix} \begin{bmatrix} \dot{I}_1' \\ \dot{I}_2' \end{bmatrix} + \begin{bmatrix} Z'' \end{bmatrix} \begin{bmatrix} \dot{I}_1'' \\ \dot{I}_2'' \end{bmatrix}$$

串联后电流相等，即

$$\begin{bmatrix} \dot{I}_1 \\ \dot{I}_2 \end{bmatrix} = \begin{bmatrix} \dot{I}_1' \\ \dot{I}_2' \end{bmatrix} = \begin{bmatrix} \dot{I}_1'' \\ \dot{I}_2'' \end{bmatrix}$$

则有

$$Z = Z' + Z''$$

即有

$$\begin{bmatrix} Z_{11} & Z_{12} \\ Z_{21} & Z_{22} \end{bmatrix} = \begin{bmatrix} Z_{11}' & Z_{12}' \\ Z_{21}' & Z_{22}' \end{bmatrix} + \begin{bmatrix} Z_{11}'' & Z_{12}'' \\ Z_{21}'' & Z_{22}'' \end{bmatrix}$$

所以串联后复合二端口 Z 参数矩阵等于原二端口 Z 参数矩阵相加,可推广到 n 端口串联。

10.5　二端口网络的网络函数

实际应用中,二端口网络通常接在信号源和负载之间,起着信号传递、能量传送的作用,如放大器、滤波器等。工程上大多数二端口网络都是在输出端口连接负载阻抗,输入端口可认为是连接带有内阻抗的电源,如图 10 – 30 所示。这样的二端口网络称为有载二端口网络。对于正弦稳态二端口网络,网络函数定义是:在零状态下,二端口网络的输出响应相量与输入激励相量之比。当响应相量和激励相量属于同一端口时,称为策动点函数,否则称为转移函数。

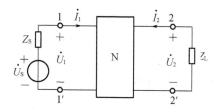

图 10 – 30　有载二端口网络

10.5.1　二端口网络的策动点函数

两个重要的策动点函数是输入阻抗和输出阻抗。

如图 10 – 31(a)所示,有载二端口网络输入端口的阻抗称为输入阻抗,用 Z_i 表示。设已知网络的传输参数 T,则由传输参数方程可得

$$Z_i = \frac{\dot{U}_1}{\dot{I}_1} = \frac{A\dot{U}_2 + B(-\dot{I}_2)}{C\dot{U}_2 + D(-\dot{I}_2)}$$

由于

$$\dot{U}_2 = Z_L(-\dot{I}_2)$$

所以

$$Z_i = \frac{\dot{U}_1}{\dot{I}_1} = \frac{AZ_L + B}{CZ_L + D}$$

以上公式表明，输入阻抗不仅与二端口网络的参数有关，而且与负载阻抗有关。对于不同的二端口网络，Z_i 与 Z_L 的关系不同，因此，二端口网络具有变换阻抗的作用。

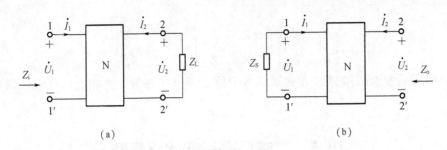

(a)　　　　　　　　　　　　　　　　　　　(b)

图 10 - 31　有载二端口网络的输入阻抗和输出阻抗

如果移去有载二端口网络输入端口的电源，保留内阻抗 Z_S，则由输出端口看进去的阻抗称为输出阻抗，用 Z_o 表示，如图 10 - 31(b)所示。输出阻抗 Z_o 即为该一端口网络的戴维南等效阻抗。由网络的传输参数方程及输入端口方程可得

$$\dot{U}_1 = -Z_S\dot{I}_1$$

经化简整理，可求得

$$Z_o = \frac{\dot{U}_2}{\dot{I}_2}\bigg|_{\dot{U}_S=0} = \frac{DZ_S + B}{CZ_S + A}$$

10.5.2　二端口网络的转移函数

二端口网络的转移函数又称为传递函数，不仅与网络的参数有关，还与电源内阻抗 Z_S 及负载阻抗 Z_L 有关。设已知网络的传输参数 T，则由传输参数方程、输入端口方程 $\dot{U}_S = \dot{U}_1 + Z_S\dot{I}_1$ 及输出端口方程 $\dot{U}_2 = Z_L(-\dot{I}_2)$ 可得转移电压比（或电压增益）为

$$A_u = \frac{\dot{U}_2}{\dot{U}_S} = \frac{Z_L}{AZ_L + B + Z_S(CZ_L + D)}$$

转移电流比（或电流增益）为

$$A_i = \frac{\dot{I}_2}{\dot{I}_1} = \frac{-1}{CZ_L + D}$$

转移阻抗为

$$Z_T = \frac{\dot{U}_2}{\dot{I}_1} = \frac{Z_L}{CZ_L + D}$$

转移导纳为

$$Y_T = \frac{\dot{I}_2}{\dot{U}_S} = \frac{-1}{AZ_L + B + Z_S(CZ_L + D)}$$

计算时根据二端口网络的实际端接情况，再考虑 Z_S 和 Z_L 影响，采用不同的二端口网络参数方程，可得到相同的结果，但计算的繁简相差很大，应根据需要选择合适的参数进行计算。

【例 10 - 17】如图 10 - 32 所示电路中，已知二端口网络 N 的传输参数矩阵为 $T = \begin{bmatrix} 5 & j4\ \Omega \\ 2\ S & 6 \end{bmatrix}$，输入端口接电压源 $\dot{U}_S = 24 \angle 0° \text{ V}$，$Z_S = 10\ \Omega$。求：（1）当负载阻抗等于多少时将获得最大功率，最大功率为多少；（2）此时的输入电流 $\dot{I}_1$。

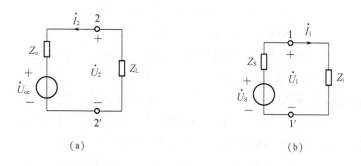

图 10 - 32　例 10 - 17 图

解　（1）由已知条件得二端口网络 N 的传输参数方程为

$$\dot{U}_1 = 5\dot{U}_2 + j4(-\dot{I}_2)\ ,\ \dot{I}_1 = 2\dot{U}_2 + 6(-\dot{I}_2)$$

输入端口方程为

$$\dot{U}_1 = \dot{U}_S - \dot{Z}_S\dot{I}_1 = 24 - 10\dot{I}_1$$

消去 $\dot{U}_1$、$\dot{I}_1$ 得

$$\dot{U}_2 = 0.96 + (2.4 + j0.16)\dot{I}_2$$

由此可得输出端的等效电路，如图 10 - 32(a) 所示，其开路电压和输出阻抗分别为

$$\dot{U}_{OC} = 0.96 \text{ V},\ Z_o = (2.4 + j0.16)\ \Omega$$

由最大功率传输定理有，当 $Z_L = Z_o^* = (2.4 - j0.16)\ \Omega$ 时，负载阻抗将获得最大功率，此时最大功率为

$$P_{max} = \frac{U_{OC}^2}{4R_o} = \frac{0.96^2}{4 \times 2.4} = 0.096 \text{ W}$$

（2）由前面所学公式可求得输入阻抗为

$$Z_i = \frac{\dot{U}_1}{\dot{I}_1} = \frac{AZ_L + B}{CZ_L + D} = \frac{5 \times (2.4 - j0.16) + j4}{2 \times (2.4 - j0.16) + 6} = 1.1 + j0.33 = 1.15 \angle 16.7° \ \Omega$$

由此可得输入端的等效电路如图 10 - 32(b)所示，则输入电流为

$$\dot{I}_1 = \frac{\dot{U}_S}{Z_S + Z_i} = \frac{24 \angle 0°}{10 + 1.1 + j0.33} = 2.16 \angle - 1.7° \text{ A}$$

10.6 互易二端口网络

若网络中含有 R、L、C、M 等线性元件而不含受控源，在端口 1 上加一个电流，在端口 2 上产生相应的电压，在端口 2 上加与前者相同的电流，在端口 1 上产生相应的电压，若两个端口产生的电压相等，则称二端口网络是互易的。

互易二端口各组参数间的关系为

$$Z_{12} = Z_{21}, Y_{12} = Y_{21}, H_{12} = - H_{21}, A_{11}A_{22} - A_{12}A_{21} = 1 = \Delta A$$

即对于互易二端口，任意一组参数中只有三个是独立的。

如果一个互易二端口网络的两个端口可以交换，而交换后端口电压和电流的数值不变，则称这样的二端口网络为对称二端口网络。结构对称的二端口一定是对称二端口，反之不然。对称二端口的各组参数除满足互易二端口的关系外，还具有如下关系

$$Z_{11} = Z_{22}, Y_{11} = Y_{22}, A_{11} = A_{22}, H_{11}H_{22} - H_{12}H_{21} = 1 = \Delta H$$

其说明对称二端口的任意一组参数中只有两个是独立的。

【例 10 - 18】假设电路角频率为 ω，求如图 10 - 33 所示二端口网络的 Y 参数。

解

$$Y_{11} = \frac{\dot{I}_1}{\dot{U}_1} \bigg|_{\dot{U}_2 = 0} = j\omega + \frac{1}{12} + j\omega = \frac{1}{12} + j2\omega = Y_{22}$$

$$Y_{21} = \frac{\dot{I}_2}{\dot{U}_1} \bigg|_{\dot{U}_2 = 0} = - \left(\frac{1}{12} + j\omega \right) = Y_{12}$$

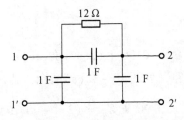

图 10 - 33　例 10 - 18 图

10.7 其他二端口网络器件

滤波器、回转器、负阻抗变换器、相移器和衰减器等都是电子技术中常用的二端网口络器件，也是二端口网络的实际应用。下面针对集中典型的二端口网络器件做一下介绍。

10.7.1　滤波器

滤波器是一种选频装置，可以使信号中特定的频率成分通过，而极大地衰减其他频率成分。滤波器分为有源滤波器和无源滤波器，它的主要作用是让有用信号尽可能无衰减地通过，对无用信号尽可能大地衰减。滤波器一般有两个端口：一个输入信号，一个输出信号。利用这个特性可以选择通过滤波器的一个方波群或复合噪波得到一个特定频率的正弦波。

在电路分析中，电路的频率特性通常用正弦稳态电路的网络函数描述。线性网络在单一正弦激励下的正弦稳态响应 $y(t)$ 的相量 $Y(\dot{Y})$ 与激励 $x(t)$ 的相量 $X(\dot{X})$ 之比称为该电路的网络函数，记为 $H(\mathrm{j}\omega)$，即

$$H(\mathrm{j}\omega) = \frac{Y(\dot{Y})}{X(\dot{X})}$$

若输入和输出属于同一端口时，则称为驱动点函数或策动点函数。若输入是电压，输出是电流，则称为驱动点阻抗；若输入是电流，输出是电压，则称为驱动点导纳。以如图 10-34 所示的二端口网络为例，端口 1 的驱动点阻抗和导纳分别为 $\dot{U}_1/\dot{I}_1$ 和 $\dot{I}_1/\dot{U}_1$，端口 2 的驱动点阻抗和导纳分别为 $\dot{U}_2/\dot{I}_2$ 和 $\dot{I}_2/\dot{U}_2$。

若输入和输出属于不同端口时，则称为转移函数。它又分为转移阻抗、转移导纳、转移电压比和转移电流比四种。仍然以如图 10-34 所示二端口网络为例，$\dot{U}_2/\dot{I}_1$ 和 $\dot{U}_1/\dot{I}_2$ 称为转移阻抗，$\dot{I}_2/\dot{U}_1$ 和 $\dot{I}_1/\dot{U}_2$ 称为转移导纳，$\dot{U}_1/\dot{U}_2$ 和 $\dot{U}_2/\dot{U}_1$ 称为转移电压比，$\dot{I}_1/\dot{I}_2$ 和 $\dot{I}_2/\dot{I}_1$ 称为转移电流比。

含动态元件电路网络函数 $H(\mathrm{j}\omega)$ 一般是频率的复函数，将它写为指数表示形式，有

$$H(\mathrm{j}\omega) = |H(\mathrm{j}\omega)|\,\mathrm{e}^{\mathrm{j}\varphi(\omega)}$$

式中　$|H(\mathrm{j}\omega)|$——网络函数的模；

$\varphi(\omega)$——网络函数的辐角。

$|H(\mathrm{j}\omega)|$ 和 $\varphi(\omega)$ 都是频率的的函数。

图 10-34　二端口网络

含动态元件网络的网络函数是一个复数，也可以用极坐标表示，即

$$H(\mathrm{j}\omega) = |H(\mathrm{j}\omega)| \angle \theta(\omega)$$

式中，网络函数的振幅 $|H(\mathrm{j}\omega)|$ 和相位 $\theta(\omega)$ 是角频率 ω 的函数，如果用振幅或相位做纵坐标，角频率做横坐标，则可以得到网络函数的幅频特性曲线和相频特性曲线。从幅频特性曲线和相频特性曲线可以看出网络对不同频率正弦波呈现出不同特性，这在电子和通信工程中被广泛应用。

在如图 10 – 35 所示的电路中，若选 $\dot{U}_1$ 为激励相量，$\dot{U}_2$ 为响应相量，则网络函数为

$$H(\mathrm{j}\omega) = \frac{\dot{U}_2}{\dot{U}_1} = \frac{\dfrac{1}{\mathrm{j}\omega C}}{R + \dfrac{1}{\mathrm{j}\omega C}} = \frac{1}{1 + \mathrm{j}\omega RC} = |H(\mathrm{j}\omega)| \mathrm{e}^{\mathrm{j}\varphi(\omega)}$$

其中

$$|H(\mathrm{j}\omega)| = \frac{1}{\sqrt{1 + \omega^2 R^2 C^2}}$$

$$\varphi(\omega) = -\arctan(\omega RC)$$

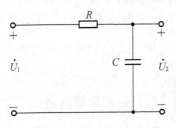

图 10 – 35　RC 一阶低通滤波器

因此，可分别画出网络的幅频特性和相频特性，如图 10 – 36 所示。

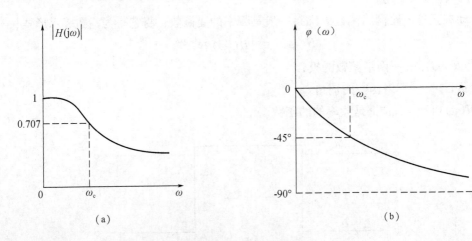

（a）　　　　　　　　　　　　　　　　　　（b）

图 10 – 36　RC 一阶低通网络的频率特性

（a）幅频特性曲线；（b）相频特性曲线

由图 10 – 36 可见，当 $\omega = 0$，即输入为直流信号时，$|H(\mathrm{j}0)| = 1, \varphi(0) = 0°$。这说明输出信号电压与输入信号电压大小相等，相位相同；当 $\omega = \infty$ 时，$|H(\mathrm{j}\infty)| = 0, \varphi(\infty) =$

$-90°$，这说明输出电压大小为0，而相位滞后输入信号电压90°。由此可见，对如图10-35所示的电路来说，直流和低频信号容易通过，而高频信号受到抑制，所以这样的网络属于低通网络。

实际低通网络的截止角频率是指网络函数的幅值 $|H(j\omega)|$ 下降到 $|H(j0)|$ 值的 $1/\sqrt{2}$ 时所对应的角频率，记为 ω_C，这样定义的截止角频率具有一般性。对于如图10-36(a)所示的 RC 一阶低通网络，因 $|H(j0)|=1$，所以按 $|H(j\omega_C)| = \dfrac{1}{\sqrt{2}}$ 定义。由图10-36(a)可得

$$|H(j\omega)| = \frac{1}{\sqrt{1 + \omega^2 R^2 C^2}} = \frac{1}{\sqrt{2}}$$

所以

$$\omega_C{}^2 R^2 C^2 = 1$$

则有

$$\omega_C = \frac{1}{RC}$$

引入截止角频率 ω_C 以后，可将图10-36(a)这类一阶低通网络的网络函数归纳为如下的一般形式

$$H(j\omega) = |H(j0)| \frac{1}{1 + j\dfrac{\omega}{\omega_C}}$$

式中 $|H(j0)|$——与网络的结构及元件参数有关的常数，$|H(j0)| = |H(j\omega)|\big|_{\omega=0}$。

由图10-36(b)可以看出，当 $\omega = \omega_C$ 时，$|H(j0)| = 0.707$，$\varphi(\omega_C) = -45°$。对于 $|H(j0)| = 1$ 这类低通网络，当 ω 高于低通截止角频率 ω_C 时，$|H(j0)| < 0.707$，输出信号的幅值较小，工程实际中常将它们忽略不计，认为角频率高于 ω_C 的输入信号不能通过网络，被滤除了。通常，也把 $0 \leqslant \omega \leqslant \omega_C$ 的角频率范围作为这类实际低通滤波器的通频带宽度。

在实际的电子和通信工程中，使用信号的频率动态范围很大，如 $10^2 \sim 10^{10}$ Hz。为了表示频率在极大范围内变化时电路特性的变化，横坐标常用对数坐标表示频率，纵坐标用 $20 \lg |H(j\omega)|$ 和 $\theta(\omega)$ 表示，这种曲线称为波特图。如果以分贝为单位表示网络的幅频特性，其定义为 $20 \lg |H(j\omega)|$（dB），就得到了网络函数幅值的分贝数。当 $\omega = \omega_C$ 时，$20 \lg |H(j\omega)| = 20 \lg 0.707 = -3$ dB，所以又称 ω_C 为 3 dB 角频率。在这一角频率上，输出电压与它的最大值相比正好下降了 3 dB。在电子电路中约定，当输出电压下降到它的最大值的 3 dB 以下时，就认为该频率成分对输出的贡献很小。

如果从功率角度看，输出功率与输出电压平方成正比。在如图10-35所示的网络中，最大输出电压 $U_2 = U_1$，所以最大输出功率正比于 U_1^2。当 $\omega = \omega_C$ 时，$U_2 = U_1/\sqrt{2}$，输出功率正比于 U_2^2，即正比于 $U_1^2/2$，它只是最大输出功率的一半，因此，3 dB 频率点又称为半功率频率点。

这里还需要说明的是 3 dB 频率点或半功率频率点即是前述的截止频率点，它只是人为定义出来的一个相对标准。由图10-36(b)可以看出，随着角频率 ω 的增加，相位角

$\varphi(\omega)$将从$0° \sim -90°$单调下降，说明输出信号电压总是滞后输入信号电压的，滞后的角度介于$0° \sim 90°$之间，具体数值取决于输入信号的角频率与网络的元件参数值。因此，如图10-35所示的RC一阶低通网络属于滞后网络。

根据网络函数表达式可以判断网络的阶次，$H(j\omega)$的分母中只含有$(j\omega)$的一阶次方，称为该网络为一阶网络。可以推广出一般规律，网络函数的分母中包含$(j\omega)$的方次是几阶的，该网络函数所对应的网络就是几阶网络。

根据网络的幅频特性，可将网络分类为低通、高通、带通、带阻网络，相应也称为低通、高通、带通、带阻滤波器。各种理想滤波器的幅频特性如图10-37所示。在图10-37中，"通带"表示频率处于这个区域的激励源信号（又称为输入信号）可以通过网络顺利到达输出端产生相应信号输出。"阻带"表示频率处于这个区域的激励源信号被网络阻止，不能到达输出端产生输出信号，即被滤除掉了。滤波器的名称就来源于此。符号ω_C称为截止频率。ω_{C1}和ω_{C2}分别称为上下截止角频率。

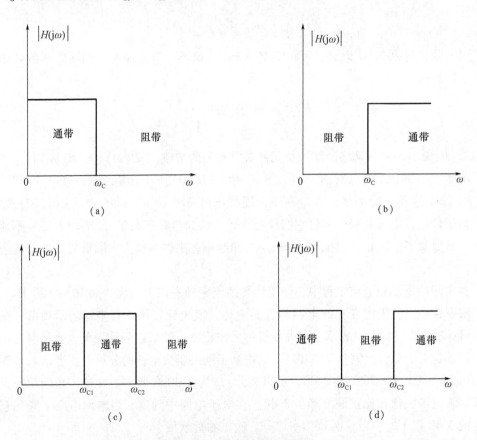

图10-37　几种典型的滤波器

（a）低通滤波器；（b）高通滤波器；（c）带通滤波器；（d）带阻滤波器

【例10-19】如图10-38所示的网络是电子线路中常用的RC耦合电路，若选$\dot{U}_1$作为输入相量，$\dot{U}_2$作为输出相量，试分析其频率特性（绘出幅频特性、相频特性），并求出截止角频率。

解　　　$$H(j\omega) = \frac{\dot{U}_2}{\dot{U}_1} = \frac{R}{R + \dfrac{1}{R + j\omega C}} = \frac{1}{1 - j\dfrac{1}{\omega RC}}$$

$$= |H(j\omega)| e^{j\varphi(\omega)}$$

式中

$$|H(j\omega)| = \frac{1}{\sqrt{1 + \dfrac{1}{\omega^2 R^2 C^2}}}$$

$$\varphi(\omega) = \arctan\frac{1}{\omega RC}$$

因此，可分别画得网络的幅频特性与相频特性，如图 10 - 38 所示。由图 10 - 38 可以看出：当 $\omega = 0$ 时，$|H(j0)| = 0$，$\varphi(0) = 90°$，说明输出电压大小为 0，而相位超前输入电压 90°；当 $\omega = \infty$ 时，$|H(j\infty)| = 1$，$\varphi(\infty) = 0°$，说明输出与输入的电压相量大小相等，相位相同。由此可以看出，如图 10 - 39(a) 所示网络的幅频特性恰与低通网络的幅频特性相反，它起抑制低频分量、易使高频分量通过的作用，所以它属于高通网络。

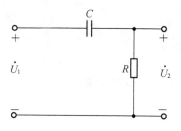

图 10 - 38　例 10 - 19 图

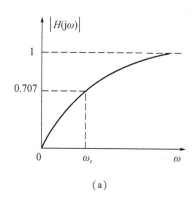

(a)

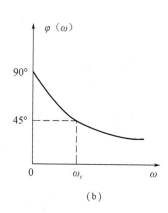

(b)

图 10 - 39　RC 一阶高通网络的频率特性

从相位特性看，随着 ω 由 0 向无穷大增高时相移由 90° 单调地趋向于 0°，这说明输出电压总是超前输入电压的，超前的角度为 90° ~ 0°，超前角度的数值取决于输入电压的频率 ω 和元件的参数值。因此，这类网络属于超前网络。

实际高通网络的截止频率可按下式定义

$$|H(j\omega)| \overset{def}{=\!=} \frac{1}{\sqrt{2}} |H(j\infty)|$$

对于如图 10-39 所示的 RC 一阶高通网络，$|H(j\infty)| = 1$，所以有

$$\frac{1}{\sqrt{1 + \dfrac{1}{\omega^2 R^2 C^2}}} = \frac{1}{\sqrt{2}}$$

解得

$$\omega_C = \frac{1}{RC}$$

这里请注意：求得的一阶 RC 低通和高通网络的截止角频率都等于一阶电路时间常数的倒数，但低通、高通网络截止角频率的含义恰恰是相反的。

同低通网络类似，在引入截止角频率 ω_C 后，对一阶高通网络的网络函数也可归纳为如下形式

$$|H(j\omega)| \overset{def}{=\!=} |H(j\infty)| \frac{1}{1 - j\dfrac{\omega_C}{\omega}}$$

式中

$$|H(j\infty)| = |H(j\omega)|_{\omega=\infty}$$

它是与网络的结构和元件参数有关的常数。

10.7.2 回转器

回转器是一种线性非互易二端口元件，其符号如图 10-40 所示，箭头表示回转方向。回转器的端口电压、电流满足关系

$$\begin{cases} u_1 = -ri_2 \\ u_2 = ri_1 \end{cases} \text{或} \begin{cases} I_1 = gu_2 \\ I_2 = -gu_1 \end{cases}$$

式中 r——回转电阻；

g——回转电导。

$g = \dfrac{1}{r}$，它们具有电阻和电导的量纲，简称为回转常数。

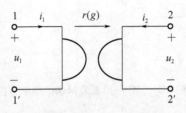

图 10-40 回转器

从上面两个公式可以看出，回转器具有将一个端口的电压（或电流）"回转"成另一

个端口的电流(或电压)的功能。

当在回转器的输出端口接一负载阻抗 Z_L 时，如图 10 - 41 所示，回转器的输入阻抗为

$$Z = \frac{\dot{U}_1}{\dot{I}_1} = \frac{-r\dot{I}_2}{\dot{I}_1} = \frac{-r\dfrac{\dot{U}_2}{Z_L}}{\dot{I}_1} = \frac{r^2}{Z_L}$$

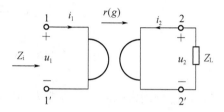

图 10 - 41　回转器接负载阻抗

以上公式表明，回转器的输入阻抗与输出端口所接的负载阻抗成反比。如果负载阻抗 Z_L 为电容元件，即 $Z_L = \dfrac{1}{\mathrm{j}\omega L}$，则有

$$Z_i = \frac{r^2}{Z_L} = \mathrm{j}\omega(r^2 C) = \mathrm{j}\omega L$$

式中

$$L = r^2 C$$

从回转器的输入端口看，等效为电感元件了，即回转器将一个电容"回转"为一个电感。如果回转电阻 $r = 20\ \mathrm{k\Omega}$，$C = 1\ \mathrm{\mu F}$，则等效电感 $L = 400\ \mathrm{H}$，即可用体积小的电容元件等效代替体积较大的电感元件，使电路更易于小型化，这一性质使得回转器在电子线路设计中获得了广泛的应用。

10.7.3　负阻抗变换器

负阻抗变换器也是一种二端口元件，其符号如图 10 - 42 所示。负阻抗变换器有两种形式，即电压反向型和电流反向型。电压反向型负阻抗变换器的端口电压、电流满足关系

$$\begin{cases} \dot{U}_1 = -k\dot{U}_2 \\ \dot{I}_1 = -\dot{I}_2 \end{cases}$$

电流反向型负阻抗变换器的端口电压、电流满足关系

$$\begin{cases} \dot{U}_1 = \dot{U}_2 \\ \dot{I}_1 = -k(-\dot{I}_2) \end{cases}$$

当在负阻抗变换器的输出端口接一负载阻抗 Z_L 时，如图 10 - 43 所示，以电压反向型为例，负阻抗变换器的输入阻抗为

$$Z_i = \frac{\dot{U}_1}{\dot{I}_1} = \frac{-k\dot{U}_2}{-\dot{I}_2} = -kZ_L$$

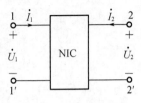

图 10-42　负阻抗变换器

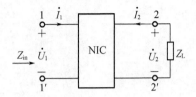

图 10-43　负阻抗变换器接负载阻抗

以上公式表明，当负载阻抗 Z_L 分别为电阻 R、电感 L 和电容 C 时，负阻抗变压器的输入端则分别得到负电阻、负电感和负电容，即将正阻抗变为负阻抗。

负阻抗变换器可用运算放大器实现，为电路设计中实现负的 R、L 和 C 提供了可能性。

习　题　10

10-1　填空题

(1) 一个二端口网络输入端口和输出端口的端口变量共有 4 个，它们分别是_____、_____、_____、_____。

(2) 二端口网络的基本方程共有_____种，各方程对应的系数是二端口网络的基本参数，经常使用的参数是_____参数、_____参数、_____参数和_____参数。

(3) 描述无源线性二端口网络的 4 个参数中，只有_____个是独立的，当无源线性二端口网络为对称网络时，只有_____个参数是独立的。

(4) 对无源线性二端口网络用任意参数表示网络性能时，其最简电路形式为_____形网络结构和_____形网络结构两种。

(5) 如图 10-44(a) 所示二端口电路的 Y 参数矩阵为 $Y =$ _____，如图 10-44(b) 所示二端口的 Z 参数矩阵为 $Z =$ _____。

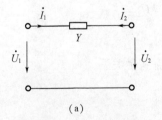

(a)

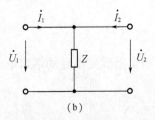

(b)

图 10-44　题 10-1(5) 图

10 - 2 选择题

（1）如图 10 - 45 所示为二端口的 Z 的参数 Z_{11} 为_____。

A. 8 Ω   B. 5 Ω   C. 3 Ω   D. 2 Ω

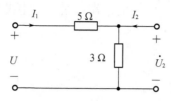

图 10 - 45 题 10 - 2（1）图

（2）如图 10 - 46 所示二端口的 Y 参数为_____。

A. - 0.5 S，1.5 S，0.5 S，- 1.5 S   B. 0.5 S，- 1.5 S，0.5 S，1.5 S

C. 1.5 S，0.5 S，0.5 S，1.5 S   D. 0.5 S，1.5 S，0.5 S，1.5 S

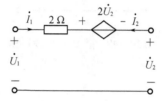

图 10 - 46 题 10 - 2（2）图

（3）如图 10 - 47 所示二端口网络的 Y 参数矩阵中，Y_{12} 为_____。

A. $\dfrac{1}{Z_1}$ B. $-\dfrac{1}{Z_1}$ C. $\dfrac{1}{Z_2}$ D. $-\dfrac{1}{Z_2}$

（4）如图 10 - 48 所示二端口网络的 Z 参数矩阵中，Z_{11}、Z_{12} 为_____。

A. $Z_2 + Z_3$，Z_3 B. Z_2，Z_3 C. Z_2，$Z_2 + Z_3$ D. 0，Z_3

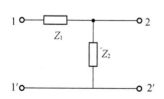

图 10 - 47 题 10 - 2（3）图

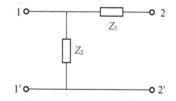

图 10 - 48 题 10 - 2（4）图

（5）设两个无源二端口 P_1 和 P_2 的传输参数分别为 T_1 和 T_2，则两个无源二端口级联时，其复合二端口的传输参数 T 为_____。

A. $T_2 - T_1$ B. $T_1 - T_2$ C. $T_1 + T_2$ D. $T_1 T_2$

（6）在对称二端口网络的 Y 参数矩阵中，只有_____参数是独立的。

A. 2 个   B. 3 个   C. 1 个   D. 4 个

(7) 对线性无源二端口而言，以下关系式正确的是_____。

A. $Y = \dfrac{1}{Z_{11}}$ 　　　B. $H_{11} = \dfrac{1}{Y_{11}}$ 　　　C. $A = H_{12}$ 　　　D. $H_{22} = Y_{22}$

(8) 若两个传输参数都为 $\begin{bmatrix} 3 & 2 \\ 4 & 3 \end{bmatrix}$ 的二端口级联，则级联后复合二端口传输参数矩阵为_____。

A. $\begin{bmatrix} 6 & 4 \\ 8 & 6 \end{bmatrix}$ 　　　B. $\begin{bmatrix} 9 & 4 \\ 16 & 9 \end{bmatrix}$ 　　　C. $\begin{bmatrix} 17 & 12 \\ 24 & 17 \end{bmatrix}$ 　　　D. $\begin{bmatrix} 12 & 15 \\ 17 & 24 \end{bmatrix}$

(9) 如图 10 – 49 所示，将两个无源二端口 P_1 和 P_2 串联时，其复合二端口的参数为_____。

A. $Z_1 \cdot Z_2$ 　　　B. $Z_1 + Z_2$ 　　　C. $Y_1 + Y_2$ 　　　D. $T_1 + T_2$

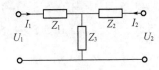

图 10 – 49　题 10 – 2（9）图

参 考 答 案

习题 1 答案

1-1　(1) 略；(2) $P_1 = 560$ W，$P_2 = 360$ W，$P_3 = 200$ W；(3) 负载，电源，电源

1-2　(1) $\varphi_a > \varphi_c$；(2) $\varphi_a > \varphi_c$；(3) 不能确定

1-3　(1) $I = 6$ A，向下；(2) $T = 0.5$ A，向下；(3) $I = 5$ A，向上；(4) $I = 5$ A，向上

1-4　(a) 2 V；(b) -5 V；(c) 5 mA；(d) 2 Ω；(e) -2.5 mA；(f) 8 Ω

1-5　$P_2 = 50$ W；$U_1 = 250$ V；$U_2 = 25$ V；$U_3 = -200$ V；极性略

1-6　(a) 10 W，发出；(b) 30 W，吸收；(c) 6 W，吸收

1-7　$i_A = 10$ A；$u_B = 6$ V；$i_C = 25$ A

1-8　(1) $15e^{-10^4 t}$ V；波形图略；(2) 15 V

1-9　(1) $(1-t)e^{-t}$ A；(2) $(t-2)e^{-t}$ V；

1-10　(1) $i = 5$ A；(2) 略；(3) $u_1 = 8$ V；$u_2 = -10$ V；$u_3 = 18$ V

1-11　90 V；1 A

1-12　-18 V，12 Ω

1-13　22 V，-1 A，-22 W

1-14　-3 A，-3 V，15 W

1-15　0.99 mA，505 V

1-16　14.52 kW·h

1-17　略

习题 2 答案

2-1　(a) 12 Ω，3.91 Ω；(b) 3 Ω，0 Ω

2-2　(a) 10 Ω；(b) 14 Ω

2-3　(a) 38.63 Ω；(b) 0.86 Ω

2-4　(a) 4.4 Ω；(b) 3 Ω；(c) 1.5 Ω；(d) 0.5 Ω

2-5　略

2-6　4 A

2-7　略

2-8　(a) 20 V，4 Ω；(b) 4 V，2 Ω

2－9 （a）15 Ω；（b）66 V，10 Ω

2－10 0.125 A

2－11 （a）4 V，2 A；（b）－1.2 V，0.1 A

2－12 （a）4.5 Ω；（b）6.5 Ω

2－13 （a）－11 Ω；（b）2.5 Ω

2－14 （a）$(1-\mu)R_1+R_2$；（b）$R_1+(1+\beta)R_2$

2－15 （a）$\dfrac{R_1}{1+\beta}//R_2$；（b）$\dfrac{R_1}{1-\mu}//R_3$

习题 3 答案

3－1 $I_1=2.5$ A，$I_2=2.25$ A，$I_3=-0.25$ A

3－2 2 A

3－3 25/3 V，5/3 A

3－4 3 A，－4 V

3－5 7 V，3 A

3－6 $I_1=4$ A，$I_2=-1$ A，$I_3=1$ A，$I_4=2$ A

3－7 2 A，－1 A，3 A，2 A

3－8 $U_1=2.4$ V，$U_2=-1$ V，$I=3.4$ A

3－9 －5 V，－2.5 V，20 V

3－10 $I_1=1.25$ A，$I_2=1.5$ A，$I_3=-0.5$ A，$I_4=0.25$ A

3－11 $I_1=1/3$ A，$I_2=10/3$ A

3－12 3 A，－3 V

3－13 20 mA，－80 mW

3－14 $I_1=18$ A，$I_2=9$ A，$I_3=9$ A，$I_4=3$ A，$I_5=6$ A，$I_6=3$ A，$I_7=3$ A，
$U_1=171$ V，$U_2=27$ V，$U_3=9$ V，$U_0/U_S=2/63$

3－15 －32 V

3－16 2 A

3－17 4 A

3－18 略

3－19 略

3－20 略

3－21 1 A

3－22 $R=R_{eq}=10$ Ω，$P_{max}=44.1$ W

3－23 $R=R_{eq}=5.116$ Ω，$P_{max}=0.066$ W

习题 4 答案

4－1 5 V

$4-2$ -8 V

$4-3$ $R_1 = \dfrac{10}{3}$ kΩ, $R_2 = 50$ kΩ

$4-4$ $\dfrac{-R_2 R_3 (R_4 + R_5)}{R_1 (R_2 R_4 + R_2 R_5 + R_3 R_4)}$

$4-5$ $\dfrac{-R_2 R_4}{R_1 (R_2 + R_2 R_3 + R_3 R_1)}$

$4-6$ $u_o = \dfrac{(G_3 + G_4)\, G_1 u_{S1} + (G_1 + G_2)\, G_3 u_{S2}}{G_1 G_4 - G_2 G_3}$

习题 5 答案

$5-1$ (a) $u_C(0_+) = 10$ V, $i_C(0_+) = -1.5$ A, $u_R(0_+) = -15$ V

   (b) $i_L(0_+) = 1$ A, $u_R(0_+) = 5$ V, $i_R(0_+) = 1$ A

$5-2$ $2e^{-400t}$ A

$5-3$ $192e^{-125t}$ V

$5-4$ $-2e^{-t}$ V, $-0.5e^{-t}$ V

$5-5$ 1.55 s, 77.5 kΩ, 19.05 V

$5-6$ $1.875e^{-36t}$ V

$5-7$ $10(1 - e^{-t})$ V, $10^{-5}e^{-t}$ A

$5-8$ $\left(4 - \dfrac{7}{3}e^{-\frac{1}{3}t}\right)$ A, $\left(3 - \dfrac{7}{2}e^{-\frac{1}{3}t}\right)$ A

$5-9$ $4e^{-2t}$ V, $0.04e^{-2t}$ mA

$5-10$ $-60e^{-4t}$ V

习题 6 答案

$6-1$ $I = 3.54$ A, $U = 5$ V, $f = 50$ Hz, $\varphi = 90°$

$6-2$ $\dot{I_1} = 20\angle{-30°}$ A, $\dot{I_2} = 10\angle 45°$ A, $\dot{U} = 220\angle 0°$ V

   $i_1 = 20\sqrt{2}\cos(314t - 30°)$ (A), $i_2 = 10\sqrt{2}\cos(314t + 45°)$ (A),

   $u = 220\sqrt{2}\cos(314t)$ (V)

$6-3$ $\dot{I_1} = 10\angle 53°$ A, $i_1 = 10\sqrt{2}\cos(314t + 53°)$ (A)

   $\dot{I_2} = 10\angle 127°$ A, $i_2 = 10\sqrt{2}\cos(314t + 127°)$ (A)

   $\dot{I_3} = 10\angle{-127°}$ A, $i_3 = 10\sqrt{2}\cos(314t - 127°)$ (A)

   $\dot{I_4} = 10\angle{-53°}$ A, $i_4 = 10\sqrt{2}\cos(314t - 53°)$ (A)

$6-4$ $I = 0.389$ A, $U_0 = 160$ V, $U_R = 116.7$ V

6 - 5　$R = 276\ \Omega$

6 - 6　$R = 220\ \Omega$，$C = 27.7\ \mu F$

6 - 7　$R = 80\ \Omega$，$L = 1.38\ H$

6 - 8　（1）（a）$U = 50\ V$；（b）$U = 10\ V$；（c）$U = 25\ V$

　　　（2）（a）$U_1 = 50\ V$，$U_2 = 0$；（b）$U_1 = 50\ V$，$U_2 = 0$；

　　　　　（c）$U_1 = 0$，$U_2 = 0$，$U_3 = 50\ V$

6 - 9　（a）$Z = （0.5 + j0.5）\ \Omega$，$Y = （1 - j1）\ S$；（b）$Z = 4$，$Y = 0.25\ \Omega$

　　　（c）$Z = （-1 - j1）\ \Omega$，$Y = （-0.5 + j0.5）\ S$；

　　　（d）$Z = （2 + j2）\ \Omega$，$Y = （0.25 - j0.25）\ S$

6 - 10　$i = 5\sqrt{2}\cos（\omega t + 15°）\ （A）$，$u_1 = 25\sqrt{2}\cos（\omega t + 52°）\ （V）$

　　　　$u_2 = 30\cos（\omega t + 60°）\ （V）$

　　　　$u_3 = 25\sqrt{2}\cos（\omega t + 68°）\ （V）$

6 - 11　$u = 100\sqrt{2}\cos（\omega t - 30°）\ （V）$，$i_1 = 5\sqrt{2}\cos（\omega t + 75°）\ （A）$，

　　　　$i_2 = 5\sqrt{2}\cos（\omega t + 15°）\ （A）$

6 - 12　$I = 14.14\ A$，$X_L = 10\sqrt{2}\ \Omega$，$R_2 = X_C = 20\sqrt{2}\ \Omega$

6 - 13　7.07 V

6 - 14　作向量模型的电路，如图 A - 1 所示。

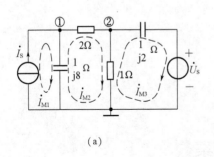 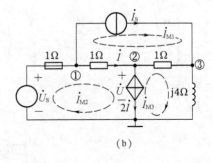

　　　　　（a）　　　　　　　　　　　　　　　　　　（b）

图 A - 1　题 6 - 14 解图

（a）回路电流法，设网孔电流如图所示，则有

$$\dot I_{M1} = \dot I_S，-j\frac{1}{8}\dot I_{M1} + （2 + 1 - j\frac{1}{8}） - \dot I_{M2} - \dot I_3 = 0，-\dot I_{M3} = -\dot U_S$$

节点电压法：$（j8 + \frac{1}{2}）\dot U_{n1} - \frac{1}{2}\dot U_{n1} = \dot I_S$，$-\frac{1}{2}\dot U_{n1} + （\frac{1}{2} + 1 + j2）\dot U_{n2} = \dot U_{n2} \times j2$

（b）回路电流法，设网孔电流及受控电源端电压如图 A - 1 所示，则有

$$\dot I_{M1} = \dot I_S，-\dot I_{M1} + 1（1 + 1）\dot I_{M2} = -\dot U + \dot U_S，-\dot I_{M1} + （1 + j4）\dot I_{M3} = \dot U$$

补充：$2\dot I = -\dot I_{M2} - \dot I_{M3}$，$\dot I = \dot I_{M3} - \dot I_{M1}$

节点电压法：$（1 + 1）\dot U_{n1} - \dot U_{n2} = \dot U_S - \dot I_S$，$-\dot U_{n1} + （1 + 1）\dot U_{n2} - \dot U_{n3} = -2j$，

$$\dot{U}_{n2} + (1 + j4)\dot{U}_{n3} = \dot{I}_S$$

6 − 15 $\dot{I} = 8.94 \angle -26° $ A

6 − 16 $\dot{U}_{OC} = 5.59 \angle 26° $ V, $Z_{eq} = 6.73 \angle 68° $ Ω

6 − 17 (1) 5.05 A; (2) 357 W; (3) 0.707

6 − 18 (1) 19.8 A; (2) 1 400 W; (3) 0.707

6 − 19 $R = 6$ Ω, $C = 0.012\ 5$ F

6 − 20 $i = 2.002\sqrt{2}\cos(t - 122°)$ (A), $P = 4.008$ W

6 − 21 $I = 11$ A, $I_1 = 15.556$ A, $I_2 = 11$ A, $U = 220$ V, $R = 10$ Ω, $C = 159$ μF,
$L = 0.031\ 8$ H

6 − 22 $P = 1\ 320$ W, $Q = 400$ var, $S = 1\ 391.4$ VA, $I = 13.9$ A

6 − 23 $S = 9.51$ VA, $\cos\varphi = 0.926$

6 − 24 (1) 47.6 A, 0.76; (2) 201, 40.4 A

6 − 25 0.5 0.85

6 − 26 $Z = (0.4 + j0.8)$ Ω, 最大功率为 1 W

6 − 27 $Z = (0.5 + j0.5)$ Ω, 最大功率为 1 W

6 − 28 $Z_L = (1 + j)$ Ω, $P_{max} = 1.25$ W

习题 7 答案

7 − 1 $Z_{ab} = (8 + j19)$ Ω

7 − 2 (1) $k = 0.875$; (2) $P_{R1} = 29.04$ W; $P_{R2} = 48.4$ W

7 − 3 (1) b、d 为同名端; (2) $M = 0.035$ H

7 − 4 (a) 1、3、5 为同名端; (b) 1、3、6 为同名端

7 − 5 A、b 为同名端

7 − 6 反穿: $Z_i = 246.87 \angle 85.36°$ Ω, $i = 0.089\sqrt{2}\cos(314t - 49.36°)$ (A)

顺穿: $Z_i = 6\ 082.33 \angle 88.12°$ Ω, $i = 0.036\sqrt{2}\cos(314t - 52.12°)$ (A)

7 − 7 $Z_i = 8.59 \angle 65.22°$ Ω

7 − 8 $Z_i = 200\sqrt{2} \angle 45°$ Ω

7 − 9 $\dot{I}_1 = 5.71 \angle -35.89°$ A, $\dot{I}_2 = 3.85 \angle -27.03°$ A, $\dot{I}_3 = \sqrt{2} \angle -53.13°$ A

7 − 10 $\dot{U}_{ab} = 4 \angle 0°$ V

7 − 11 $C = 133.3$ μF, $Z_{ab} = 3$ Ω

7 − 12 S 断开: $\dot{I} = 1\ 052 \angle 14.04°$ A; S 闭合: $\dot{I} = 708 \angle -51.48°$ A

7 − 13 $Z_{eq} = 111.8 \angle -63.43°$ Ω

7 − 14 $Z_L = (0.4 - j4.6)$ Ω, $P_{max} = 20$ W

7－15 $\dot{I}_1 = 4.51\angle-61.47°$ A，$\dot{I}_2 = 0.451\angle-61.47°$ A，$\dot{U}_2 = 35.22\angle-101°$ V

7－16 $\dot{U}_2 = 40\angle0°$ V

7－17 $n = 20$，$P_{max} = 56.25$ mW

习题 8 答案

8－1 填空题

（1）振幅，频率，相位

（2）0

（3）相序，正序

（4）三角形

（5）相电压，线电压

（6）线电压，相电压

（7）线电流，相电流

（8）对称三相负载，对称三相

（9）星形，三角形

（10）5 280，3 960，6 600

8－2 选择题

（1）A；（2）A；（3）A；（4）A；（5）B；（6）C；（7）A；（8）C；（9）A；（10）A

8－3 计算题

（1）$u_B = 380\cos(314t - 90°)$（V），$u_C = 380\cos(314t + 150°)$（V），相量图略

（2）416 V

（3）$I_1 = 45\sqrt{3}$ A；电源相电压 $U_P = 220$ V；负载相电压 $U'_P = 302$ V

（4）$I_1 = I_P = 12.2$ A

（5）$\dot{I}_1 = 22\angle-20°$ A，$\dot{I}_2 = 22\angle-140°$ A，$\dot{I}_3 = 22\angle100°$ A，

$\dot{I}_A = 47.25\angle-17.3°$ A，$\dot{I}_B = 56.23\angle-154.6°$ A

习题 9 答案

9－1 填空题

（1）周期信号，非周期的

（2）非正弦

（3）同频率，非正弦周期

（4）幅度频谱，相位频谱

（5）①$b_n = 0$，②$a_n = 0$，③$a_n = b_n = 0$

(6) $I_1 = \dfrac{I_{1m}}{\sqrt{2}}$，$I_2 = \dfrac{I_{2m}}{\sqrt{2}}$，$\cdots$，$I_n = \dfrac{I_{nm}}{\sqrt{2}}$

(7) 瞬时功率

(8) 相量法，$X_{L(n)} = \omega_n L = n\omega_1 L$ $X_{C(n)} = \dfrac{1}{\omega_n C} = \dfrac{1}{n\omega_1 C}$

(9) 越快

(10) $P = 78.5\ \text{W}$

9 – 2　选择题

(1) B；(2) A；(3) A；(4) C；(5) A；(6) A；(7) B；(8) B

习题 10 答案

10 – 1　填空题

(1) U_1，I_1，U_2，I_2

(2) 6，Z，Y，A，H

(3) 3，2

(4) π，T

(5) 略

10 – 2　选择题

(1) A；(2) B；(3) B；(4) C；(5) D；(6) A；(7) B；(8) C；(9) B